Marketing-Automation

Anne M. Schüller, Norbert Schuster

Marketing-Automation

Neukundengewinnung, Up-selling, Cross-Selling, Bestandskundenmanagement: Mehr Umsatz mit der Wasserloch-Strategie®

2. Auflage

Haufe Group
Freiburg · München · Stuttgart

Bibliografische Information der Deutschen Nationalbibliothek

Die Deutsche Nationalbibliothek verzeichnet diese Publikation in der Deutschen Nationalbibliografie; detaillierte bibliografische Daten sind im Internet über http://dnb.dnb.de/ abrufbar.

Print: ISBN 978-3-648-16463-1 Bestell-Nr. 10429-0002
ePub: ISBN 978-3-648-16464-8 Bestell-Nr. 10429-0101
ePDF: ISBN 978-3-648-16465-5 Bestell-Nr. 10429-0151

Anne M. Schüller, Norbert Schuster
Marketing-Automation
2. Auflage, August 2022

www.haufe.de
info@haufe.de

Bildnachweis (Cover): RED GmbH, Krailling

Produktmanagement: Kerstin Erlich
Lektorat: Peter Böke

Inhaltsverzeichnis

Geleitwort

Nie war die Dynamik der Veränderung so groß wie heute. Digitalisierung und Automatisierung haben zu einer völlig neuen Transparenz geführt, die sich über alle Kommunikationskanäle hinweg entwickelt hat. Zudem wurden aus One-to-one-Kommunikationskanälen 24/7 interaktive All-2-All (A2A)-Interaktionsarenen. Um in Zukunft effizient und effektiv Marketing und Vertrieb betreiben zu können, müssen diese beiden Themenbereiche bzw. unternehmerischen Funktionen völlig neu gedacht und definiert werden. Deswegen ist dieses Buch ***Marketing-Automation. Neukundengewinnung, Up-selling, Cross-Selling, Bestandskundenmanagement: Mehr Umsatz mit der Wasserloch-Strategie®*** von großer Bedeutung für die gegenwärtige Generation von Managern und allen, die in Zukunft im Umfeld von Marketing und Vertrieb arbeiten wollen. Das Werk stellt in einem attraktiven Narrativ viele logisch erscheinende Zusammenhänge in einem reflektierten Kontext mit vielen inspirierenden Beispielen dar. Es trägt so wesentlich dazu bei, zu verstehen, warum vieles heute nicht mehr so funktioniert wie früher. Diese kontextierte Hinführung zu einem neuen Problemverständnis bildet die Grundlage, um die vielen im Buch beschriebenen Konzepte, Tipps und Ansätze verstehen und rasch selbst anwenden zu können.

Dabei bietet das Buch Konzepte für alle Etappen der Buyer Journey. Begriffe wie Wasserloch-Strategie®, Weisheit der Vielen, die fünf Loyalitäten bis hin zur Bestandskunden-Buyer-Journey sind nur einige der vielen detailliert beschriebenen Konstrukte und Modelle, um Marketing-Automation im Kontext von Neukundengewinnung, Up-Selling, Cross-Selling und Bestandkunden-Management nachhaltig zu optimieren.

Und die Zeichen stehen aktuell besser als seit vielen Jahren. Denn während das Vertrauen in die Unternehmen bis vor der COVID-Krise kontinuierlich abgenommen hat, so sind die Vertrauensverlierer der Pandemie weltweit die Regierungen. Sie haben es nicht geschafft, die Bürger mit einer stringenten und transparenten Kommunikation hinter sich zu bringen. Das hat zur Folge, dass nunmehr die Unternehmen seit 2020 leicht an Vertrauen zugelegt haben und somit auch dieses positive Momentum proaktiv nutzen sollten, um bestehende Kunden halten und neue Kunden erreichen zu können.

In diesem Kontext kann die aktuelle Pandemie als wertvoller Lehrmeister herangezogen werden, denn das große Manko der Regierungen war eine miserable Kommunikation. Das ständige Hin und Her, das Auf- und Zusperren, das Impf- und Testfiasko bis hin zum unzureichenden Umgang mit Fake News und Verschwörungstheoretikern hat dazu geführt, dass die Bürger – die Informationskunden – der Regierungen das Vertrauen in die Politik verloren haben. Der von Edelman jährlich erhobene und publizierte Vertrauensindex macht diesen Verlust des Glaubens an und in politische

Institutionen mehr als deutlich, wie ich dies im Buch »Reengineering Corporate Communication« (Springer 2022) herausgearbeitet und beschrieben habe.

Die Ursachen für diesen Vertrauensverlust liegen im Umstand, dass Regierungen ihr Kommunikationsverhalten nicht weiterentwickelt und auch nicht an die sich ändernden Umweltfaktoren angepasst haben. Bis heute verläuft die institutionelle Kommunikation manuell und nicht konzertiert, also ohne Konzept. Dabei wird übersehen, dass mit einer solch veralteten, analogen Kommunikation in einer Gesellschaft geprägt von 24/7 A2A-Interaktionen in immer vernetzteren und dynamischeren Interaktionsarenen nicht mehr erfolgreich Politik gemacht werden kann.

Was können Unternehmen und Regierungen daraus lernen? Die wesentliche Erkenntnis muss darin bestehen, dass sich der Bereich der gesamten Kommunikation aus dem Dornröschenschlaf einer analogen One-to-one-Kommunikation verabschieden muss, um sich hin zu einer 24/7 A2A-Interaktionswelt zu verändern. Die Schlagworte einer nachhaltig effizienten und zugleich effektiven Unternehmenskommunikation sind Automatisierung, Digitalisierung und Predictive Intelligence.

Das sind auch genau jene Schlagworte, die Marketing und Vertrieb nachhaltig prägen müssen, um in einer Welt mit immer höherem und dichterem Informationsaufkommen die relevanten Zielgruppen überhaupt noch erreichen zu können. Das Buch der beiden Autoren liefert in diesem Kontext der notwendigen Veränderungen einen wertvollen Beitrag. Es umfasst, verständlich und praxisorientiert beschrieben, wichtige Aspekte des erforderlichen Umdenkens und eines Perspektivenwechsels, auf dessen Basis die Anwendung und Umsetzung der Inhalte direkt erfolgen kann.

Dieses Buch verdeutlicht die Notwendigkeit, die kritischen Dilemmata der heutigen Zeit zu verstehen und in der Praxis zu berücksichtigen. Es schlägt Konzepte für ein effizienteres Handeln im Bereich Marketing und Vertrieb und die Hinwendung zu einem automatisierten Agieren vor, das für alle funktioniert.

Graz, den 4. April 2022

Uwe Seebacher

Prof. Dr. Uwe Seebacher

Prof. Dr. Uwe Seebacher (MBA) ist Methoden- und Strukturwissenschaftler. Er ist Professor für Predictive Intelligence an der Hochschule München und Professor für Marketing und Sales an der FH Wien der Wirtschaftskammer Wien.
Uwe Seebacher ist Autor von mehr als 50 Büchern in renommierten Verlagen wie unter anderem des Standardwerks im Industriegütermarketing »Praxishandbuch B2B Marketing« (Springer Gabler 2021), »Reengineering Corporate Communication« (Springer 2022), Personalmanagement (HBM 2016) oder »Handbuch Führungskräfteentwicklung (USP International 2012). Sein Leitwerk ist das Buch »Template-based Management« (Springer 2021).
Zudem ist er Business Angel, Investor, gern gebuchter Key Note Speaker und Diskussionsteilnehmer und Unternehmer mit Erfahrungen in Nord- und Südamerika, Asien und Europa.

Abbildungsverzeichnis

Tabellenverzeichnis

1 Einleitung: Kunden kaufen heute ganz anders

Erinnern Sie sich? Tagsüber im Büro, am Festnetzanschluss: »Ist der Chef oder die Chefin zu sprechen?« Oder am frühen Abend: »Ist die Dame des Hauses erreichbar?« Telefonverkäufer, die einem wirklich leidtun konnten, haben mühsam Adresslisten abtelefoniert. Solche Kaltakquise, früher einmal gang und gäbe, ist heutzutage schon allein aus gesetzlichen Gründen vielfach unmöglich. Dann also Werbung! Im Web lauert sie einem als Banner besonders dreist auf, kreischt einen an und beleidigt das Auge. Doch der Umworbene duckt sich weg. Mithilfe passender Tools entgeht er den derben Anmachversuchen. Dabei sperrt er aggressive Anbieter ganz gezielt aus.

Die Digitalisierung, das Internet und die Social-Media-Plattformen haben das Suchverhalten und die Entscheidungsprozesse von Interessenten und Kunden schon viel drastischer verändert, als es die Unternehmen wahrhaben wollen. Egal ob im Business- oder im Endkundengeschäft: Die Menschen kaufen heute anders. Salestools und Managementmoden von anno dazumal funktionieren nicht mehr. Selbstzentriertes Ego-Geschrei mag niemand mehr hören. Dekoratives Marketing, das sich in Schönheit ergeht, und knallharter Druckverkauf sind obsolet. Während der Vertrieb die von irgendwoher ergatterten lausigen Leads nach alter Manier mühevoll qualifiziert, laufen ihm im Web die tatsächlich Interessierten einfach davon.

Alle Marktmacht in unserer Überangebotswelt hat heute der Käufer. Und die Veränderungsdynamik steigt. Viele Anbieter kommen den sich zunehmend digitalisierenden Nutzern längst nicht mehr hinterher. Wählerisch, fordernd und gut informiert geben sie die Marschrichtung vor. Ihre Gewohnheiten ändern sich laufend. Die Kommunikationsarbeit nehmen sie selbst in die Hand. So machen sie die Unternehmen vom Jäger zum Gejagten. Sie haben sich in immer größeren Netzwerken organisiert. Und sie richten über Leben und Tod einer Marke. Wer nicht performt, steht im Web sofort am Pranger. Und wer nicht darauf reagiert, verschwindet in der Bedeutungslosigkeit.

All dies stellt Sales und Marketing vor größere Herausforderungen als jemals zuvor. Die Neukundengewinnung wird zunehmend beschwerlich. Die Märkte sind gesättigt. Erstausstattungen werden kaum noch gebraucht. Immer mehr Kunden machen Einmalgeschäfte. Latent sind sie ständig absprungbereit. Wechseln ist völlig normal. Die dennoch steigenden Umsatzziele erfordern eine endlose Kraftanstrengung. Das Wachsen geht nur mehr zulasten des Wettbewerbs. Und das Verkaufen funktioniert, wenn man dem Rabattgeschrei der Unternehmen lauscht, anscheinend fast nur noch über den Preis. Dies führt zu einer Margen-Situation, die schnelles Neugeschäft kaum noch rentabel macht.

Wenn nicht länger so, wie aber dann?

1.1 Kundengewinnung der Zukunft: In drei Schritten zum Ziel

Wie kann ein Anbieter das online-offline-mobile-gemixte Einkaufsverhalten der Kunden und Konsumenten begleiten? Wie lassen sich guter Mehrumsatz und bessere Renditen auch in Zukunft gewinnen? Das geht so:

- Im **ersten Schritt** gilt es zu verstehen, wie der Kunde von heute und morgen tickt. Dazu sind die Kaufprozesse zu analysieren. Sie sind digitaler, agiler, kollaborativer und von zunehmender Untreue geprägt.
- Im **zweiten Schritt** geht es um neue Wege im Leadmanagement, nämlich von Outbound zu Inbound und von der Kaltakquise zur Marketing-Automation, die den Vertrieb unterstützt. *Sich finden lassen* heißt dieses Prinzip. Wir nennen es die Wasserloch-Strategie.[1] Und die funktioniert nicht nur für Interessenten (Leads), sondern auch für Bestandskunden. Das Wasserloch hilft, von Bestandskunden mit einem unbekannten, erneuten Bedarf wieder gefunden zu werden.
- Im **dritten Schritt** geht es um ein systematisches Ausschöpfen des Bestandskundenpotenzials. Dies beinhaltet sowohl dauerhafte Geschäftsbeziehungen und profitable Mehrumsätze als auch die Neukundengewinnung durch Weiterempfehlung – online wie offline.

Tatsache ist: Der Vertrieb wandert zunehmend ins Web. Und das nicht nur im Handel. In immer mehr Branchen wird der Kunde online bis zum Kauf, zur Bestellung und zum Abschluss geführt: auf der eigenen Website und/oder auf seriösen Fremdportalen, den Außenposten des Unternehmens im Cyberspace. Leistungsstarke Software-Lösungen unterstützen dabei.

Auch im B2B-Vertrieb verzahnt sich die virtuelle längst mit der realen Welt. Automatisierte Prozesse, die das Kernthema dieses Buches sind, bereiten den Kunden sowohl auf den Erst- als auch auf den Wiederkauf vor. Zum bestmöglichen Zeitpunkt übernehmen dann die Vertriebsmitarbeiter, um ein telefonisches oder persönliches Verkaufsgespräch einzuleiten. Denn, daran kann auch die Digitalisierung nichts ändern: Menschen kaufen am liebsten von Menschen. Allerdings muss die interne Zusammenarbeit Hand in Hand funktionieren. Isoliert agierende »Silos« und Bereichsegoismen kann man dabei nicht brauchen. Die Kunden nehmen ein Unternehmen immer als Einheit wahr. Alles muss wie aus einem Guss funktionieren. Und die Erfahrungen müssen an allen Kontaktpunkten gleichermaßen hochwertig sein. Dafür brauchen Unternehmen einen ganzheitlichen Ansatz.

In diesem Kontext rücken die Bestandskunden ganz gezielt in den Fokus. Sie bieten ein oft immer noch unterschätztes, sehr ergiebiges und insgesamt kostengünstig zu

1 Wasserloch-Strategie® ist eine eingetragene Wortmarke von Norbert Schuster.

bearbeitendes Feld. Gerade dort, wo die Anlaufkosten der Neukundengewinnung hoch und Erstnutzer selten sind, erzielt der Ausbau eines profitablen Stammkundengeschäfts – gekoppelt mit einem systematischen Empfehlungsmarketing – die höchste Wertschöpfung.

Die beste Werbung ist die, die ein begeisterter Kunde für einen Anbieter macht. Empfehlungen sind die ehrlichste Form der Kommunikation, weil Dritte für die Qualität eines Marktplayers bürgen. Doch nur herausragende Leistungen erhalten großartige Mundpropaganda. Und nur, wer empfehlenswert ist, wird auch tatsächlich weiterempfohlen. Wer profitables Neugeschäft will, für den sind Weiterempfehlungen heute ein Muss. Sie stehen am Ende einer guten Kundenbeziehung und immer öfter auch am Anfang eines Kaufprozesses.

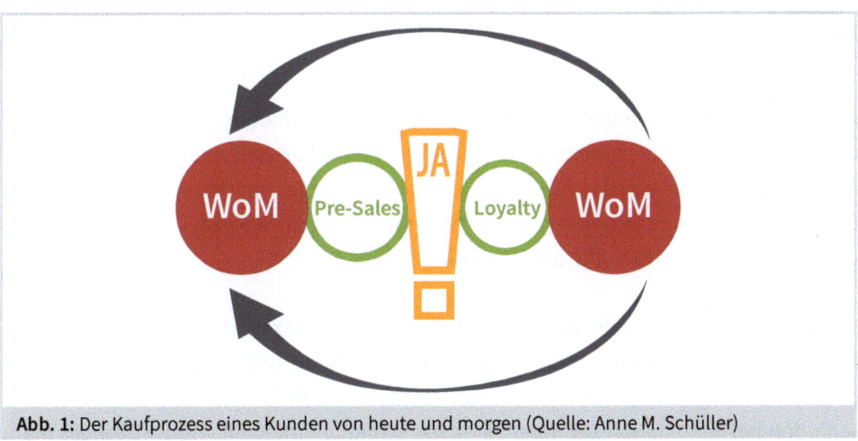

Abb. 1: Der Kaufprozess eines Kunden von heute und morgen (Quelle: Anne M. Schüller)

1.2 Der Kaufprozess der Kunden von heute und morgen

Bis zu 90 % aller Kaufvorentscheidungen fallen heute im Web. Wenn Kunden sich auf die Suche nach interessanten Angeboten machen oder die Lösung eines akuten Problems im Auge haben, konsultieren sie zunächst die Suchmaschinen. Antworten entdecken sie viele. Passende und unpassende. Positive und auch negative. Vielleicht auf Ihrer Website, doch meistens woanders. Ein ganz wesentlicher Punkt für jeden User ist dabei der, das Richtige zügig zu finden und in einer anschwellend erdrückenden Informationsflut die Spreu vom Weizen und echt von falsch zu trennen.

Sunday/Monday Gap !

Im B2B-Bereich findet nahezu die gesamte Vorrecherche inzwischen online statt. Und das nicht nur im Büro. Abends sitzen die Entscheider mit dem Tablet auf dem Sofa und surfen los. In Fachforen folgen sie den Diskussionen der Anwender und auf Bewertungsportalen

zählen sie Sterne. Sie suchen nach Alternativangeboten – und nach Erfahrungsberichten »wissender Dritter«. Verstärkt spielen diese eine Schlüsselrolle im Kaufprozess, denn sie erhöhen die Entscheidungssicherheit.
Im privaten Bereich nutzen wir Suchmaschinen und Portale. Warum sollten wir am Sonntag mit unserem Tablet etwas suchen und auf Knopfdruck eine Bestellung auslösen, aber am Montag mit einer Kutsche zur Arbeit fahren, im gedruckten Branchenverzeichnis suchen und eine Bestellung per Fax oder Brieftaube auslösen? Wir nennen das den »Sunday/Monday Gap«.

Quelle: https://fromcoldtoclose.de/sunday-monday-gap/

Wer schlechte Noten bekommt, weil die Produkte nicht halten, was sie versprechen, weil der Service nicht stimmt oder das Vorgehen im Vertrieb unakzeptabel ist, fällt durchs Rost, ohne dass es je zu einem direkten Kontaktversuch kommt. Das bedeutet: Ohne etwas davon zu bemerken, verlieren Anbieter, die im Web ein schlechtes Bild abgeben, potenzielle Geschäfte allein auf diese Weise.

Das betrifft aber doch wohl nur das Neugeschäft und den Erstkauf? Ganz und gar nicht. Auch Bestandskunden informieren sich ständig weiter. Die bedingungslose Loyalität von einst, die gibt es nicht mehr. Wenn Kunden sich früher für einen Anbieter entschieden hatten, blieben sie, solange nichts schieflief, meistens treu. »Da weiß man, was man hat«, so lautete ein gängiger Spruch. Markttransparenz zu bekommen war schwer und die Gefahr, eine Fehlentscheidung zu treffen, entsprechend hoch. Heute ist das völlig anders. Im Web wird man ständig zur Untreue verführt. Hochdigitalisierte Kunden sind nur so lange treu, bis ein besseres Angebot kommt. Zwar liebt es unser Gehirn ungemein, positive Erfahrungen zu wiederholen. Aber wir lassen uns eben auch gerne verführen.

Was also tun? Das ist einfach. Präsentieren Sie dem Interessenten relevante Informationen über passende Angebote ganz genau dann, wenn er sie sucht, und dort, wo er sie sucht. Legen Sie eine Duftspur geradewegs zu Ihren Angeboten, wenn der potenzielle Abnehmer diese (wieder) benötigt. Mit gut gemachtem, intelligentem und qualitativ erstklassigem Content kann man die Sichtbarkeit in Suchmaschinen erhöhen, den User auf hochwertige Weise erreichen, neugierig machen, Begehrlichkeit wecken und Kauflust erzeugen. Automatisierte Prozesse, die in Kapitel 4 detailliert erläutert werden, sind hierbei unerlässlich. Sie werden vom Marketing aus initiiert. Der Kaufabschluss erfolgt entweder im Online-Shop oder, gerade im B2B-Bereich überaus wichtig, mithilfe qualifizierter Mitarbeiterinnen und Mitarbeiter[2] im Innen- und Außendienst.

Doch das Erreichen eines Abschlusses ist noch lange nicht alles. Jetzt geht es erst richtig los. Nun ist eine pflegliche Bestandskunden-Rundumbetreuung gefragt. Dabei geht es nicht nur um kontinuierlichen Folgeumsatz, der durch Marketing-Automation gezielt unterstützt werden kann. Es wartet ein weiterer Schatz, den es zu heben gilt. Denn, sofern sie begeistert sind, werden Bestandskunden ja auch zu Empfehlern. So sorgen sie für neue Kunden und gutes Geschäft. Diese Entwicklung brauchen Sie jedoch nicht dem Zufall zu überlassen, sondern sie kann, soll und muss systematisch angeregt werden.

Warum das so wichtig ist?
Schauen wir noch einmal auf den Kaufprozess eines Kunden: Menschen, die aus eigener Erfahrung glaubhaft berichten, sind von großer Bedeutung, weil deren helfende Hand einen Interessenten wohlwollend führt. Deshalb fragen wir in unserem Bekanntenkreis: »Wer hat das schon gekauft? Welche Erfahrungen habt ihr mit ... gemacht? Sind die seriös?« Wie ein menschlicher Algorithmus können Empfehler Komplexität reduzieren, Streuverluste minimieren, das Gute vom Schlechten trennen und Passendes für uns vorsortieren. Und dort, wo das Weiterempfehlen gut funktioniert, da klappt es auch mit dem Geldverdienen.

1.3 Die Wasserloch-Strategie

Die Wasserloch-Strategie® ist ein Mindset für neue Zeiten. Sie impliziert das, was *Google* in kürzester Zeit zur erfolgreichsten Marke der Welt gemacht hat: Finden statt suchen. Unser Hirn hasst das unerfreuliche Suchen, es liebt aber das Finden. Jeder kennt das Gefühl der Freude, das man dabei verspürt.

Genau diesen Mechanismus nutzen wir für die Wasserloch-Strategie®. Wie sie funktioniert? Stellen Sie sich vor, Sie wären ein Fotograf und hätten einen gut dotierten Auftrag, Elefanten in freier Wildbahn zu fotografieren. Was werden Sie tun? Sie können durch den Busch, die Savanne und den Dschungel rennen, bis Sie einen Elefanten gefunden haben. Dann bekommen Sie Aufnahmen von einem Elefanten. Im übertragenen Sinn: Sie haben mit einer Outbound-Marketing-Maßnahme und viel Mühe einen neuen Kunden gewonnen. Der Nachteil: Wenn Sie weitere Elefanten fotografieren bzw. neue Interessenten gewinnen wollen, beginnt der Vorgang jeweils von vorn. Und

2 Wenn wir in diesem Buch von »Kunden«, »Verkäufern« und »Mitarbeitern« sprechen, sind selbstverständlich immer Frauen und Männer gleichermaßen gemeint.

nie können Sie wissen, ob Sie jedes Mal das Glück haben werden, mit akzeptablem Ressourceneinsatz einen Elefanten zu finden.

Die Alternative? Smart, wie Sie sind, haben Sie's längst kapiert: Sie bauen ein Wasserloch und sorgen dafür, dass die Elefanten dieses für sie wichtige Lebenselixier schon von Weitem erschnuppern. Im wahren Business können Sie sogar Schilder mit einem blauen »W« aufstellen und so auf Ihr Wasserloch hinweisen. Das funktioniert zum Beispiel bei dem großen gelben »M« eines bekannten Fastfood-Herstellers auch ganz prima. Und zwar weltweit.

Abb. 2: Wasserloch-Strategie® nach dem Schuster-Modell (Quelle: strike2 GmbH, Illustration: illouise – Illustration & Grafikdesign)

Quelle: https://www.strike2.de/themen/wasserloch-strategie/

Allerdings: Wenn Sie ein Wasserloch bauen, brauchen Sie einen Plan. Dabei müssen Sie sich zunächst um Themen kümmern, die vordergründig noch gar nichts mit Elefanten zu tun haben: Sie brauchen ein Grundstück. Sie brauchen auch jemanden, der was vom Wasserlochbauen versteht. Dann muss das Loch gegraben und Wasser eingelassen werden. In den ersten Tagen danach bekommen Sie wahrscheinlich noch keine Elefanten zu sehen. Das neue Highlight muss in der Savanne ja erst noch die Runde machen. Doch schon bald sehen Sie dann jeden Tag Elefanten: männliche und weibliche Elefanten, junge und alte Elefanten, in kleinen und in großen Herden. Schnell spricht sich die gute Nachricht herum. Ihr Wasserloch zieht immer mehr Tiere an. Und das ist gut.

Schließlich kann man ja auch mit Bildern von Giraffen und Löwen allerhand Geld verdienen.

So, nun folgen wir nur noch der Analogie: Wir jagen dem Markt nicht länger mit Werbegeschrei hinterher, nein, wir bauen ein Content-Wasserloch, um von potenziellen Kunden gefunden zu werden. Ein solches Wasserloch zieht »durstige« Interessenten wie magisch an. Dazu werden attraktive Inhalte auf der Firmenwebsite und im Unternehmensblog platziert. Zudem werden passend adaptierte Inhalte auf externen Plattformen und in sozialen Netzwerken präsentiert. Ferner kommen direkte Ansprache-Modelle zum Einsatz. Wenn Neu- oder Bestandskunden-Interessenten relevante Inhalte finden, fordern sie diese nun an und erteilen uns via Opt-in die Erlaubnis, Informationen an sie zu senden. Es folgt eine vordefinierte mehrstufige Abfolge meist automatisierter Prozesse, die, mithilfe einer ausgeklügelten Software und im Zusammenspiel mit dem Vertrieb, einen Interessenten bis zum (Wieder-)Abschluss weiterentwickelt. Für jede Phase gibt es passendes Content-Material. Eine jeweilige Conversion-Rate misst das Ergebnis.

Dieses Vorgehen funktioniert sowohl für Neu-Interessenten als auch für Bestandskunden, die ja quasi vor jedem Wiederkauf erneut zu Interessenten werden. Die Sogwirkung der Wasserloch-Strategie® sorgt für ein beständiges Immer-wieder-Kommen und Mehrbestellen. Zudem verbreitet sich die frohe Botschaft derart viral, dass immer neue Kunden kommen und kaufen.

Statt mühsamer Kaltakquise mit vagem Adressmaterial kümmert sich das Vertriebsteam hierbei fast nur noch um »heiße« Interessenten, die realistische Abschlusschancen bieten. So arbeitet es viel effizienter und auch motivierter. Früher wurden die Leute, die etwas angefordert hatten, im Rahmen einer Nachfassaktion sofort von einem Mitarbeiter angesprochen. Oft genug reagierten die Interessenten darauf »verschnupft«, weil sie zunächst nur etwas lesen und nicht sogleich »bequatscht« werden wollten. Dabei lag das eigentliche Problem weder beim Interessenten noch bei der Vertriebskompetenz, sondern beim Zeitpunkt und der Art der Bearbeitung. Wir nennen das den »Grüne-Bananen-Effekt®«. Beißt man in so eine unreife Frucht, schmeckt die nicht. Sie braucht Zeit, um zu reifen. Bei Interessenten ist es praktisch genauso. Zwecks »Reifung« werden sie zunächst »genurtured«, das heißt, mit weiteren passenden Informationen versorgt. Indem der Interessent jeweils zeigt, wofür er sich ganz genau interessiert, qualifiziert er sich selbst.

Allerdings stellen solche mit Wissen genährten Interessenten gegenüber früher eine große Herausforderung dar: Treffen sie auf den Vertrieb, sind sie bereits bestens vorinformiert: über den Anbieter, die Auswahlmöglichkeiten – und die Konkurrenz. Das Verkaufen beginnt also nicht bei Adam und Eva, sondern entspannt sich auf einem hohen Niveau. Ganz entscheidend dabei:

Abschlusschancen entstehen nur dann, wenn der Vertriebsmitarbeiter besser ist als das Web. Zudem ist eine lückenlose Verzahnung zwischen online und offline vonnöten, damit der Kunde nach Lust und Laune hin und her pendeln und das Beste aus beiden Welten für sich erschließen kann.

Sicher kann fast jeder im Web ein Wunschprodukt vorkonfigurieren. Das macht Spaß und schafft erste Erfolgserlebnisse, die man gerne mit anderen teilt. Geht es dann aber um komplexe Details, wird ein fachkompetenter Beraterverkäufer hinzugezogen. Das virtuelle Versenden der Konfigurationsdaten geschieht dabei über die Cloud.

1.4 Wie Marketing-Automation das Bestandsgeschäft sichert

Sprechen wir einmal ausschließlich von B2B, also dem Geschäftskundenbereich: Hier werden je nach Branche, Unternehmensgröße und Kundenstruktur in den meisten Fällen einige wenige Großkunden, sogenannte A-Kunden, von einem Key Account Management aktiv betreut. Dazu gibt es, meist durchs CRM-System unterstützt, festgelegte Kontaktprogramme mit regelmäßigen Besuchen vor Ort. So wird der Kunde intensiv gepflegt und Mehrgeschäft systematisch gesichert. Marketing-Automation-Prozesse können auch das Key Account Management unterstützen. Wir sprechen dann von Account based Marketing, wenn gezielt Wunschkunden gewonnen oder durchdrungen werden sollen. Account based Marketing ist die Vorstufe zum Key Account Management, wobei alle Aktivitäten – Inbound/Wasserloch-Strategie® und Outbound auf einen Zielkunden ausgerichtet werden.

In Kontext dieses Buchs interessieren uns deshalb vor allem die B- und C-Kunden, die meist aus Zeit- und Kostengründen nur eine mehr oder weniger passive Betreuung erhalten: Der Vertrieb meldet sich (wenn überhaupt) höchstens ein paar Mal im Jahr, verschickt gelegentlich Informationen und hofft ansonsten darauf, dass sich der Kunde von selbst mit Folgeaufträgen bemerkbar macht. Mithilfe von Marketing-Automation kann hier eine kontinuierliche Betreuung erreicht, Umsatzpotenzial weiterentwickelt und der Kunde »bei der Stange« gehalten werden. Warum das so wichtig ist, zeigen Ergebnisse einer weltweiten B2B-Studie des Marktforschungsinstituts *Gallup*. Demnach fühlen sich nur 29 % der befragten Unternehmen ihren Geschäftspartnern gegenüber verbunden, 60 % sind indifferent und damit wechselgefährdet, 11 % sind sogar aktiv wechselbereit.[3]

3 http://www.gallup.com/businessjournal/193409/b2bs-customer-base-risk.aspx?g_source=B2B&g_medium=topic&g_campaign=tiles (aufgerufen am 07.02.2022).

Quelle: https://news.gallup.com/businessjournal/193409/b2bs-customer-base-risk.aspx?g_

Sie wollen solchen Gefahren entgegenwirken?
Wie man – im Zusammenspiel zwischen automatisierten Interaktionen und verkäuferischer Expertise – neue Kunden gewinnt, seine Bestandskunden pflegt und dem potenziellen Verlust von bis zu zwei Drittel seiner Geschäftsbasis entgegenwirken kann, wollen wir Ihnen im Buchverlauf zeigen. Um zehn zusammenhängende Themenkomplexe geht es dabei:

1. Kundengewinnung und Bestandskundenpflege
2. Vorarbeiten für die Marketing-Automation
3. Die Marketing-Automation im Detail
4. Personas, Touchpoints und Buyer-Journeys
5. Content-Marketing im Kontext von Marketing-Automation
6. Das moderne Lead- und Bestandskunden-Management
7. Die Vertriebseffizienz verstärken
8. Monitoren, Messen und Optimieren
9. Das (automatisierte) Empfehlungsgeschäft
10. Kundenrückgewinnung durch automatisierte Prozesse

Nach Abschluss und Erstauftrag startet dabei ein durchdachter Prozess, um eine dauerhafte Geschäftsbeziehung einzuleiten, Up- und Cross-Selling-Potenzial zu sichern und durch aktive Weiterempfehlungen an gutes Neugeschäft zu gelangen. Die Ergebnisse können sich sehen lassen:

- Sie erreichen eine wesentlich höhere Marktpräsenz und mehr Sichtbarkeit in den Suchmaschinen.
- Sie werden gefunden, sobald ein Neuinteressent oder Bestandskunde nach einer Lösung sucht.
- Sie generieren messbar mehr qualifizierte Interessenten-Leads, die leicht zum Abschluss zu führen sind.
- Sie führen die »richtigen« Interessenten gezielt zum gewünschten Ergebnis: Auftrag oder Kauf oder Bestellung.
- Ihr unternehmenseigener Vertrieb kümmert sich nur noch um die erfolgversprechendsten »heißen« Interessenten.
- Sie steigern den Bestandskundenumsatz und die Betreuungsqualität, wodurch unnötige Kundenverluste vermieden werden.
- Sie gewinnen passende Neukunden mithilfe bestehender Kunden durch aktives Empfehlungsmarketing.
- Sie holen sich, auch mithilfe automatisierter Prozesse, die verlorenen Kunden zurück, die Sie zurückhaben wollen.

- Ihre Reputation als moderner, kundenfreundlicher Anbieter und Arbeitgeber steigt und verbreitet sich schnell.
- Ihr Vorsprung vor dem Wettbewerb wächst uneinholbar.

Klingt das gut? Dann legen wir los. Wir beginnen mit dem Zustand Ihres Bestandskundenpools. Lead- und Bestandskunden-Management und die Wasserloch-Strategie® bringen die besten Ergebnisse nämlich nur dann, wenn die Beziehungspflege stimmt. Wer lauter verärgerte Kunden hat, den kann selbst die ausgefeilteste Marketing-Automation-Kampagne nicht retten. Die erste entscheidende Frage ist also die: Wie geht es Ihren Kunden überhaupt?

2 Kundenpflege und Bestandskundengeschäft

Sie haben einen neuen Kunden gewonnen. Gratulation. Doch wird er auch bleiben? Wiederkommen, mehr bestellen, weiter bei Ihnen kaufen? Werden all die Mühen, die Sie in die aufwendige Akquise gesteckt haben, sich lohnen? Wird sich das Geschäft amortisieren? Mit anderen Worten? Bleibt der, den Sie nun Bestandskunde nennen, Ihnen auch treu? Früher: eher ja. Heute: eher nein. Oder besser gesagt: Es kommt darauf an.

»Früher war alles besser«, hört man die »Alten« gern sagen. Zumindest war früher fast alles anders. Auch, was die Kundenpflege betrifft. Das Angebot war überschaubar. Wollte man dennoch wechseln, war es schwierig, sich einen Überblick zu verschaffen. Denn das Internet gab es noch nicht. Mit Serviceproblemen gingen die Kunden gnädiger um. Sie hatten auch gar keine andere Wahl. Doch diese Zeiten sind längst vorbei. In der Welt der Suchmaschinen, Online-Shops, Fachforen und Vergleichsportale liegt der nächste Anbieter bekanntlich nur einen Fingerwisch oder Mausklick entfernt.

Wenn Ihr Bestandskunde heute eine neue, weitere, zusätzliche Lösung sucht oder mehr vom Gleichen bestellen will, meldet er sich nicht automatisch bei Ihnen. Vielmehr ist die Wahrscheinlichkeit hoch, dass er sich im Internet informiert: über Alternativen, Erfahrungsberichte oder bessere Preise. Damit steigt das Risiko, dass er die Angebote eines Mitbewerbers findet – und dann bei dem kauft. Das Internet beeinflusst also nicht nur das Verhalten von neuen Interessenten, sondern auch das von Bestandskunden elementar.

Doch wie offen sind Ihre Bestandskunden für einen tatsächlichen Wechsel? Zunächst hat es damit zu tun, wie gut die Leistung ausgefallen ist, die sie ihm versprochen haben, und was ihr Produkt überhaupt taugt. Also: Bewegt sich das, was Ihr Neuzugang bei Ihnen und mit Ihnen erlebt, oberhalb oder unterhalb der Null-Linie der Zufriedenheit? Und zwar aus Sicht des Kunden betrachtet, denn die allein zählt. Konnten Sie sein Vertrauen gewinnen? Und konnten Sie ihn begeistern? Dass etwas einwandfrei funktioniert, ist ja wohl selbstverständlich. Begeisterung heißt immer: Erwartung plus x. Und dies betrifft sowohl die Prozess- als auch die Beziehungsqualität.

Kundenloyalität hängt natürlich auch davon ab, wie gut Sie Ihre Kunden umsorgen. Kümmern Sie sich ausgiebig um Kundenbelange? Oder geht alles nach Schema F? Wie drücken Sie Wertschätzung aus? Machen Sie sich überhaupt wieder bemerkbar? Suchen Sie aktiv Kontakt? Wie machen Sie sich immer neu attraktiv und begehrlich, damit weiteres Habenwollen entsteht? Wie können Sie Vorfreude auf den nächsten Auftrag entfachen? Wie machen Sie sich unentbehrlich? Und wie machen Sie all die Kunden, die Sie möglichst lange behalten wollen, immun gegen die »Anmachversuche« der Konkurrenz?

2.1 Aktive Bestandskundenpflege zahlt sich aus

Das systematische Ausschöpfen des vorhandenen Kundenpotenzials bietet unzählige Chancen zu nachhaltigem Wachstum. Durch und durch loyale Kunden kaufen öfter. Und sie kaufen auch mehr. Ihre Wechselfreude ist niedrig. Sie sind weniger preissensibel. Sie haben auch meist eine bessere Zahlungsmoral. Sie sind nachsichtiger, wenn Fehler passieren. Denn sie sind dem Unternehmen wohlgesonnen. Sie helfen ihm durch passende Ratschläge, Hinweise und Tipps, kontinuierlich besser zu werden. Sie geben den Mitarbeitern ein gutes Gefühl und machen sie stolz auf ihren Arbeitgeber. Und sie helfen, Werbeaufwendungen zu sparen.

Wer die Loyalität seiner Kunden gewinnt und dauerhaft bewahren kann, generiert kontinuierlich steigende Umsätze und reduziert gleichzeitig die Kosten. Und das ist noch nicht alles. Ein durch und durch loyaler Kunde kommt ja nicht nur wieder, er ist auch blind und taub für den Wettbewerb. Er verteidigt seinen Lieblingsanbieter gegen Angriffe von außen. Er spricht voll Begeisterung über ihn und generiert auf diese Weise wertvolle Mundpropaganda. Das ist der beste Weg zu lukrativem Empfehlungsgeschäft.

! **Fan-Kunden**

Fan-Kunden, die mit missionarischem Eifer agieren, sind die besten Botschafter, die sich ein Anbieter wünschen kann. Sie sind Meinungsmacher und Vorverkäufer. Als glaub- und vertrauenswürdige Multiplikatoren übertrumpfen sie jede klassische Werbung. Verbunden zu einer Community können sie Unternehmen und Marken schnell ganz weit nach oben hieven. Und all das tun sie kostenlos, freiwillig und gerne.

Empfehlungsbereitschaft ist ein deutlicher Hinweis auf hohe Kundenloyalität. Mangelnde Empfehlungsbereitschaft hingegen ist ein erstes Absprung-Frühwarnsignal. Es hat sich zudem gezeigt, dass das Aussprechen einer Empfehlung eine positive Wirkung auf die eigene Wiederkaufabsicht hat.

Aus all diesen Gründen ist es überaus sinnvoll, in die Nachkauf- und Loyalisierungsphase zu investieren. Doch das Gegenteil ist meist der Fall. So fand eine Untersuchung der Markenberatung *Brand Trust* heraus: 76 % der Marketingbudgets fließen nach wie vor in die Neukundengewinnung. Das liege daran, so Studienautor *Christoph Hack*, dass sich viele Unternehmen über Wachstumsziele definieren. Und er mahnt: »Eine massive Verschiebung in Richtung After-Sales ist mehr als sinnvoll, um den langfristigen Markenerfolg zu erhöhen.«[4] Für weitsichtige Unternehmer klingt das nur logisch.

4 Viele Chancen, wenige Treffer, Horizont 29/2015.

Doch ist man erst mal Kunde …

Bestimmt kennen Sie das: Ist man erst mal Kunde, gehört man zur zweiten Klasse. Regelmäßig sieht man als Stammkunde fassungslos zu, wie Neukunden die ganzen Goodies erhalten. Sie bekommen Nachlässe, Schnupperpreise, kostenlose Testangebote, besondere Bundles und andere Nettigkeiten, damit sie sich für einen Erstkauf entscheiden.

Bestandskundenabzocke !

In vielen Branchen ist »Bestandskundenabzocke« immer noch gang und gäbe: Kostspielige Software-Lizenzen, überteuerte Handytarife, hohe Abo-Gebühren und teure Versicherungsprämien sind weiter zu zahlen, obwohl sie im Neugeschäft längst deutlich günstiger sind. Und wie fühlt sich so ein »treudoofer« Kunde dann? Veräppelt, ausgenutzt, hintergangen. Ihm bleibt nicht verborgen: Neukunden, die bis zum Abschluss nur kosten, werden belohnt, Altkunden hingegen, mit denen der Anbieter längst Geld verdient, werden bestraft.

Auch wenn es auf den ersten Blick nicht immer den Anschein hat: In fast allen Branchen gibt es eine solche Zweiklassengesellschaft. In vielen Organisationen werden Interessenten nur so lange wirklich umgarnt, bis sie anbeißen. Kaum ist die Tinte trocken, hat das heiße Werben ein Ende. Die Beute ist erlegt. Die Charme-Attacken versiegen. Routine kehrt ein. Nun wird man nach Effizienz-Gesichtspunkten versorgt und soll sich in die vom Unternehmen vorgedachten Abläufe fügen, die nicht selten aus falsch interpretierten Kundenbedürfnissen entstehen. Doch Bestandskunden wehren sich heftig. Und sie haben gleich zwei Waffen parat:

1. ihre Loyalität und
2. ihre Empfehlungsbereitschaft.

Empfehlungsbereitschaft braucht nicht nur Spitzenleistungen, sondern auch Loyalität. Zunächst muss man sich also um die Loyalität seiner Kunden kümmern, muss Vertrauen aufbauen und für Begeisterung sorgen. Meist sind es bemerkenswerte, überraschende, verblüffende, faszinierende Details, die zur Begeisterung führen. Das sind die magischen »Micro-Moments of Truth«. Diese nennen wir »Sternenstaub«. Man kann gar nicht genug Aufmerksamkeit darauf lenken. Wer immer neu begeistert wird, der wird nicht nur regelmäßig bei »seinem« Anbieter kaufen, er wird ihn auch wärmstens weiterempfehlen.

In zunehmend gesättigten Märkten ist eine Fokussierung auf Wiederkauf und Weiterempfehlungen geradezu zwingend. Dennoch stehen in den meisten Organisationen Eroberungen noch immer am höchsten im Kurs. Dabei kaufen sich die Anbieter mit Lockvogelangeboten gegenseitig die Kunden ab. Manager sehen dabei anscheinend nur das, was sie gewinnen, nicht aber das, was sie verlieren. Während man nämlich vorne fleißig baggert, laufen einem hinten die eigenen Kunden davon. Denn die haben gelernt: Nur bei Untreue gibt's Goodies. Ein gefährlicher Teufelskreis, den viele Anbieter auf Dauer nicht überleben. Denn irgendjemand macht es immer billiger.

2.2 Hohe Betreuungsqualität ist heute ein Muss

Zweiklassengesellschaft herrscht aber nicht nur auf Kundenseite, sondern auch im Vertrieb. Die Kundenjäger (= Hunter) sind die Helden vom Dienst. Sie werden hofiert, bestens trainiert und fürstlich entlohnt. Die Kundenbetreuer (= Farmer) hingegen agieren, nicht selten vom Außendienst herumkommandiert, vom Backoffice (= Hinterzimmer!) aus. Dies mit dem Ziel, aus Bestandskunden nun Cashcows (Melkkühe!) zu machen. Ja, so werden selbst Stammkunden in vielen Firmen noch immer genannt – und so werden sie dann auch behandelt.

Ganze Manager-Generationen haben an den Unis über das Abschöpfen von Zahlungsbereitschaften gehört und glauben tatsächlich, dass das auch heute noch funktioniert. Ja, früher haben die Kunden so was murrend ertragen. Doch das ist vorbei. »Nicht so!«, sagen sie unzufrieden und lautstark, und: »Nicht mit mir!«

Eine wachsende Beschwerdezahl ist das Ergebnis. Längere Bearbeitungszeiten sind die Folge. Der Frust der Servicemitarbeiter steigt, die Stimmung sinkt. Die ersten Krankheitsausfälle. Noch mehr bleibt liegen. Der Groll der Kunden verlagert sich ins Web. Die Missstände werden öffentlich. Die Umsätze brechen ein. Doch anstatt das Übel bei der Wurzel zu packen, wird jetzt an der Kostenschraube gedreht. Beim Vertrieb kann man nicht sparen, die sollen gefälligst ackern! Aber im Service, da ginge noch was. Der ist sowieso viel zu teuer. Manche Manager sind dabei völlig verblendet: »Jedes Mal, wenn ein Kunde bei uns anruft, sind das für uns Kosten«, hat uns kürzlich einer gesagt. Es kam ihm nicht einmal in den Sinn, dass jeder Anruf auch eine Chance beinhalten könnte, Mehrumsatz zu generieren.

Und es kommt noch schlimmer: Im Massengeschäft werden neue Kunden oft nicht einmal mehr von eigenen Mitarbeitern betreut, sondern von solchen, die in externen Callcentern jobben. Informationsstand und Bezahlung sind dort meist niedrig, Frustration und Fluktuation aber hoch. Qualifizierte Antworten gibt es selten. Und die Lösungskompetenz ist gering. Obendrauf kommen lange Warteschleifen und maximal vier Minuten Zeit für ein Gespräch. Danach wird man aus der Leitung geworfen, weil der Auftraggeber für weitere Gesprächszeit nicht zahlt. Für Noch-nicht-Neukunden hingegen gibt es eine eigene Hotline, bei der sofort jemand ans Telefon geht. Und dort hat man alle Zeit der Welt für Konversationen.

»So schnell rennen uns die Kunden schon nicht weg, die sind ja schließlich durch Verträge gebunden«, hören wir oft. Wenn das nicht ein gefährlicher Irrtum ist! Im Web macht alles die Runde – und vertreibt Interessenten. Zudem gibt es dort Tipps, wie man sich aus festen Vereinbarungen löst. Auch die »Wir hoffen, die merken das nicht«-Strategie funktioniert schon lange nicht mehr. Niemand lässt sich mehr für blöd verkaufen. »Was ist drin, wenn ich kündige, und wie hole ich am meisten dabei raus?« Das ist heutzutage eine gängige Frage an die Web-Community. Wir alle haben gelernt: Wenn wir den Quengelfaktor erhöhen, gibt's Gutes. Ergo: Die Anbieter selbst haben uns Kunden zur Untreue erzogen. Und sie haben uns zu Schnäppchen-Nomaden gemacht.

Natürlich sind Neukunden wichtig, aber nur, wenn man sie nicht auf Kosten seiner Bestandskunden gewinnt. Stabile, robuste Kundenbeziehungen sind die Lebensversicherung eines Unternehmens. Der unrentierlichste Auftrag ist ja bekanntlich der erste. Denn auf ihm lasten all die Aufwendungen, die das mehr oder weniger lange Werben ausgelöst hat.

So muss es doch das größte unternehmerische Bemühen sein, alles zu tun, um die angefallenen Akquisekosten auf eine möglichst lange Kundenbeziehungszeit zu verteilen. Hohe Kundenloyalität und niedrige Abwanderungsraten sichern den dauerhaften Geschäftserfolg. Je länger man einen rentablen Kunden hält, desto mehr Gewinn kann man durch ihn erzielen. Wer solche Schätze hat, der pflege sie eifrig, damit sie nicht auf dumme Gedanken kommen.

2.3 Der Unterschied zwischen Kundenbindung und Kundenloyalität

Immer schneller dreht sich das Karussell aus Kunden akquirieren, Kunden loyalisieren, Kunden verlieren. Sollte man da nicht besser versuchen, die Kunden fest an sich zu binden, anstatt auf ihre freiwillige Treue zu hoffen? Oder anders gefragt: Was ist denn überhaupt der Unterschied zwischen Kundenbindung und Kundenloyalität?

- **Kundenbindungsmaßnahmen** gehen vom Unternehmen aus. Dabei wird Kundentreue an Bedingungen geknüpft, durch Punkte, Prämien oder Rabatte erkauft, durch Fußangeln in Geschäftsbedingungen erschlichen, durch Knebelverträge gefestigt oder durch Wechselbarrieren erzwungen. Der Kunde bleibt nicht, weil er will, sondern vielmehr, weil er mehr oder weniger muss. Er ist, etwa weil hohe Wechselkosten drohen, zwangsweise an einen Anbieter gebunden. Man nimmt seinen Kundenbestand quasi in »Geiselhaft«.
- **Loyalität ist freiwillige Treue.** Sie geht vom Kunden aus. Er könnte jederzeit wechseln, will aber nicht. Loyalität kommt einer inneren Verpflichtung gleich. Sie erzeugt Verbundenheit. Sie entsteht durch Vertrauen und Anziehungskraft – und nicht durch Druck oder Zwang. Treue ist ohne die Möglichkeit zur Untreue gar nicht möglich. Verbundenheit kann also niemals eingefordert werden, man bekommt

sie vielmehr aus Überzeugung geschenkt. Spitzenleistungen und akzeptable Preise sind dabei das Pflichtprogramm. Das Erzeugen guter Gefühle ist die Kür. Es muss funken zwischen Anbieter und Kunde. Das Resultat, ganz im Sinne unserer Wasserloch-Strategie®: Bleiben wollen statt bleiben müssen. Solche Loyalität ist übrigens ein sehr schwer zu imitierender Wettbewerbsvorteil.

Wie solch eine Anziehungskraft entfacht werden kann? Das ist von Fall zu Fall verschieden. Ganz generell kann man sicher auf solche Weise betören: mit einer schnellen und reibungslosen Behebung eines akuten Problems, mit Sorglosigkeit, Bequemlichkeit, Entlastung, Verlässlichkeit, Sicherheit, Zeitersparnis und Flexibilität, mit Zuwendung und echter Anteilnahme, mit Fairness, Beziehungsexzellenz, Wertschätzung und Respekt, mit Vereinfachung und Komplexitätsreduktion, mit Imagegewinn und der Förderung sichtbaren Kundenerfolgs, mit einem Vertrauensverhältnis ohne Enttäuschungsgefahr, mit Wohlbefinden, Lebensqualität und Seelenfrieden.

Wir bleiben einem Anbieter treu und empfehlen ihn vehement weiter, solange er uns derart gute Gefühle beschert. Die Hirnforschung hat längst bewiesen: Gute Gefühle machen uns süchtig nach mehr. Sie erzeugen zudem den Rosarote-Brille-Effekt: Man sieht nur die guten Seiten – und über kleine Schwächen milde hinweg. So was kann hie und da wohl jeder Anbieter ganz gut gebrauchen.

2.4 Der Rosarote-Brille-Effekt: Emotionen bestimmen unsere Entscheidungen

Gute Gefühle spielen nicht nur im Consumer-Geschäft eine Rolle. Auch in den scheinbar so kühlen Entscheider-Etagen herrscht Emotion pur: Privilegien, Statussymbole und territoriales Gehabe sprechen eine deutliche Sprache. Das beginnt schon beim Chronometer, den ein Manager trägt.

! **Uhrenkauf**

Im Rahmen einer Studie zum Thema Uhrenkauf wurde unter anderem folgende Aussage zum Ankreuzen geboten: »Das wichtigste ist doch, dass eine Uhr die genaue Zeit anzeigt.« 74 % der Befragten antworteten darauf mit Ja. Doch nun schauen Sie mal aufs Handgelenk der Entscheider am Verhandlungstisch. Und schätzen Sie den Wert der Zeitmesser, die Sie dort sehen. 74 % müssten Uhren tragen, die weniger als 10 Euro kosten. Denn Uhren, die die Zeit korrekt anzeigen, sind schon zu diesem Preis zu haben. Würden Manager rein rationale Entscheidungen treffen, dann hätten teure Uhren dort nichts zu suchen. Genau das Gegenteil ist aber der Fall.

Menschen handeln auch im Business unlogisch, gleichgültig, vergesslich, kurzsichtig, impulsiv, opportun, launisch wie der Wind. Sie sind vorsichtig, eitel, waghalsig, ehrgeizig, enttäuscht. Sie haben Angst vor Fehlern und Sorge, bei einer falschen Entscheidung ihr Gesicht, das Spiel oder den Job zu verlieren.

Den Homo oeconomicus hingegen, der seine Entscheidungen rein vernunftmäßig trifft und selbstsüchtig nur seinem Nutzen frönt, den hat es nie gegeben. Und hätte es ihn gegeben, es wäre ein ziemlich grässliches Wesen. Einen Intuitionsradar für richtig und falsch, das sich aus der Summe aller Erfahrungen speist, hätte er nicht. Empathie und Mitmenschlichkeit wären ihm fremd.

Fakten sorgen zwar für Erkenntnisse, und Argumente können extrem überzeugend klingen, doch erst Emotionen lösen Handeln aus. Ohne Emotionen kann unser Denkapparat – wie Untersuchungen an hirngeschädigten Patienten zeigen – nicht einmal Entscheidungen treffen. Sie sind nicht nur in allen Entscheidungen vorhanden, sie sind sogar deren treibende Kraft. Denn jede Erfahrung, die ein Mensch macht, wird mit einem emotionalen Plus oder Minus markiert – und sogleich zerebral als »Like« oder »Dislike« gespeichert. Negative Gefühle verhindern das Kaufen (»Ich hatte so ein merkwürdiges Grummeln im Bauch.«).

Gute Gefühle machen entscheidungsfreudig !

Gute Gefühle hingegen machen unser Gehirn sehr entscheidungsfreudig. Dabei wird das euphorisierende Dopamin vermehrt ausgeschüttet und das Ja-Sagen fällt leicht. Dies umso eher, je mehr das Hirn auf positive Erfahrungen zurückgreifen kann. »Warm glow« nennen Forscher das Gefühl, das uns hierbei überkommt. »Mir ist das Herz aufgegangen« oder »Mir wurde warm ums Herz«, sagen wir auch.

Gerade ein Wiederkauf wird nicht nur von sachlichen Gründen geleitet, sondern zudem von Emotionen begleitet. Sobald nämlich eine Entscheidung ansteht, starten riesige Neuronenverbände in rasender Geschwindigkeit die Suche nach gespeicherten Vorerfahrungen in unserer mentalen Datenbank. Aus dem Abgleich mit der subjektiven Erinnerung resultiert dann ein Entweder-oder. Die Art von Emotionen, die uns am Ende bewegen, mögen je nach Menschentyp, Geschlecht und Alter verschieden sein. Doch auch im Business kommt ohne Emotionen keine einzige Entscheidung zustande.

Unternehmen können keine Angebote einholen, keine Anbieter listen und keine Aufträge vergeben. Und sie können auch keine Verträge schließen. Am Ende der Prozesskette sitzt immer ein Mensch. Und dieser Mensch hat – wie alle anderen auch – Launen, Begierden, Hoffnungen, Wünsche und Träume. Jedes Problem verursacht zudem ein schlechtes Gefühl. Und jede Lösung bringt Erlösung.

Für die Persönlichkeitsstruktur von Führungseliten sind vor allem Anreize, die mit Status, Macht, und Kontrolle zu tun haben, höchst lohnenswert. Selbst wenn es – etwa im Zuge von Ausschreibungsprozessen – kein bisschen danach aussehen mag: *Jede* noch so knallharte Entscheidung ist unterschwellig auch von emotionalen Motiven geleitet – obgleich Verhandler dies vehement abstreiten würden.

Dabei sind Entscheidungen im B2B-Bereich fast immer auch von Sachzwängen und Abteilungskonformismen geprägt. Ein Paradebeispiel? Damit vorgegebene Budgets am Jahresende nicht verfallen, werden sie noch schnell verprasst, egal wofür oder wie teuer. Das ist *völlig irrational*. Aber es passiert regelmäßig. Deshalb ist es im Lead- und Bestandskunden-Management so überaus wichtig, neben den psychologischen Aspekten einer Entscheidung auch die strukturellen und organisatorischen Rahmenbedingungen zu kennen.

Zudem haben Manager in ihrer Funktion als Entscheider nicht nur die Unternehmensinteressen im Kopf. Jeder verfolgt zugleich eigene Ziele. So geht es bei einem Zuschlag immer auch um Ruhm und Ehre, um zu ergatternde Boni – und um die eigene Karriere natürlich auch. »Bei uns wird im Kundeninteresse gehandelt«, hören wir oft. Das ist, mit Verlaub, schlichtweg Blödsinn. Eigeninteressen schlagen Kundeninteressen.

2.5 Wechselbarrieren halten Kunden nicht auf

Klassische Kundenbindungsmaßnahmen versuchen, Abwanderungshindernisse aufzubauen und den Kunden durch ein System an das Unternehmen zu binden. In aller Regel wird dabei Freiwilligkeit reduziert, Vorteile werden an Bedingungen geknüpft, ein vorzeitiger Ausstieg wird sanktioniert oder ganz unterbunden. Hierbei lassen sich drei Gründe unterscheiden:

- **Ökonomische Bindungsgründe**. Das sind zum Beispiel: Verlust von Treuepunkten oder Mengenrabatten, Wegfall von Garantien oder Privilegien (Anbieter-Bewertungsstatus auf Portalen, Senator-Status bei Airlines usw.), Monopolismus durch Alternativmangel (einziges Krankenhaus am Ort usw.), Wegfall von Finanzierungsvorteilen, zusätzliche Umstellungs-, Beschaffungs-, Wege- oder Informationskosten.
- **Vertragliche Bindungsgründe**. Das sind zum Beispiel: Strafen bei vorzeitiger Vertragsauflösung, Gebühren oder Stornokosten im Fall von Kündigung, Wegfall von After-Sales-Service, Verlust von Support in Form von Beratung, Schulung oder Kundendienst.
- **Technologische Bindungsgründe**. Das sind zum Beispiel: mangelnde Passung unterschiedlicher Systeme (Kaffeemaschinen/Kapseln, Drucker/Patronen usw.), Wegfall der Belieferung mit Ersatz- oder Verschleißmaterial.

Solche Wechselbarrieren sollen Kundenmigration unterbinden. Sie folgen damit dem alten Marketing: Verteidigungsmechanismen, Marktanteilsschlachten und Push-Geschrei. Unannehmlichkeiten und hohe Kosten, die durch einen Anbieterwechsel entstehen, sollen den Kunden dazu zwingen, auf einen Wechsel lieber ganz zu verzichten.

Ein derartiges Vorgehen will gut überlegt sein, denn es widerspricht den Individualisierungstendenzen der Menschen von heute. Wir sind meist wenig begeistert, wenn unsere Entscheidungsmöglichkeiten eingeschränkt werden. Keine Wahl zu haben und ohnmächtig (= ohne Macht) dem Willen Dritter zu folgen, ist ganz und gar kein gutes Gefühl. Unter Umständen reden sich zwangsgebundene Kunden das Unvermeidliche schön, um den Schein zu wahren. Notgedrungen macht man es sich gemütlich in seinem kleinen Gefängnis – und träumt doch von Freiheit und Selbstbestimmtheit.

Wechselhürden sorgen also nur scheinbar für Treue. Sie sind nichts als eine trügerische Illusion. Selbst »vergoldeter Stacheldraht« kann Kunden auf Dauer nicht binden. Kunde ist man da nur noch auf dem Papier. Innerlich hat man sich längst verabschiedet. Man sucht nur noch nach der passenden Ausstiegsgelegenheit. Oder man konstruiert sich eine. Oder man kommt gerade wegen der Wechselbarrieren nicht wieder zurück.

Dank Internet gelingt es heutzutage den Konsumenten auf vielfältige Weise, solche Barrieren zu umgehen. Sie geben sich untereinander Tipps, wie man problemlos aus Verträgen aussteigen kann. Oder sie richten Online-Helpdesks und Tauschbörsen ein. Oder sie nutzen kurzsichtige Anbieterstrategien schamlos aus und hoppen bei erstbester Gelegenheit immer zu dem, der gerade am günstigsten ist.

In manchen Branchen hat sich so inzwischen eine regelrechte Kunden-Kreiswanderung herausgebildet: Nach ein paar Anbieterwechseln zwecks Abschöpfung günstiger Tarife landet man wieder beim ersten. Gerade die junge Konsumenten-Generation macht sich regelrecht einen Spaß daraus, nach günstigen Angeboten zu hoppen. Gemeinsam ziehen sie von einer Marke zur nächsten. Und sie werden leicht fündig. Denn in vielen Systemen wird nicht Kundentreue belohnt, sondern man ködert die Wechselbereiten und jagt sich so gegenseitig die Kunden ab.

Loyality first! !

Fasst man diese Überlegungen zusammen, bleibt nur eine Erkenntnis: Loyality first! Der Stammkunde gehört an die erste Stelle. Nicht die unangenehmen Kündiger, sondern die braven Vertragsverlängerer erhalten die Goodies. Nicht die Neukunden, sondern Bestandskunden bekommen die besten Angebote, Sonderpreise, Treueprämien, Premiumservices, »Money can't buy«-Events und Einladungen in ein exklusives Kundennetzwerk.

Der Fantasie sind dabei keine Grenzen gesetzt. Und sagen Sie dem Kunden unbedingt, dass Sie all das nur deshalb tun, weil er zum Exklusivkreis Ihrer Stammkunden zählt.

Wie soll er das denn sonst wissen? Am Telefon oder per E-Mail lässt sich so was wunderbar machen. Sie säuseln: »Ach übrigens: Für unsere guten Stammkunden – und nur für diese – haben wir heute ein ganz besonderes Angebot parat …«

Unternehmen müssen Loyalität attraktiver machen als Nicht-Loyalität. Wer treue Kunden will, muss Kundentreue belohnen. Wer wenig Kunden verliert, weil er sie hegt und pflegt, muss sich auch wenig neue suchen. Dabei ist das partnerschaftliche Einbinden der Kunden erfolgversprechender als der unfreundliche Aufbau von Wechselbarrieren.

Ziel eines guten Kundenbeziehungsmanagements muss es also sein, die freiwillige Loyalität zu erhöhen. Wechselbarrieren richten sich gegen den Kunden, sie sind aggressiv und damit letztlich kontraproduktiv. Miteinander und Kooperation funktionieren auf Dauer besser als Gegeneinander und Konfrontation. Das hat die nobelpreisgekrönte Spieltheorie längst bewiesen.

Aspekt	Kundenbindung	Kundenloyalität
Wirkrichtung	geht vom Anbieter aus	geht vom Kunden aus
Motivationshebel	arbeitet mit gekaufter Treue, Druck oder Zwang	arbeitet mit Anziehungskraft
Freiwilligkeit	Kunde muss bleiben	Kunde will bleiben
Wechselmöglichkeit	eingeschränkt bzw. für den Kunden mit Kosten verbunden	jederzeit, uneingeschränkt
Treuezeit	von begrenzter Dauer	zeitlich unlimitiert
Hilfsmittel	Verträge, Systeme, Barrieren	Begeisterung, Vertrauen
Kosten für das Unternehmen	hoch	niedrig

Tab. 1: Aspekte der Kundenbindung/Kundenloyalität

2.6 Die drei klassischen Loyalitäten

Wer sind die Loyalsten? Und warum? Grundsätzlich sind alle Menschen verschieden, und das betrifft natürlich auch ihre Treue-Disposition. Loyalität lässt sich nicht bei Allen und Jedem erreichen – und schon gar nicht auf die gleiche Weise. Doch man kann sich dem Thema nähern.

Analysieren Sie beispielsweise einmal ganz genau, wie Sie an Ihre loyalsten Kunden gekommen sind, was sie auszeichnet, und wie sie sich verhalten. Welche Muster sind zu erkennen? Und welche davon lassen sich reproduzieren? So können Profile und Prozesse erstellt werden, mit deren Hilfe man systematisch auf die Suche nach neuen loyalen und zugleich profitablen Kunden gehen kann. Man lernt dabei auch, solche Kunden zu meiden, bei denen alle Loyalisierungsbemühungen zwecklos sind.

Grundsätzlich lassen sich drei Loyalitäten unterscheiden, die zu entwickeln sind:

!

Drei Loyalitäten

1. Die Loyalität zum Unternehmen und seinen Standorten
2. Die Loyalität zu den Angeboten, Services und Marken
3. Die Loyalität zu den Mitarbeitern und Ansprechpartnern

Wenn eine Person zum Beispiel ihrer Automarke, ihrem Händler und ihrem persönlichen Ansprechpartner seit Jahr und Tag treu verbunden ist, ohne nach rechts und links zu schielen, und wenn sie dies dann auch noch weitererzählt, dann ist eine belastbare Loyalität erreicht. Es kann aber auch passieren, dass ein Kunde seiner Automarke treu verbunden bleibt, jedoch den angestammten Händler verlässt, weil sein langjähriger Betreuer in ein anderes Autohaus wechselt.

Und weiter kann es passieren, dass *die* Loyalität, die der Verkäufer mühevoll aufgebaut hat, durch einen miserablen Kundendienst postwendend vernichtet wird. Bereits das zweite Auto »verkaufen« also die Service-Mitarbeiter. Wenn man sich allerdings in die Service-Bereiche der Kfz-Händler begibt, ist davon wenig zu spüren. Manchmal verstecken sich diese sogar im Keller. Was für ein Bild! Besser wäre eine breite Treppe in den ersten Stock, um zu zeigen, wie wertvoll eine bestehende Kundenbeziehung ist.

Gefestigte Loyalitäten werden von den Anbietern auf vielfache Weise zerstört. So kommt es regelmäßig zu innerbetrieblichen Reorganisationen, bei denen Vertriebsmitarbeiter auf die einzelnen Kunden umverteilt werden. So was passiert besonders gern, wenn ein neuer Vertriebsleiter seine Arbeit aufnimmt. Er muss sich schnellstens beweisen. Und dazu spielt er das »Löwe-Spiel«: Beiß erst mal alles tot, was von deinem Vorgänger stammt. Und die betroffenen Kunden? Sie haben keinerlei Mitspracherecht. Lapidar werden sie, wenn überhaupt, informiert, dass ein neuer Ansprechpartner jetzt für sie zuständig ist.

Gedankenlos bleiben gewachsene, vertrauensvolle Kundenbeziehungen so auf der Strecke. Egal? Gerne erzählt der Stammkunde dem oder der »Neuen« mit einem Augenzwinkern, was ihm üblicherweise in diesem Unternehmen Gutes widerfährt. Doch irgendwann verliert selbst der loyalste Kunde die Lust, wechselbedingte Wissensdefizite bei den Mitarbeitern immer wieder auszugleichen.

Zudem haben sich die Vertriebsmitarbeiter oft an vordefinierte, in CRM-Programmen hinterlegte Kundenpflegemodi zu halten, ganz gleich, ob dem Kunden das passt oder nicht. Im schlimmsten Fall wird der Kunde plötzlich von einem Unsympathen zwangsbetreut, der zudem alle vier Wochen auf der Matte steht, weil das System ihn dazu zwingt. Dann überlegt sich ein Kunde ganz schnell, wie er sich aus solch einer misslichen Lage befreit. Denn jeder kauft am liebsten bei Menschen, die nicht nur was können, sondern die man auch mag.

2.7 Die vierte und die fünfte Loyalität

Durch die aktive Nutzung von Social Networks und insbesondere im Kreis der Digital Natives hat sich eine vierte Loyalität herausgebildet:

!

Die vierte Loyalität
4. Die Loyalität zu den eigenen Netzwerken

Überall dort, wo es eine hohe digitale Affinität gibt, ist diese zunehmend relevant. Für die junge Generation steht sie auf Nummer eins. Sie stellt die übrigen Loyalitäten in den Schatten. Denn das gemeinsame Erleben ist für Millennials elementar. Die entscheidenden Tipps und Kaufimpulse kommen hierbei nicht von den Anbietern, sondern aus den Gemeinschaften, in denen sie sich bewegen. Ihre Hauptloyalität gehört von daher den Peers, den Gleichrangigen in ihrem Netzwerk. Ihnen gegenüber sind sie verbundenheitssüchtig. Und alles wird mit ihnen geteilt.

»Kauft bloß nicht bei …, die haben mich voll über den Tisch gezogen«, rufen sie auf allen Kanälen. Und ihr ganzes Netzwerk folgt diesem Schlachtruf, um vor Schaden sicher zu sein. Gemeinsam schwört man sich, nie mehr dorthin zu gehen. So lieben und hassen sie das, was ihre Netzwerke lieben und hassen. Gemeinsam ziehen sie von einer Marke zur nächsten. Dabei ist es sehr einfach, sie als Kunden zu verlieren. Bloß weil ein Anbieter gerade uncool ist. Oder weil er sie ungefragt mit Werbung bombardiert. Oder weil seine Haltung zu Umwelt- und Klimathemen fragwürdig ist. Schluss, aus und vorbei. Was diese Entwicklung für einen Anbieter so gefährlich macht? Eine einzelne Person nimmt, wenn sie in ihrem Netzwerk eine wichtige Stellung hat, bei einem Wechsel mehr oder weniger das gesamte Netzwerk mit.

Schließlich ist längst eine fünfte Loyalität im Entstehen:

!

Die fünfte Loyalität
5. Die Loyalität zu künstlichen Intelligenzen

Denn Kaufprozesse werden zunehmend durch Computerprogramme gesteuert. Welcher Haarschnitt, welche Vermögensanlage oder welches Gerät für meine Zwecke am besten passt: Software-Programme sagen es mir. Was ich am besten in den Warenkorb lege, kalkulieren Algorithmen für mich. Auf den Ergebnissen datenverarbeitender Analysetools bauen wir Geschäftsentscheidungen auf. Unsere Gesundheit optimieren wir mithilfe von Trackingarmbändern und Apps. Selbstlernende Software dringt immer stärker in unseren Alltag ein. In vielen Bereichen ist sie den menschlichen Fähigkeiten längst überlegen. Unser Vertrauen und damit auch unsere Loyalität in sie wachsen.

Allerdings muss sich ein Anbieter solches Vertrauen in Daten und deren Output immer wieder neu verdienen. Von »Earned Data« spricht der Journalist *Thomas Ramge*. Nimm meine Daten und gib mir einen Mehrwert dafür, so lautet der Deal. »Wir teilen gerne Daten, wenn dies dabei hilft, ein Produkt zu verbessern oder unserem Netzwerk als Ganzes einen Vorteil zu verschaffen«, bekräftigt der Jungautor *Alex T. Steffen*, Jahrgang 1990. Doch Daten kennen keine Moral. Die Moral muss von den Menschen kommen. Der Profitgedanke rechtfertigt *nicht* jedes Mittel. Und nicht alles, was machbar ist, sollte man machen. Das Vertrauensverhältnis zum Kunden geht vor. Wer an einer langfristigen Geschäftsbeziehung interessiert ist, muss seinen verantwortungsvollen Umgang mit Daten tagtäglich beweisen. Datenschutz ist hierbei eine Grundbedingung. Datentransparenz ist Pflicht. Und Datenmissbrauch ist tödlich. Denn Vertrauen ist ein zartes Pflänzchen. Es braucht lange zum Wachsen – und ist in Sekunden zerstört.

Auch Empfehlungen, die über Algorithmen zu uns gelangen, können sich Loyalität verdienen. Oder vielmehr: Es kommt darauf an. Der Output dummer Algorithmen überfällt uns ungefragt und aggressiv im falschen Moment mit Botschaften, die unpassend sind. Das verursacht Abwehr, Unverständnis, Ärger und Wut. Schlaue Algorithmen hingegen versorgen uns mit nützlichen Informationen genau dann, wenn wir sie brauchen. Hilfreich integrieren sie sich in unser Leben und reduzieren Komplexität. Den schlauen Algorithmen schenken wir deshalb unser Vertrauen. Und den dummen laufen wir eiligst davon.

Deshalb gilt: Nerven Sie nicht! Niemand wird von tiefer Dankbarkeit befallen, wenn man ihn alle paar Tage mit Informationen flutet, die er nicht braucht. Die Werbeindustrie ist für solche Erkenntnisse allerdings blind und taub. Kaum entsteht irgendwo eine erfolgversprechende Plattform, auf der man die Menschen belästigen kann, wird dies gnadenlos unternommen. So hat man uns zu Werbehassern gemacht – und Milliardenbudgets in schlecht gemachte und damit wirkungslose Online-Kampagnen versenkt.

2.8 Wie gute Bestandskundenpflege entsteht

Bestandskunden sind diejenigen, die mindestens einmal bei ihnen gekauft haben. Damit Marketing-Automation am Ende greift, müssen sie sich erstens gut behandelt fühlen und zweitens Ihnen zugeneigt sein. Denn nur dann ist der Kunde offen für Informationen, die eine weitere Zusammenarbeit einleiten können. Eine angemessene Servicequalität ist hierbei ein Muss. Zunächst müssen aber die Rahmenbedingungen stimmen. Zwei Schlüsselfragen sind dafür elementar:

- **Was will das Unternehmen – und was nicht?** Hieraus ergeben sich die Basisstandards und die »nicht verhandelbaren« Normen, die als Leitplanken (Guidelines) fungieren. Denn sowohl die Mitarbeiter als auch die Kunden brauchen absolute Klarheit darüber, was geht – und was aus Unternehmenssicht keinesfalls toleriert werden kann. Dies markiert die Null-Linie der Zufriedenheit.
- **Was will der Kunde – und was nicht?** Hieraus ergeben sich Möglichkeitsräume, um Kunden zu begeistern, die von den Mitarbeitern situativ ausgeschöpft werden können. Natürlich braucht es Spielregeln und Grenzlinien, doch das Spielfeld sollte ein möglichst großes sein. Denn erst oberhalb der Null-Linie, also dort, wo sich Flexibilität, Individualisierung und Improvisationstalent zeigen, setzt Kundenbegeisterung ein. Und erst diese ist ein Garant für Wiederkauf und Weiterempfehlung.

Zwar reden die Unternehmen ständig von Kundenzufriedenheit. Doch »nur« zufrieden sein ist nicht genug. Zufrieden bedeutet: befriedigend, belanglos, ersetzlich. Durchschnitt ist austauschbar wie ein x-beliebiges Produkt im Regal. Wer mittelprächtige Leistungen liefert, darf sich keine großartigen Ergebnisse erhoffen. Von daher ist es reine Zeitverschwendung, mittelmäßig zu sein. Bei Mittelmaß entscheidet immer der Preis. Dann soll es wenigstens billig sein. So trösten wir uns mit Geldgeschenken über einen Mangel an Exzellenz hinweg.

Zufriedenheit ist das Nichtvorhandensein eines schlechten Gefühls und damit als Zustand fragil. Insofern sind zufriedene Kunden gefährliche Kunden. Sie tadeln nicht, sie loben auch nicht. Doch beim kleinsten Fehler, beim erstbesten Sonderangebot, dem Auftauchen eines cooleren Anbieters oder dem Hauch einer feineren Leistung sind die nur Zufriedenen auf und davon.

Und aus Mitarbeitersicht? In Selbstzufriedenheit zu verharren macht behäbig und bequem. Die emotionale Spannung ist niedrig, mangelnde Identifikation und Gleichgültigkeit stellen sich ein. Unternehmen und Mitarbeiter, die nur auf die Zufriedenheit ihrer Kunden aus sind, setzen sich eher halbherzig für deren Interessen ein, zeigen wenig Initiative beim Erfüllen von Sonderwünschen und wenig Kreativität beim Lösen von Problemen. Diese Egal-Mentalität führt zu Desinteresse, zu Nachlässigkeiten und zu mangelnder Sorgfalt – und damit schließlich zum Kundenverlust.

Bestandskundenpflege, die mehr als zufriedene Kunden hervorbringt, braucht also Spitzenleistungen. Und dafür wiederum braucht es drei Komponenten: das Können, das Wollen und das Dürfen. Wo diese drei Komponenten zusammenkommen, entsteht die höchste Leistung.

Abb. 3: Das Zusammenspiel von Können, Wollen und Dürfen (Quelle: Anne M. Schüller)

Oft genug ist nicht das Können oder Wollen, sondern das Dürfen der wahre Knackpunkt. Denn ohne die Freiheit des Dürfens ersticken Wollen und Können im Keim. Phlegma, Initiativlosigkeit und Konformität sind die Folge. Eingezwängt in ein Vorschriftenkorsett aus Regeln, Standards und Normen dürfen selbst hochengagierte Mitarbeiter in vielen Unternehmen die Probleme ihrer Kunden nicht einmal *dann* unkompliziert lösen, wenn sie es wollten. Von »Oben« wird ihnen detailliert vordiktiert, wie sie vorzugehen haben und was sie sagen sollen. Außerhalb der vorgedachten Prozesse agieren? Verboten! Man traut ihnen, den Praktikern, nicht zu, im Sinne der Kunden *und* des Unternehmens zu handeln.

So werden Entscheidungen von denen getroffen, die das noch weniger können: von Theoretikern im obersten Stock. Und genauso kommt das bei den Kunden auch an: reglementiert, uninspiriert, gequält, 08/15. Wer so was moniert, hört regelmäßig Sachen wie diese: »Ich bin hier *nur* die Servicekraft. Ich weiß, völliger Schwachsinn, das hat die oberste Heeresleitung so entschieden.« –»Ach so!?« fragt der Kunde irritiert und neugierig zugleich. – »Oh Gott, wenn Sie wüssten, was bei uns sonst noch so alles ...« Und dann werden munter weitere Interna ausgeplaudert. Das ist auch verständlich: Niemand hält gern seinen Kopf für die Dummheiten anderer hin.

2.9 So lässt sich die Betreuungsqualität verbessern

Betreuung heißt zunächst einmal Service. Servicequalität hat viele Facetten. Von jedem Kunden wird sie anders interpretiert. Mit Service-Schablonen kommt man nicht weit. Schablonen sind zwar überaus praktisch, weil man damit immer die gleiche

Form malen kann. Doch genau deshalb passt das hier nicht. Niemand möchte von einer Service-Marionette betreut werden, die einem die meist industrialisierten Ablaufverfahren aufoktroyiert. Und niemand möchte mit Aufziehpuppen telefonieren, denen der Computer vordiktiert, was sie zu sagen haben. Starre Systeme killen einfach alles: Lebendigkeit, Leidenschaft, Empathie, den Zauber des Augenblicks. Sie erzeugen keine Exzellenz, sondern Langeweile und Belanglosigkeit.

An einem Produkt kann man sich lange erfreuen. Von Service-Momenten bleibt nur die Erinnerung. Zweifellos sollte diese so positiv wie möglich sein. Zudem ist jedes Unternehmen einzigartig und sollte demgemäß seine ganz eigene Servicekultur entwickeln – die sich im Zuge der steigenden Kundenerwartungen laufend verändert. Wie guter Service im Einzelnen funktioniert, dazu wurden viele Bücher geschrieben. Schauen Sie doch einmal in unser Literaturverzeichnis oder besuchen Sie Wissens- und Informationsportale, die sich speziell mit dem Thema Service befassen.

Um die Servicequalität grundsätzlich zu verbessern und kundenfreundlicher zu gestalten, bieten sich zunächst vier einfache Schritte an, die eng miteinander zusammenhängen:

- **Schritt 1: Möglichkeitsräume**, in denen die kundenbetreuenden Mitarbeiter eigenverantwortlich handeln dürfen, müssen vergrößert werden, damit man seine guten Kunden behält. Am besten machen Sie dazu einen Workshop, damit die Mitarbeiter gemeinsam entscheiden, was notwendig ist. Wer mitunternehmerisch handelnde Mitarbeiter will, muss diese an unternehmerisches Denken und Handeln heranführen.
- **Schritt 2: Entbürokratisieren** Sie, damit sich die Mitarbeiter auf die Kundenpflege konzentrieren können, und nicht mit administrativem Kram ihre Zeit verplempern. Alles Hinderliche muss abgeschafft werden. »Kill a stupid rule«, nennen wir dieses Programm. Als Tagesordnungspunkt gehört das in jedes Meeting: »Von welchen dummen Regeln und von welchem bürokratischen Schwachsinn können wir uns diese Woche trennen?«
- **Schritt 3: Von Standards lösen**. Standards erzeugen Isomorphie. Das heißt: Alles gleicht sich immer mehr an. Doch nur das Besondere, Faszinierende, Bemerkenswerte hat eine Zukunft. Natürlich ist das Sichern einer Basisqualität richtig und oft sogar lebensnotwendig. Doch jeder unnötige Standard (»Das ist bei uns Vorschrift!«) macht eine Organisation austauschbar, unattraktiv, langsam und dumm.
- **Schritt 4: Freiräume brauchen Übung** und eine konstruktive Fehlerkultur im Hinblick auf Irrtümer und Missgeschicke. »Hurra, ein Fehler«, sollten Sie ab und an rufen, wenn ein solcher passiert. Und schauen Sie, dass alle gemeinsam daraus lernen.

> Die einzigen Fehler, die nicht toleriert werden können, sind Absicht, Nachlässigkeit und Schlamperei. Wie beim Aufschlag im Tennis ist ein Fehler erst wirklich ein Fehler, wenn er zum zweiten Mal passiert. Fehler also ja, aber bitte nicht zweimal! Wer einen zweiten Versuch hat, kann ohne Sorge beim ersten Mal viel mutiger sein.

Der Mehrwert einer guten Kundenbeziehung lässt sich nicht nur in Wiederholungskäufen bemessen. Auch die Erkenntnisse, die Unternehmen aus Kundenfeedbacks erhalten, um ihre Servicequalität zu verbessern, sind Gold wert. Denn wer weiß mehr über den Gebrauch Ihres Angebotes Bescheid als die Anwender selbst? Sie nutzen Ihre Produkte, Maschinen, Anlagen. Sie sammeln Erfahrungen mit Ihrer Dienstleistung und der Beziehungsqualität Ihrer Mitarbeiter. Warum sollten sie das nur dem Web erzählen?

2.10 Kunden sind kostenlose Unternehmensberater

Egal, ob positiv oder negativ, jeder Hinweis, den Sie von einem Kunden erhalten, ist ein kostbares Geschenk: Eine Bestätigung, auf dem richtigen Weg zu sein, oder aber ein wertvoller Lerngewinn: eine Gelegenheit, Schwachstellen aufzudecken, Fehler abzustellen, Verbesserungsprozesse einzuleiten, Innovationen anzustoßen, Mehrumsätze zu generieren, einen zaudernden Kunden zurückzuholen, negative Mundpropaganda zu vermeiden, Kundenverlusten vorzubeugen und seinen guten Ruf zu retten. Denn was *einen* Kunden ärgert, das stört womöglich andere auch.

Doch am Schreibtisch kann man nicht herausfinden, wie die Leute denken und handeln. Besser, Sie stürzen sich ins Kundengetümmel. Um Kaufverhalten und Nutzungsgewohnheiten klar zu erfassen, gibt es zwei Möglichkeiten: Sie können die Kunden beobachten oder befragen.

Durch *Beobachten* lernt man meist mehr als durch simples Befragen. Der Grund: In gestellten Situationen reagieren die Menschen nicht wie im wahren Leben. Zudem können Befragungen sozial erwünschte oder verzerrte Antworten erzeugen. Beim unbeeinflussten Beobachten passiert so was nicht. Da kann man den Kunden mit Kamera, Notizblock und Stoppuhr durch den Tag begleiten. Und am Computer kann man ihm über die Schulter schauen.

Wenn Sie sich für eine *Befragung* entscheiden, werden Sie nützliche Antworten vor allem von zwei Kundengruppen bekommen: den begeisterten und den enttäuschten. Aufwendige Kundenzufriedenheitsuntersuchungen anhand vorformulierter Fragen bringen hingegen nicht viel. Lassen Sie lieber die Kunden in ihren eigenen Worten reden. Um sich schnell zu verbessern, sind vor allem die Spitzen und Täler im Beziehungsmanagement von Interesse. Repräsentativität sei aber doch wichtig? Unsinn! Wenn zehn von zehn Befragten ein Leistungsmerkmal unerträglich finden, ist das schon ziemlich aussagekräftig.

Deshalb reichen ein paar kluge Fragen meist aus. Zum Beispiel diese:

»Nur mal angenommen, Sie wären bei uns Marketingleiter, was würden Sie schleunigst verändern?«
Oder:
»Nur mal angenommen, Sie hätten bei uns Vertriebsverantwortung, was würden Sie als Erstes verbessern?«

Viele weitere zielführende Fragemethoden und -formulierungen finden Sie in dem Buch *Touch.Point.Sieg.*[5] Tatsache ist: Ihre Kunden können am besten sagen, wie sich die Betreuungsqualität verbessern und ein Angebot weiterentwickeln lässt. Und dann geht es nur noch um eins: Annehmen und Umsetzen, und das so rasch wie möglich.

Quelle: https://www.anneschueller.de/das-buch-touchpointsieg.html

Schnelle Entscheidungen sind heute gefragt. Niemand wartet mehr länger geduldig, bis die Unternehmen ihre Hierarchiewege durchlaufen haben und beschwerlich aus den Puschen kommen. Leider erliegen die Oberen vielfach der Illusion, in puncto Beziehungsmanagement top zu sein. Das Gegenteil ist meist der Fall. Selbstbild und Fremdbild liegen oft geradezu alarmierend weit auseinander.

Während nämlich 80 % der Führungskräfte denken, dass ihre Marke die Bedürfnisse und Wünsche der Kunden kennt, bestätigen das gerade einmal 15 % der Verbraucher, fand eine weltweite Studie des IT-Dienstleisters *Capgemini* heraus.[6]

5 Siehe dazu von Anne M. Schüller: Touch.Point.Sieg. Kommunikation in Zeiten der digitalen Transformation, S. 194 ff.

6 https://www.marketing-boerse.de/News/details/1749-Emotionen-bringen-mehr-als-Treueprogramme/142259 (aufgerufen am 27.02.2022).

Quelle: https://www.marketing-boerse.de/news/details/1749-Emotionen-bringen-mehr-als-Treueprogramme/142259

Das hat vor allem mit Selbstzentriertheit zu tun. Doch während herkömmliche Manager primär an den Wettbewerb, ihre Quartalsziele und die Kosten denken, haben die Jungunternehmer längst verstanden, dass sich alles um die Kunden (und ihre Daten) dreht. Customer Obsession nennen sie das. Wer vom Kunden her denkt, findet leicht Mittel und Wege für einträglichen Mehrumsatz und Gewinn.

2.11 Mehrumsatz durch die Up- und Cross-Selling-Matrix

Eine unglückliche Kundenbeziehung hat viele »aktive« Folgen, wie etwa verschärfte Reklamationen, Anbieterwechsel und schlechte Mundpropaganda. Daneben gibt es auch »passive« Folgen, also Dinge, die *nicht* passieren. Bei einer schlechten Beziehungsqualität entgeht einem neben den so wichtigen Empfehlungen und den elementaren Kundenfeedbacks auch Mehrumsatz.

Insgesamt ist unsere Erfahrung die, dass in der Bestandskundenbetreuung viel zu sehr nur abgewickelt und nicht ausreichend nach Verkaufschancen gesucht wird. Schlafende Umsätze müssen geweckt werden. Die gute Nachricht: Das Zusätzlich- und Höherwertig-Verkaufen ist leicht. Versuchen Sie es doch statt des üblichen »Wir hätten da noch …« einmal mit der extrem erfolgreichen Amazon-Methode. Die geht bekanntermaßen so:

»Kunden, die Produkt x gekauft haben, haben sich auch für Produkt y entschieden.«
Oder in abgewandelter Form:
»Die meisten unserer Kunden entscheiden sich an Ihrer Stelle für … «
Oder noch anders:
»Ich empfehle in Ihrem Fall am liebsten …«

Dies sind nur drei Möglichkeiten von vielen. Suchen Sie zusammen mit Ihren Mitarbeitern nach weiteren Ideen, finden Sie passende Anlässe, gestalten Sie attraktive Angebote, führen Sie regelmäßige Mehrumsatz-Aktionen durch!

Oder befassen Sie sich mit Marketing-Automation, die kann das auch, wie wir noch sehen. Meist sogar besser, denn viele Verkäufer agieren beim Zusatzverkauf stümperhaft. Dabei ist doch eigentlich klar: Wer etwas gekauft hat, hat meistens Bedarf nach mehr. Er will das gleiche noch einmal haben, eine größere Menge, eine bessere Version, eine exklusivere Variante, eine leistungsfähigere Maschine, ein umfangreicheres

Dienstleistungsangebot, ein Premium-Upgrade und so weiter und so fort. Dafür gibt es zwei Fachtermini:

!

Cross-Selling und Up-Selling

- **Cross-Selling:** das Ausschöpfen vorhandener Kundenbeziehungen durch zusätzliche Angebote in anderen Bereichen.
- **Up-Selling:** das Angebot höherwertiger Produkte zu höheren Preisen im schon vorhandenen Kundenbestand.

»Mithilfe dieser Methoden kann der Gewinn um bis zu 30% gesteigert werden«, berichtet *Marion Borgs*, Geschäftsführerin der *Vendamus GmbH*. »Erfahrungsgemäß nutzen leider nur wenige Firmen diese beiden Möglichkeiten. Häufig ist es dem Vertrieb unangenehm, mit einem weiteren Einkauf zu locken. Einige wissen aber auch nicht, wie eine solche Strategie am besten angegangen wird oder ob sie ein Verkaufsgespräch so überhaupt zum Abschluss bringen können. Der Vertrieb möchte sich lieber in Sicherheit mit einem festen Kauf wägen, anstatt risikoreicher zu verhandeln und den Auftrag eventuell zu verlieren. Das Resultat: Es werden keine weiteren Produkte angeboten, was bedeutet, dass Unternehmen zwar keine Verluste, aber auch keine Mehrgewinne machen. Up- und Cross-Selling ist ein häufig negativ belasteter Begriff. Man möchte gegenüber dem Kunden nicht dreist wirken. Eine Belastung ist Up- und Cross-Selling aber keineswegs. Im Gegenteil. Hierdurch kann man Kunden auf ein Produkt aufmerksam machen, das sie gerade in diesem Moment sehr gut gebrauchen können.«

Kennen Ihre Kunden Ihre komplette Leistungspalette überhaupt? Haben Sie hierfür schon einmal eine Up- und Cross-Selling-Matrix erstellt? Schreiben Sie dazu Ihre Angebote (Produkte oder Dienstleistungen) in die Spalten einer Tabelle. Schreiben Sie den Namen des Kunden dazu. Mit einem »X« markieren Sie dann, welches weitere Angebot aus Ihrem Portfolio zu dessen initialem Kauf passen könnte. Also: Wenn ein Kunde Angebot 1 gekauft/gebucht hat, welche weiteren Angebote könnte er noch gebrauchen?

Kunde ...	Angebot 1	Angebot 2	Angebot 3	Angebot 4
Angebot 1		X		X
Angebot 2	X			X
Angebot 3		X		
Angebot 4				

Tab. 2: Beispiel einer Up- und Cross-Selling-Matrix

Damit bei Up- und Cross-Selling-Aktionen am Ende nicht das Gefühl entsteht, dass es *immer nur* ums Verkaufen geht, brauchen Stammkunden auch atmosphärische Goodies. Pflegen Sie deshalb eine Anerkennungskultur. Wir sollten viel mehr Aufmerksamkeit darauf lenken. Ein kreativer Dank, von Mensch zu Mensch ausgesprochen, reicht oft bereits aus. Man kann gar nicht oft genug Danke sagen. Für ein Danke braucht es kein Budget. Jeder ehrliche Dank bringt zum Ausdruck, dass man das, was ein anderer tut, wirklich schätzt. Bringen Sie also das Danken in Ihre Unternehmenskultur. Und kreieren Sie »Danke-Aktionen«, wo es nur geht. Dazu ein paar Ideen:

- Machen Sie einmal pro Woche Ihren persönlichen Dankeschön-Tag. Rufen Sie dazu mindestens fünf Kunden/Kollegen/Mitarbeiter an und sagen Sie einfach mal Danke. »Kuschel-Call« sagt man dazu. Wichtig dabei: Nichts verkaufen – nur »kuscheln«. Über den Nachsatz »Haben Sie bei der Gelegenheit noch eine Frage an mich?« und einer längeren Pause ergibt sich womöglich noch etwas.
- »Danke, dass Sie heute unser Kunde waren«, sagt die Verkäuferin. »Kommen Sie doch bald mal wieder vorbei.« – »Danke, dass Sie am Telefon immer so angenehm sind. Ich freue mich schon auf unser nächstes Gespräch«, sagt der Kundendienstmitarbeiter. »Danke, dass Sie gleich damit zu uns gekommen sind und das so offen aussprechen«, heißt es selbst bei der dicksten Beschwerde.
- Danken Sie Ihren Kunden nicht zu deren Geburtstag, sondern zum Geburtstag der Kundenbeziehung – am besten mit einer handgeschriebenen Karte. Schicken Sie an Ihre Business-Kunden ein Danke-Plakat zum ersten Jahrestag der Zusammenarbeit. Autohändler können dem neuen Auto eine Glückwunschkarte schicken – und Küchenbauer der Designerküche eine Weihnachtskarte, beides verbunden mit einem Dank – und einem kleinen Extra, das Lust auf Mehr machen will.

Haben Sie es bemerkt? Ein subtiler Up-Selling-Impuls lässt sich dabei gleich mitverpacken. Wir können gar nicht genug »Liebe« in solche »großen kleinen« Dinge legen. Sie erzeugen den Reziprozitätseffekt von Geben und Nehmen. Und zudem: Menschen verstärken Verhalten, für das sie Wertschätzung, Aufmerksamkeit und Anerkennung erhalten.

2.12 Der Gesamtnutzen einer guten Bestandskundenpflege

Kostendruck bedeutet, einem Unternehmen sind die Ideen ausgegangen. Runter mit den Preisen und runter mit dem Personal mag ein kurzfristiger Krisenplan sein, ein nachhaltiges Erfolgsrezept ist es nicht. Wer hingegen seine Bestandskunden pflegt und ihre Loyalität auf Dauer bewahrt, steigert die Wertschöpfung auf beeindruckende Weise.

Die wichtigsten Vorteile auf der Umsatzseite sind diese:

- **hohe Wiederkaufraten und mehr Frequenz:** Gut gepflegte Kunden kaufen öfter. Sie konzentrieren ihre Kaufkraft auf wenige bevorzugte Anbieter. Sie kaufen auch regelmäßiger. Durch solchen quasi schon vorverkauften Umsatz erhöht sich die Planungssicherheit.
- **Zusatzverkäufe (Cross-Selling, Up-Selling):** Gut gepflegte Kunden sind mit der kompletten Angebotspalette besser vertraut. Sie kaufen ergänzende, zusätzliche

und meist auch hochwertigere Waren und Services ein. Ihr Vertrauensvorschuss sorgt dafür, dass sie bei Neueinführungen eher zugreifen und ausprobieren.

- **geringere Preis-Sensibilität:** Die Zahlungsbereitschaft gut gepflegter Kunden ist sehr oft höher. Die Rolle des Preises relativiert sich, sie vergleichen seltener. Sie verhandeln auch nicht »bis aufs Messer«.
- **längere Vertragsdauer:** Gut gepflegte Kunden sind an anderen Anbietern und vergleichbaren Leistungen weniger interessiert – und resistenter gegenüber Abwerbe-Versuchen. Verträge verlängern sie oft automatisch.
- **kostenloses Neugeschäft:** Gut gepflegte Kunden sind mundpropaganda- und empfehlungsaktiv. Hierdurch werden neue Kunden gewonnen. Empfohlenes Geschäft ist leichter abzuschließen. Wer aufgrund einer Empfehlung Kunde wurde, spricht auch selbst eher Empfehlungen aus.
- **homogener Kundenmix:** Bestehende Kunden ziehen ähnliche Neukunden an. Dies verbessert die Kundenstruktur und ermöglicht die Spezialisierung auf favorisierte Kundengruppen.
- **Image- und Wettbewerbsvorteile:** Gut gepflegte Kunden verteidigen »ihren« Anbieter gegen Kritik oder Angriffe von außen. Sie reden schlecht über die Konkurrenz und diskreditieren deren Reputation.
- **Mehrumsatz durch Anregungen und Innovationsanstöße:** Gut gepflegte Kunden engagieren sich für ihre Anbieter, sie sagen, wenn ihnen etwas nicht passt, sie machen Verbesserungsvorschläge. So werden sie zu kostenlosen Ideengebern. Kundenrelevante Produktinnovationen und neue Servicedienste können entstehen.

Schon allein diese Übersicht kann richtig Lust auf eine (noch) intensivere Hege und Pflege des Kundenstamms machen. Und es kommt noch besser. Auf der Kostenseite ergibt sich folgende Wirkung:

- **niedrigere Neuakquisekosten:** Kunden zu loyalisieren ist günstiger als Neukunden zu gewinnen. Denn Stammkunden brauchen weniger klassische Werbung und weniger kostenintensive Vertriebsvorarbeit.
- **optimierter Werbemitteleinsatz:** Durch Konzentration aller Aktivitäten auf die loyalsten Zielgruppen und die gezielte Ansprache derselben entstehen geringere Streuverluste und die Effizienz im Vertrieb wird positiv beeinflusst.
- **Reduktion von Geschäftsrisiken:** Es entstehen geringere Debitoren-Probleme, denn gut gepflegte Kunden zahlen (in aller Regel) besser und verursachen weniger Ausfälle. Seine Geschäftsfreunde betrügt man nicht.
- **verringerte Prozesskosten:** Planbares Wiederkaufverhalten kommt Einkauf, Produktion und Logistik zugute. Dies führt zu reduzierten Transaktionskosten, zu höherer Prozesseffizienz sowie zu zeitsparenden Ablaufroutinen. Da Kunde und Mitarbeiter gut miteinander vertraut sind und die Abläufe kennen, werden auch weniger Kundendienst-Ressourcen verbraucht. Zudem werden Reibungsverluste vermieden.

- **steigende Mitarbeiterzufriedenheit:** Die sichtbare Wertschätzung durch und durch loyaler Kunden verbessert die Zusammenarbeit und das Arbeitsklima. Hierdurch steigen Engagement und Produktivität. Stolz auf die Arbeit und den Arbeitsplatz machen den Arbeitgeber zunehmend attraktiv. Dies wird nach außen getragen und lockt neue gute Bewerber und auch mehr neue Kunden an.
- **geringere Mitarbeiterfluktuation:** Weil glückliche Mitarbeiter länger bleiben, sinken die Kosten für die Gewinnung und Ausbildung neuer Mitarbeiter. Zudem senken die eingeschliffenen Routinen eines eingespielten Mitarbeiterteams das Fehlerrisiko.
- **geringere Reklamationskosten:** Gut gepflegte, treue Kunden sind toleranter, wenn Patzer passieren. Sie sind großzügiger bei der Fehlerbereinigung und weniger fordernd bei Regressansprüchen.
- **honorarfreies Mitarbeiter- und Management-Coaching:** Wer seine Kunden und Nutzer systematisch in die Weiterentwicklung seines Unternehmens einbezieht, reduziert die Kosten für externe Berater und das Flop-Risiko bei der Neueinführung von Produkten und Services.

Wie hoch die Vorteile gut gepflegter, durch und durch loyaler Kunden sind, erkennen Unternehmen erst dann in aller Deutlichkeit, wenn sie beginnen, die anfallenden Kosten verursachungsgerecht auf Neukunden und Bestandskunden aufzuteilen.

Und das Ersparte? Es sollte loyalitätsfördernd investiert werden: in kundenorientierte Mitarbeiter, in wertvollen Service und ein exzellentes Kundenbeziehungsmanagement. So erzeugen Sie eine Loyalitätsspirale, die sich immer weiter nach oben dreht. Damit stärken Sie Ihre Marktposition und schwächen die Konkurrenz. Wie die Marketing-Automation Sie dabei gezielt unterstützen kann? Dazu jetzt mehr.

3 Vorarbeiten für die Marketing-Automation

Von unseren Kunden hören wir immer wieder Ansagen wie diese: »Uns gibt es jetzt schon seit 30 Jahren. Wir sind eine bekannte, anerkannte und gut eingeführte Marke in unserer Branche. Lange waren wir Marktführer und konnten von unserem guten Namen leben. Die Globalisierung und das Internet haben unsere Marktposition aber drastisch verändert. Unsere Marke und unser guter Name alleine reichen irgendwie nicht mehr aus. Auf den alten Wegen kommen wir nicht mehr an genug Interessenten. Oder das Adressmaterial ist einfach zu schlecht. Wir müssen uns aktiver vermarkten: bei Neukunden und auch bei Bestandskunden, denn die laufen uns in letzter Zeit davon. Wir wissen bloß nicht, wie wir das anstellen können.«

Die Antwort darauf ist klar: Sie heißt Marketing-Automation. Bevor wir uns mit dem dazugehörigen Prozess und all seinen Facetten befassen, sind einige Vorüberlegungen sinnvoll. Dazu zählen folgende Punkte:

- den »ZMOT« und die Kaufprozesse von heute verstehen,
- Ego-Postings, und warum sie so wenig helfen,
- der Lead-Detektor, und warum der überaus hilfreich ist,
- die generelle Bedeutung eines modernen Lead- und Bestandskunden-Managements,
- die Analyse der Bestandskundenstruktur,
- der »technische Zustand« der Kundendaten,
- die Frage, wie man den Wert eines Bestandskunden rechnet.

Legen wir also gleich mit diesen Punkten los.

3.1 Der »Zero Moment of Truth« im Bestandskundengeschäft

»Moments of Truth« sind »Momente der Wahrheit«, die ein Kunde an den Touchpoints eines Anbieters hat und die schonungslos offenbaren, was dessen Versprechen tatsächlich taugen. Sie erzählen von den Bewährungsproben einer Kundenbeziehung, die das Unternehmen bereits erfolgreich gemeistert hat. Oder auch nicht. Und sie richten über hopp oder top. Eingeführt wurde dieser Begriff von *Jan Carlzon*, der von 1981 bis 1994 CEO der schwedischen *SAS-Group* war und 1989 hierüber ein Buch geschrieben hat. Im klassischen Marketingmodell lief das damals so: Ein Werbeimpuls, wie etwa eine Anzeige, stimuliert den potenziellen Kunden, sich mit einem Angebot zu befassen. Hierzu begibt er sich in eine Kaufsituation, zum Beispiel in ein Beratungsgespräch oder in einen Laden vor Ort, und entscheidet sich für ein Produkt. *Google* nennt das den »First Moment of Truth« – den ersten Moment der Wahrheit.

Anschließend nutzt er das gekaufte Produkt. Dies ist der »Second Moment of Truth«, der zweite Moment der Wahrheit. Der Kunde bildet sich eine Meinung darüber, ob der Kauf gut und die anschließende Nutzungserfahrung erfreulich waren, was zur Folge hat, dass er womöglich wieder kauft – oder auch nicht. Wundern Sie sich nicht über die Elefanten in den folgenden beiden Abbildungen. Sie sind ein Hinweis darauf, dass der »Zero Moment of Truth« auch Einfluss auf die Wasserloch-Strategie® hat.

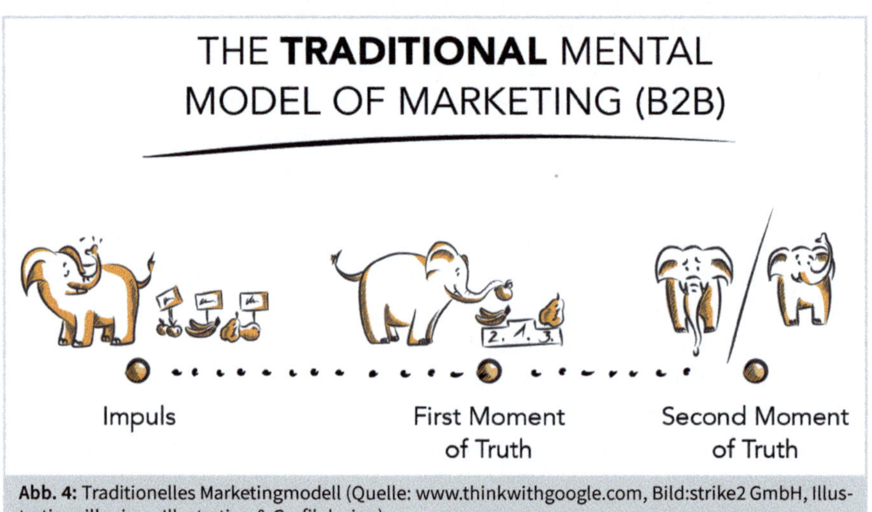

Abb. 4: Traditionelles Marketingmodell (Quelle: www.thinkwithgoogle.com, Bild:strike2 GmbH, Illustration: illouise – Illustration & Grafikdesign)

Doch die Geschichte ist noch nicht zu Ende, *Google* sagt das allerdings nicht explizit. Denn danach gibt es einen weiteren Akt: den »Third Moment of Truth«. Die Menschen wollen über ihre Käufe reden, von ihren Erfahrungen berichten, sich den Frust von der Seele waschen oder ihre Freude mit anderen teilen. Also erzählen wir den Menschen in unserem Umfeld davon, ob unsere Erlebnisse begeisternd, okay oder enttäuschend waren.

In alten Zeiten fand ein solcher Austausch in der realen Welt statt. Nur wenige Personen hörten davon und vieles war schon bald wieder vergessen. Doch das ist nun anders. Wir leben in einer neuen Empfehlungszeit. Unzählige digitale Lagerfeuer ergänzen die klassischen Orte fürs Weiterempfehlen. Was einen bedrückt oder verzaubert, kann nun die ganze Welt erfahren. Doch was man dem Cyperspace anvertraut, geht nie wieder weg. Das Internet hat ein Elefantengedächtnis, heißt es so schön.

Und damit schließt sich der Kreis. Unsere »Third Moments of Truth« machen die Runde im Web. Für Menschen auf der Suche nach Informationen werden diese zu neuen Momenten der Wahrheit, Momente vor dem ersten direkten Kontakt mit dem Anbieter selbst. *Google* nennt sie die »Zero Moments of Truth«, abgekürzt ZMOT, also die »nullten Momente der Wahrheit«. Und diese sollten möglichst positiv sein, damit man nicht vorzeitig aussortiert wird. Im Rahmen einer Studie hat *Google* genau erforscht, wie potenzielle Kunden heutzutage suchen und sich entscheiden. Die Ergebnisse und die ihr zugrunde liegenden Effekte werden in einem Video sehr gut beschrieben.[7]

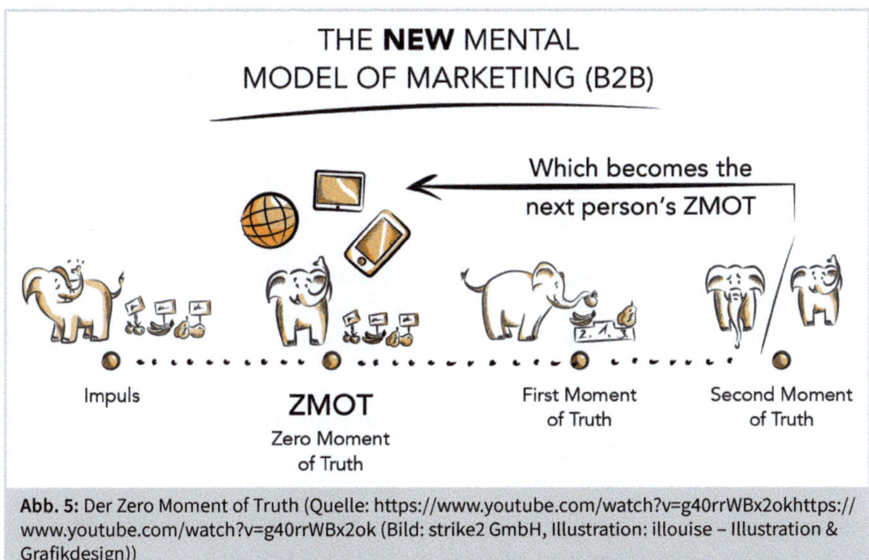

Abb. 5: Der Zero Moment of Truth (Quelle: https://www.youtube.com/watch?v=g40rrWBx2okhttps://www.youtube.com/watch?v=g40rrWBx2ok (Bild: strike2 GmbH, Illustration: illouise – Illustration & Grafikdesign))

Quelle: https://www.thinkwithgoogle.com/intl/de-de/

3.2 Kaufprozesse beginnen mit einer Internetsuche

Die allermeisten Kaufprozesse beginnen heutzutage mit einer Internetsuche. So sagten, einem *HubSpot* Consumer Behavior Survey zufolge, bereits im ersten Quartal 2016 rund 79 % der Befragten: »Ich suche mittels Suchmaschinen nach relevanten Inhal-

7 The Zero Moment of truth: https://www.youtube.com/watch?v=g40rrWBx2ok

ten.« Zwei Jahre zuvor waren das nur 22%.[8] Der Interessent gibt dabei ein Wort, eine Kombination von Wörtern oder eine ganze Frage ein und erhält daraufhin ein Suchergebnis. Im Vorfeld kennt er die passende Lösung meist noch gar nicht. Das heißt, er weiß noch nicht, welches Bauteil, welche Anlage, welche Beratung oder welches Produkt sein Problem lösen kann. Also schaut er sich erst einmal um und sichtet die Treffer. Eine solche Suche muss nicht zwangsläufig dazu führen, dass der Interessent auch im Internet kauft. Im B2B-Bereich ist das, je nach Branche, oftmals auch schwierig oder sogar unmöglich. Er selektiert aber die Anbieter für seine engere Auswahl im Internet vor. Erst daraufhin erfolgt ein erster direkter Kontakt.

Neben dem eigentlichen Verkaufsgespräch sollte man seine (zukünftigen) Kunden also beinahe zwingend wie folgt befragen:

»Wie sind Sie eigentlich ursprünglich auf uns aufmerksam geworden?«
Oder so:
»Wo haben Sie eigentlich zum allerersten Mal von uns gehört.«

Die entsprechenden Antworten geben Ihnen vielfältige und äußerst wertvolle Hinweise auf die Suchaktivitäten der Kunden von heute.

Solche Vorgehensweisen gelten freilich nicht nur für das Neukundengeschäft. Auch ein Bestandskunde beginnt seine Wieder- oder Mehrkaufaktivitäten immer öfter mit einer Vorrecherche im Web. Er will wissen, was andere von Ihnen als Anbieter und von Ihren Lösungen halten, und was es sonst noch so gibt. Vielleicht kennt Ihr Kunde Ihre komplette Palette auch gar nicht. Oder er war nicht so ganz zufrieden. Oder er will sich neu orientieren.

Der erste entscheidende Punkt: Wird Ihr Bestandskunde Sie überhaupt in den Suchergebnissen finden? Findet er Sie nämlich nicht oder nicht bei den vordersten Treffern und tauchen stattdessen die Angebote Ihrer Marktbegleiter dort auf, steigt die Wahrscheinlichkeit über die Maßen, dass er auch dort kauft. Damit sind Sie den Kunden, den Sie mühevoll akquirieren konnten, erstmal gleich wieder los.

Der zweite entscheidende Punkt: Mit welchen Inhalten und mit welchen Bewertungen wird man Sie im Web finden? Haben Sie das für sich selbst überhaupt schon einmal überprüft? Auf einem neutralen PC? Denn Ihnen wird *Google* die Ihnen genehmen Ergebnisse zeigen. Externen Usern oder neutralen Tools hingegen werden ganz andere Treffer offeriert. Bei den dargebotenen Inhalten, sprich Content, ist es wichtig, dass diese für den Kunden relevant sind, und zwar sowohl in fachlicher als auch in persön-

8 Content Marketing für den Mittelstand, Lead digital, 09/2016.

licher Hinsicht. Aber was sind relevante Inhalte? Dazu erfahren Sie mehr in Kapitel 6 über das Content-Marketing. Wir können Ihnen allerdings jetzt schon sagen, was *nicht* relevant für potenzielle Kunden ist.

3.3 Mit Ego-Postings kommt man nicht weit

Stellen Sie sich vor, Sie wären Single und hätten ein Rendezvous mit einem möglicherweise neuen Partner. Sie sitzen in einem netten Lokal und möchten Ihr Gegenüber kennenlernen. Zu einem erfolgreichen ersten Date, meinen wir, gehören Empathie, Offenheit, Interesse und aktives Zuhören. Wie würden Sie sich denn fühlen, wenn Ihr Gesprächspartner gleich bei diesem Treffen penetrant mit seinem Auto, Beruf, Einkommen und Golfhandicap prahlte, ohne je auf Sie einzugehen? Sollten Sie eine echte Beziehung und keine monetäre Bereicherung suchen, stünden die Erfolgsaussichten wahrscheinlich schlecht. In diesem Kontext ist das für die meisten Menschen verständlich – und mehr als logisch. Im Verkaufskontext sieht das leider ganz anders aus.

Viele Unternehmen senden noch immer, wie zu alten Marketingzeiten, vor allem Nachrichten wie diese in den Markt und an Ihre Kunden:

- »Wir sind Marktführer.«
- »Wir sind Technologievorreiter.«
- »Uns gibt es schon seit 50 Jahren.«
- »Unsere Produkte sind die Nummer eins.«

Wir nennen solche Nachrichten »Ego-Postings«. Das bedeutet: Man schreibt, spricht und postet aus der Ego-Perspektive. Abgeleitet ist der Begriff vom Ego-Shooter, einer Gattung von Computer-Games, bei denen der Spieler sich aus der Ego-Perspektive heraus sieht und in einer frei begehbaren Spielwelt bewegt. Wir nutzen dieses Bild, um zu beschreiben, wie Unternehmen in ihren Marketing- und Vertriebsmedien ohne Bezug zu den Kundenbelangen nur über sich und ihre Produkte, Vorzüge und Angebote reden. Ego-Argumente werden quasi in die Welt hinaus geballert und unsortiert über alles und jeden ausgeschüttet.

Quelle: https://fromcoldtoclose.de/ego-posting/

Auf der Website sieht das dann etwa so aus: »Wir über uns« und »Unsere Produkte« und »Unser Team«. Was dann folgt, ist selbstverliebtes Hochglanzgeschwätz und, salopp formuliert, eigennütziges »Buzzword-Geblubber«. Wäre »Wir für Sie« und »Ihr Nutzen« und »Ihre Ansprechpartner« nicht schon mal ein

Start? Bei Verkaufspräsentationen geht das gern eine halbe Stunde lang so: »Wir sind ... Wir haben ... Wir können ... Wir bieten ... !« Halt! Nicht alles, was das Unternehmen kann und das Produkt zu leisten vermag, möchte der Kunde wissen. Ihn interessiert nur eins: die Behebung seines akuten Problems. Verkäufer sollten sich also zuvorderst für die »Painpoints«, die Leidenspunkte, die »Schmerzen« ihrer Gesprächspartner interessieren.

Auch mit der alten Leitbildprosa kommt man nicht weit. Damit meinen wir Sätze wie diese:

- »Wir sind unseren Kunden ein verlässlicher Partner.«
- »Bei uns steht der Kunde im Mittelpunkt unseres Tuns.«

Solche Sätze sind nichts als Floskeln. Jedes zweite Unternehmen schmückt sich damit. Gleich die ersten beiden Worte zeigen, dass sie selbstzentriert sind. Zudem beweist ihnen jeder Kunde anhand von zig Begebenheiten, dass genau das, was Sie da anpreisen, nicht stimmt. Die Folge: Insgesamt glaubt er Ihren Aussagen nicht mehr. Weghören, wegsehen, weggehen ist das Ergebnis. Nutzen Sie besser die Anziehungsenergie einer passgenau auf den jeweiligen Entscheider ausgerichteten Nutzenkommunikation. Und halten Sie alle abgegebenen Versprechen Wort für Wort ein. Dann klappt es auch mit dem Wiederkaufen und Weitersagen.

3.4 Die Kundenperspektive einnehmen

Natürlich sind Informationen über ein Unternehmen und seine Angebote für Neu- und Bestandskunden interessant. Entscheidend dabei ist jedoch *nicht*, wie toll eine Lösung aus *Ihrer* Sicht ist, sondern was *der Kunde* davon hat. Ihn interessiert am Ende nur eins:

- Was können die für mich tun?
- Wie machen die meine Situation erträglicher als zuvor?
- Wie können die mir zu einem besseren Leben verhelfen?
- Wie können die mich erfolgreicher machen?

Wer die besten Antworten auf solche Fragen liefert – und nicht, wer sich in Worthülsen hüllt –, der rückt in der Gunst der Kunden von heute an die oberste Stelle. Und in den Suchmaschinen landet er bei den vordersten Treffern.

Selbst Algorithmen haben das längst gelernt: Wer wirksam kommunizieren will, braucht Anschlussfähigkeit und Relevanz. Rücken Sie also nicht Ihr Angebot an die vorderste Stelle, sondern den Bedarf der Menschen auf der Suche nach einer Lösung. Reden Sie nicht über eigene Leistungsmerkmale, sondern über das, was diese beim Kunden bewirken. Proklamieren Sie nicht, wie toll Ihr Produkt ist, sondern erzählen Sie bildreich, wie großartig das Leben des Kunden wird, wenn er Ihr Produkt nutzt. Niemand interessiert sich für die Zusammensetzung eines Parfums. Aber wir wollen alle gut riechen.

Eine weitere Frage ist ferner die, zu welchem Zeitpunkt Sie Ihre Botschaften kommunizieren. Speziell zu Beginn des Kaufprozesses sollte Ihr potenzieller Kunde Informationen finden, die für ihn/sie passend, hilfreich, hochwertig und womöglich auch ein wenig unterhaltsam sind. Für die genauen Details Ihrer Angebote interessiert er sich meist erst zu einem späteren Zeitpunkt, wenn nämlich der Bedarf völlig klar und fest umrissen ist. Genaue Einzelheiten helfen vor allem kurz vor einer Kaufentscheidung, das nötige Vertrauen aufzubauen und wichtige Abschlussimpulse zu setzen.

Entscheidend für das Gelingen ist auch der Zeitpunkt der Kontaktaufnahme. Die Studie »Digital-Evolution im B2B-Marketing«[9] hat herausgefunden, dass etwa 60 % des Kaufprozesses bereits komplett absolviert sind, bevor ein Interessent Kontakt zum Vertrieb eines Anbieters aufnimmt. Im Fall eines Bestandskunden-Interessenten ist diese Zahl womöglich anders. Dennoch wird es einen zeitlichen Versatz zwischen dem Beginn seiner Suche und dem Kontakt zu Ihrem Unternehmen geben. Sätze wie: »Ja, ich habe nach einer Lösung gesucht. Euer Angebot hatte ich mir auch mal angesehen, bin dann aber bei eurem Mitbewerber gelandet« schmerzen dann ganz besonders.

Wenn Sie Marketing-Automation und Bestandskunden-Leadmanagement in Ihrem Unternehmen implementieren, wird Ihnen so etwas nur noch ganz selten passieren. Lassen Sie uns dazu doch einen »Lead-Detektor« bauen.

3.5 Der Lead-Detektor: Frühwarnsystem im Web

Ein »Bestandskunden-Lead-/Bestandskunden-Detektor« ist ein Tool, das Sie alarmiert, sobald ein Bestandskunde über Ihr Unternehmen oder Ihre Produkte und Services im Web surfend nachdenkt und dabei entsprechende Spuren hinterlässt. Klingt gut? Noch besser wäre es, wenn Sie einen Alarm erhalten könnten, sobald Ihr Bestandskunde sich online über einen Produktbereich oder eine Lösungsmethode informiert, die mit Ihrer Angebotspalette zu tun hat, ohne dass Sie ihm schon direkt als möglicher Anbieter in den Sinn kommen.

Am allerbesten wäre es allerdings, wenn Sie alarmiert werden würden, sobald sich bei Ihrem Kunden ein »Schmerz« einstellt und er im Web nach Linderung fahndet. Ja, das wäre der Königsweg. Denn wenn Ihr Kunde in diesem Stadium nach einer möglichen Lösung sucht und wirklich relevante Informationen über Sie und von Ihnen findet, erhöht sich die Wahrscheinlichkeit einer frühen Kontaktaufnahme signifikant. Sie ver-

9 https://www.thinkwithgoogle.com/intl/de-de/zukunft-des-marketings/digitale-transformation/die-digitale-evolution-im-b2b-marketing/ (aufgerufen am 15.02.2017).

kürzt nicht nur den Verkaufsprozess, sondern verhindert wahrscheinlich sogar, dass Ihr Kunde sich weitere Anbieter anschaut und abtrünnig wird.

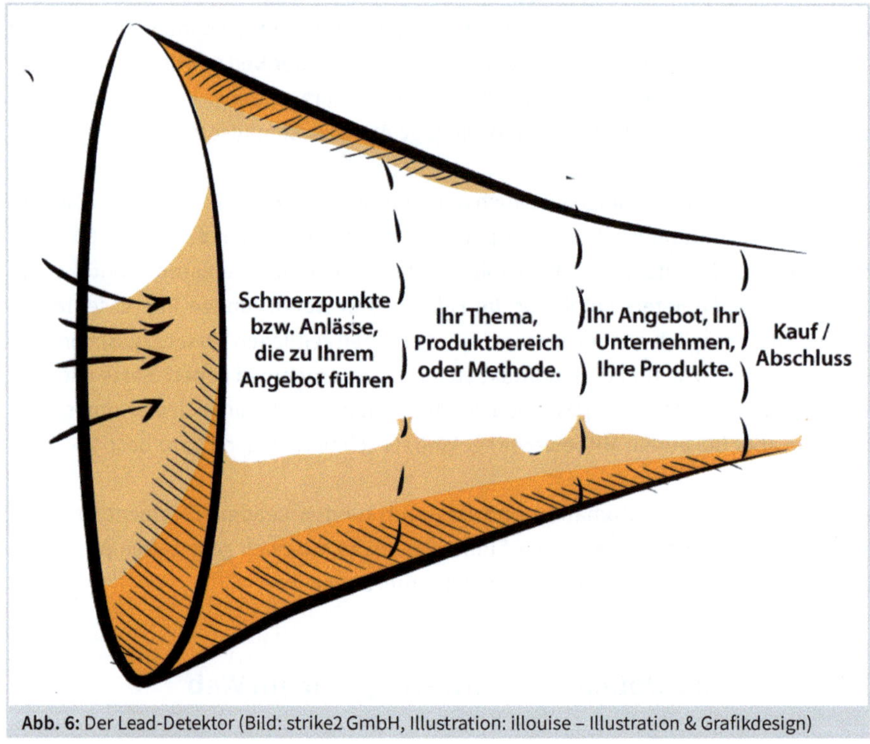

Abb. 6: Der Lead-Detektor (Bild: strike2 GmbH, Illustration: illouise – Illustration & Grafikdesign)

Den »Bauplan« für diesen Lead- bzw. Bestandskundenbedarf-Detektor erhalten Sie in Kapitel 7. Mit Marketing-Automation und modernem Bestandskunden-Leadmanagement definieren Sie die Sensoren, die zu den Painpoints Ihrer Kunden passen, und auch die Mittel und Wege, um die (Bestandskunden-)Interessenten geradewegs in Ihre Arme laufen zu lassen.

3.6 Leads brauchen ein gutes Leadmanagement

Leadgenerierung bedeutet Interessentengewinnung. Dazu gibt es eine ganze Reihe von Möglichkeiten:

- Im **klassischen Vertrieb** ist ein Lead ein potenzieller Neukunde, der ein erstes Interesse am Kauf von Produkten oder an einer Geschäftsbeziehung bekundet. Er wird über Telefonaktionen sowie über Mailings oder Anzeigen mit Rückantwortmöglichkeiten gewonnen. Der Werbetreibende erhält hierdurch ein Lead zur weiteren Bearbeitung.

- Im **Online-Marketing** bezeichnet man eine Person dann als Lead, wenn sie Interesse an einer Leistung zeigt oder eine unverbindliche Kaufabsicht äußert. Das tut sie, indem sie sich online registriert, Kontaktdaten einträgt, eine Erlaubnis zum Senden von Informationen erteilt (Opt-in), diese absendet und damit den Dialogaufbau initiiert.
- **Content-Marketing** ist eine weitere Möglichkeit der Leadgenerierung. Hierzu werden hochwertige Inhalte für eine ausgewählte Zielgruppe erstellt. Das kann zum Beispiel ein Leitfaden, eine Checkliste, ein Erklär-Video oder ein Newsletter sein. Um diese Inhalte zu erlangen, müssen Interessenten ihre Kontaktdaten hinterlassen. Damit werden sie, meist nach einem Double-Opt-in, zu einem Lead. Relevanter Content ist das Wasser in der Wasserloch-Strategie®.
- Auch **Bestandskunden**, die Interesse an einem zusätzlichen Angebot zeigen oder Interesse haben könnten, werden wieder zu einem Lead. Im Kontext von Marketing-Automation setzen wir die entsprechenden Prozesse als Bestandskunden-Management ein. Denn vom Prinzip her ist es egal, ob ein Lead ein gänzlich neuer Interessent oder ein Bestandskunde mit erneutem Interesse ist. Natürlich gibt es Unterschiede in der Herangehensweise und den angebotenen Inhalten, aber das Grundprinzip ist das Gleiche.
- **Empfehlungsadressen** sind ganz besondere Leads. Sie wurden vom Empfehlungsgeber quasi schon vorqualifiziert. Damit ist ziemlich sicher, dass der Empfehlungsempfänger brauchen kann, was Sie verkaufen. Er hat zudem schon wohlwollende Vorinformationen erhalten. Die Kontaktaufnahme und das weitere Vorgehen sind deshalb in aller Regel sehr leicht, gefolgt von einem krönenden Abschluss.
- Auch **verlorene Kunden**, die man durch Rückholmaßnahmen wiederzugewinnen versucht, sind Leads. Sehr wertvolle sogar, denn die Kundenrückgewinnung ist meist gar nicht so schwer – wenn man weiß, wie das geht. In vielen Punkten ist sie der Neukundenakquise sogar überlegen. Verlorene Kunden sind leider meist vergessene Kunden. Als Dateileichen enden sie im Nirvana. Das muss nicht sein.

Der Begriff »Lead« !

Zusammenfassend bezeichnen wir mit dem Begriff »Lead« für das weitere Vorgehen neue Interessenten, die auf unterschiedlichste Weise gewonnen werden können. Bestandskunden-Management beschreibt die Maßnahmen, die Bestandskunden mit Potenzial für einen Wiederholungskauf oder Cross- und Up-Selling zum Abschluss entwickeln.

Leadmanagement umfasst alle Maßnahmen im Kaufprozess von der Interessenten-Generierung über das Leadrouting bis zur Qualifizierung von Interessenten bis zur Verkaufschance. Im Opportunity-Management wird der Prozess von der Erstellung einer Verkaufschance bis zum Abschluss unterstützt. Das Bestandskunden-Management umfasst alle Maßnahmen (Nachverkaufsbestätigung, Wiederkauf, After-Sales, Cross- und Up-Selling), um bestehende Kunden zum erneuten Abschluss zu begleiten. Dazu gehören:

- die Strategie- und Konzeptentwicklung
- die Neukunden-Leadgenerierung
- die Entwicklung der Leads bis zur Vertriebsreife oder zum Abschluss
- die Qualifizierung und Bewertung (Lead-Scoring)
- die Übergabe der Leads vom Marketing an den Vertrieb (Lead-Routing)
- das Up- und Cross-Selling
- die Bearbeitung von Empfehlungsadressen
- das Zurückholen erwünschter passender Ex-Kunden
- das Ergebnis-Monitoring

Die Leadmanagement- und Bestandskunden-Prozesse decken somit den kompletten Weg des Interessenten vom Marketing (Interessentengenerierung und Interessentenentwicklung) über den Vertrieb (Akquisition, Abschluss, Up- und Cross-Selling) bis zur Empfehlungsaktivität und der Kundenrückgewinnung ab. In diesem Buch wenden wir uns dabei vor allem den Bestandskunden zu. Speziell für das Neukunden-Leadmanagement empfehlen wir folgendes Buch von *Norbert Schuster*: *Leadmanagement – Mit modernem Leadmanagement mehr qualifizierte Interessenten generieren und sie bis zum Abschluss entwickeln.*[10]

Quelle: https://www.strike2.de/angebote/buecher-hoerbuecher/leadmanagement-das-buch/

3.7 Die Analyse der Bestandskundenstruktur

Die Vorteile von Marketing-Automation kommen, abhängig von Branche, Kaufprozessen und Mitarbeiterauslastung, ab einer größeren Kundenanzahl zum Tragen. Haben Sie nur wenige Bestandskunden mit wenigen Ansprechpartnern, lohnt es sich nur ganz bedingt, automatisierte Prozesse zur Kundenentwicklung oder Kundendurchdringung zu implementieren. Prüfen Sie daher zunächst die Struktur Ihrer Bestandskundenadressen:

- Wie viele Bestandskunden haben Sie? In welchen Kategorien (A/B/C)?
- Verkaufen Sie nur an einen Ansprechpartner im Kundenunternehmen?

10 Inhaltliche Doppelungen mit unseren Büchern gibt es nur an solchen Stellen, die uns unvermeidlich erscheinen.

- Wie viele weitere Ansprechpartner sind für Sie im Kundenunternehmen interessant? Wenn zum Beispiel bislang nur der Produktionsleiter Ihr Kunde ist, können auch andere Ansprechpartner (aus Technik, Einkauf, IT, Entwicklung, Qualitätsmanagement usw.) Kunden werden?
- Welche zusätzlichen Bereiche des Kundenunternehmens sind für Sie interessant? Gibt es weitere Standorte und Betriebsstätten oder Filialen, Niederlassungen, Tochtergesellschaften, assoziierte Kooperationspartner, Auslandsvertretungen usw.?

Unabhängig von der Marketing-Automation lassen sich noch viele weitere Parameter analysieren, um das Bestandskundengeschäft zu qualifizieren und anschließend zu optimieren. Zum Beispiel kann man sich mit folgenden Fragestellungen befassen:

- Wie viele Kunden gewinnen wir pro Jahr? Welche davon sind wie profitabel? Und wie loyal? Warum genau?
- Ab wann ist ein Kunde loyal? An welchen Faktoren messen wir dies?
- Welches sind die wichtigsten Loyalitätstreiber (Key Drivers)? Und was sind die größten Loyalitätskiller?
- Welche Kundenbeziehungen wollen wir aus-, welche abbauen?
- Wie viel kostet es uns, einen neuen Kunden zu gewinnen?
- Wie viel kostet es uns, einen bestehenden Kunden zu halten?
- Wie hoch ist die durchschnittliche Verweildauer unserer Kunden (nach Kundensegmenten, Berufsgruppen, Altersgruppen usw. getrennt)
- Wie hoch ist die Kundenfluktuationsrate in den verschiedenen Bereichen, Regionen usw.? Wie kommt es zu diesen Unterschieden?
- Wie viel Umsatz bzw. zukünftigen Umsatz verlieren wir durch abwandernde Kunden?
- Warum verlieren wir diese Kunden genau? Wie erfahren wir davon?
- Bei wem kaufen diese die Leistung nun? Und warum?
- Welche negative Mundpropaganda entsteht uns hierdurch?
- Welche unserer Kunden sind abwanderungsgefährdet? Was können wir dagegen tun? Lässt sich ein Frühwarnsystem installieren?
- Wie viele Kunden empfehlen uns weiter – und warum genau?
- Wie viele Kunden sind aufgrund einer Empfehlung Kunde geworden – und warum genau?

Die Ergebnisse solcher Analysen entscheiden über das Leben und Sterben eines Unternehmens. So haben hohe Fluktuationsraten – vor allem, wenn die lukrativen Kunden wegbrechen – einen verheerenden Einfluss auf dessen wirtschaftliche Stabilität. Demgegenüber sind Empfehlungen wie auch zurückgewonnene Kunden ergiebige Wege zum Neugeschäft. Anhand der gefundenen Ergebnisse lassen sich passende Maßnahmen entwickeln, um die Bestandskundenstruktur zu optimieren.

3.8 Der technische Zustand Ihrer Bestandskundendaten

Bestandskunden-Management kann nur so gut performen, wie es der Zustand der Datenbasis erlaubt. Je länger Datensätze aber erfasst und verwaltet werden, desto mehr Fehler schleichen sich ein. Die erste Fehlerquelle ist die Datenübermittlung. Daten erreichen Ihr Unternehmen auf den verschiedensten Wegen. Werden sie am Telefon oder beim persönlichen Kontakt übermittelt, schleichen sich schnell Verhörer ein. Die zweite Fehlerquelle ist die Datenerfassung. Zum einen sorgen Tippfehler für Probleme im Datenbestand. Zum anderen führen fehlende Standards zu inkonsistenten Daten.

Deshalb müssen Standards für die Erfassung und Klassifizierung von Kundendaten definiert werden, wie zum Beispiel:
- Firmenname
- Ansprechpartner
- komplette Adresse
- Adressquelle
- Branchenzuordnung
- Kundeneinstufung
- Kundenverhalten
- Kundenhistorie
- Was hat der Kunde gekauft?
- Wie war das Verhalten beim Kauf?

Weitere Fehlerquellen, die die Konsistenz Ihrer Daten beeinträchtigen, sind:
- Ihre Daten werden in getrennten Datensilos gespeichert (Webseite, Adressverwaltung, CRM-System, ERP-System usw.) und nicht synchronisiert.
- Daten »altern« durch:
  - Firmenfusionen
  - Umzug
  - Tod
  - Namensänderung, Hochzeit, Scheidung
  - fehlerhafte Eingaben
  - Doppelerfassung/Dubletten

Um Ihre Daten zu veredeln und sie in einen wertvollen Zustand zu transformieren, müssen Sie Ihre Daten aus allen Systemen integrieren (Enterprise Data Integration), bereinigen und konsistent halten (Datenqualität). Zusätzlichen Nutzen können Sie erreichen, wenn Sie Ihre Daten anreichern.

Im Idealfall ist die komplette Kundenbeziehungshistorie lückenlos abgebildet. Dabei interessieren uns nicht nur harte Daten, sondern auch emotionale Details: das Gesicht hinter dem Namen und die Story hinter den Fakten. Das CRM-System kennt die Schrullen, die Hobbys sowie die familiären und/oder beruflichen Besonderheiten zumindest der wichtigen Kunden. Diese Informationen müssen im ganzen Unternehmen verfügbar sein, so dass jeder Mitarbeiter im Kundenkontakt darauf Zugriff hat und sie für seine Loyalisierungsarbeit nutzen kann.

Sie haben mit Buying-Centern zu tun? Dann sollten Sie sich mit jeder dort beteiligten Person ausgiebig befassen. Die entscheidenden Fragen: Wer im Unternehmen war am Kauf beteiligt? Was treibt diese Personen an? Und wie haben sie bei ihren Entscheidungen reagiert? Um hierbei erfolgreich zu sein, ist eine Buying-Center-Analyse angebracht.

Eine inkonsistente Datenbasis hat weitreichende Folgen, und zwar auf mehreren Ebenen: Sie sprechen die »falschen« Ansprechpartner mit »falschen« Informationen und »falschen« Inhalten an. Dies beeinflusst die Effizienz Ihrer Marketing- und Vertriebsaktivitäten und erhöht Ihre Streuverluste. Es beeinflusst aber auch die Anreicherungsfähigkeit Ihrer Daten. Je nach Situation können solche Daten zum Beispiel um geografische Informationen, das Umfeld, Altersstrukturen, Konzernzugehörigkeiten usw. ergänzt werden. Diese Kriterien können Sie für Ihre Marketing-Automation-Aktivitäten nutzen, um zum Beispiel Inhalte zu konzipieren oder Leads in die passenden Vertriebskanäle zu routen. Die Services von den entsprechenden Anbietern binden Sie mit Integrationsplattformen (iPaaS Integration Platform as a Service) in Ihre Systemwelt (Marketing-Automation / CRM-System) ein.

Die Bedeutung von Stammdatenmanagement und die Anreicherung von Daten für Marketing-Automation-Prozesse – ein Gastbeitrag von Björn Gerster !

Die Digitalisierung der Geschäftsprozesse erzeugt eine unglaubliche Fülle von Daten. Wir müssen lernen, sie optimal zu nutzen. Dabei ist es vor allem wichtig, zu wissen, welche Informationen korrekt und welche relevant sind. Salesforce zeigt in einer aktuellen Studie auf, dass 91 % der Daten in CRM-Systemen unvollständig sind und ca. 70 % der Daten jedes Jahr veralten.
Die fehlende ganzheitliche Sicht auf die Kundenbeziehungen verhindert noch viel zu oft das Kundenerlebnis. Darüber hinaus investiert der Vertrieb viel zu viel Zeit mit den falschen Potenzialen.
Kurz gesagt: Unzuverlässige Daten führen zu verpassten Wachstumschancen.
Deshalb gehen viele Unternehmen den Weg, die eigenen Daten gegen ein sogenanntes »Reference Data Universe« abzugleichen und die eigenen Daten anhand dieser Datacloud mit einem unique Identifier zu versehen, zu standardisieren, zu vervollständigen und mit weiterführenden Informationen anzureichern. Über APIs mit Monitoring-Prozessen wird die Aktualität sichergestellt, in Echtzeit und automatisiert. Marketing und Vertrieb können endlich auf eine Vielzahl an validen Informationen für Segmentierungen, Targeting und Leadqualifizierung zugreifen – egal ob klassische Informationen wie Branche, Mitarbeiterzahlen oder Umsatz, Konzernstrukturen für Cross- und Up-Selling oder online generierte Informationen wie das Suchverhalten eines Unternehmens im Web, Keywords von den Websites oder eingesetzte Technologien. Eine großartige Perspektive!
Björn Gerster, Director Marketing Consulting DACH bei Dun & Bradstreet Europe

Auch persönliche Informationen in Zusammenhang mit einer Person sind überaus hilfreich. Sie können sowohl in zwischenmenschlichen Gesprächen als auch über automatisierte Prozesse gewonnen werden, wie wir noch sehen.

Unglücklicherweise werden Kundendaten in den meisten Unternehmen nach wie vor siloartig angehäuft und in verschiedenen Datentöpfen verwaltet, anstatt sie intern zu vernetzen und für jeden im Unternehmen erreichbar zu machen. Moderne CDPs (Customer Data Platform) tragen dieser Entwicklung Rechnung. Sie vereinen die Daten von allen relevanten Systemen und Plattformen im Marketing und Vertrieb an einer Stelle und unterstützen die Daten entlang der Customer Journey, um sie an einer Stelle zusammenzuführen und auswertbar zu machen. So können Erkenntnisse über die Bewegungen von Interessenten und Kunden generiert werden, um die Customer Experience zu optimieren. Der Kunde hat einfach kein Verständnis dafür, wenn er jedem Ansprechpartner seine Sachlage immer wieder neu erklären oder auf frühere Vorgänge hinweisen muss. Die besten Anbieter, die ihre Daten längst synchronisieren, sind Benchmark, also die Messlatte für ihn. Geht doch!

Fatal kann schließlich der schlechte Eindruck sein, den fehlerhafte Daten beim Kunden hinterlassen. Schon allein der eigene Name hat für die meisten Menschen eine enorm große Bedeutung. Er ist das wertvollste Wort im eigenen Wortschatz. Vielen ist auch der eigene Titel wichtig. Mit Recht dürfen dabei vor allem Bestandskunden erwarten, dass die Angaben in Ihrer Datenbank stimmen. Falsch hinterlegte Informationen können sowohl den zukünftigen Mehrumsatz als auch die Reputation eines Unternehmens beeinträchtigen oder sogar zerstören. Eine mögliche Lösung für diese Herausforderung ist ein Modell mit der Bezeichnung »Ground Truth«.

! **Marketing-Automation und die Daten – ein Gastbeitrag von Thomas Rühlemann**

Marketing-Automation ohne gute Daten ist nutzlos

Die Vorteile der Einführung von Marketing-Automation-Systemen sind bekannt: Entwicklung neuer Möglichkeiten für die Durchführung erfolgreicher Kampagnen, Einsparung von Kosten, Effizienzsteigerung. Basierend auf dem Nutzerverhalten und den persönlichen Präferenzen des Kunden werden dem User individuell auf ihn angepasste Produkte, Dienstleistungen, Inhalte und Angebote empfohlen. Und bei Rabattangeboten soll sinnvoll zwischen verschiedenen Nutzergruppen differenziert werden.

Soweit zur Theorie. In der Praxis treffen wir immer wieder auf das Phänomen, dass die Auswirkungen schlechter Datenqualität auf die Ergebnisse von digitalen Prozessen in den Unternehmen unterschätzt werden. So werden neue Technologien und Systeme wie Marketing-Automation zwar eingeführt, diese aber mit Daten gefüttert, die sehr häufig redundant, unvollständig, inkorrekt oder im falschen Kontext sind. Die Folge davon: Man verschwendet auf unnötige und unprofessionelle Weise enormes Umsatzpotenzial – und verschafft damit auch ganz nebenbei noch seinem Mitbewerber große Wettbewerbsvorteile, wenn dieser mit besseren Daten arbeitet. Abgesehen davon, können die Kunden durch »unpassende Kommu-

nikation« möglicherweise nicht nur verwirrt, sondern auch verärgert werden. »Schlechte« Daten sind somit gefährlicher als gar keine Daten.
Verschärft wird das Problem auch dadurch, dass Daten nicht statisch sind. Jährlich haben wir in Deutschland Zehntausende von Insolvenzen oder Neugründungen und Hunderttausende von Unternehmensveränderungen. In Kombination mit fehlenden Mechanismen, die eine kontinuierliche **DQ (Daten Qualität)** sicherstellen, führt das dazu, dass bis zu einem Drittel der Daten nach nur 12 Monaten nicht mehr korrekt sind. Letztendlich führen schlechte Daten in der Marketing-Automation dazu, dass sich das gesamte Marketing, das Messaging und die Kommunikation, mit den falschen Botschaften an die falsche Gruppe von Menschen richtet und eine Verschwendung von Zeit und Ressourcen ist, die manchmal sogar eher schadet als nützt.
Deswegen mein Rat: Erst saubere Daten, dann die Einführung von Marketing-Automation. Achten Sie auf die Reihenfolge.
Thomas Rühlemann, Experte für Data Quality, Omikron Data Quality GmbH

3.9 Was ist ein Bestandskunde überhaupt wert?

Welche Ihrer Bestandskunden möchten Sie mit Marketing-Automation erreichen? Jeden? Es geht bei dieser Frage nicht darum, Kunden auszusortieren, sondern vielmehr darum, welchen Bestandskunden Sie sich aktiv widmen. Dazu ist es wichtig, die Kundengewinnungskosten und den Kundenwert zu kennen. Also: Wie teuer ist die Generierung eines Neukunden und welchen Wert hat ein Bestandskunde für Ihr Unternehmen? Es gibt mehrere Ansätze, wie sich beide Themen angehen lassen. Gebräuchlich sind zum Beispiel diese Formeln:

Kundengewinnungskosten

$$\text{Kundengewinnungskosten je Neukunde} = \frac{\text{Vermarktungskosten}}{\text{Kundenzahl}}$$

Die Vermarktungskosten setzen sich dabei aus den Kosten (Gehälter, Aktivitäten, Provisionen usw.) für Ihr Marketing und Ihren Vertrieb zusammen.

Kundenwert

$$\text{Kundenwert je Kunde} = \frac{\text{Umsatz}}{\text{Kundenzahl}}$$

Kaufen Ihre Kunden nicht einmalig, sondern auf Basis von Verträgen mit definierten laufenden Umsätzen (Software as a Service (SaaS), Versicherungen, Mobilfunkvertrag usw.), steigert das den Kundenwert.

Die Ergebnisse aus solchen Formeln sind natürlich nur grobe Näherungswerte. Für eine umfassende Bewertung Ihrer Bestandskunden empfehlen wir ein viel detaillierteres Vorgehen, nämlich dieses:

Betrachten wir zunächst die in B2B-Unternehmen sehr übliche ABC-Struktur. Dabei werden meistens die 20 % der Kunden mit dem höchsten Umsatz als A-Kunden, Kunden im mittleren Umsatzbereich als B-Kunden und die mit wenig Umsatz als C-Kunden eingestuft. Zunächst stellt sich die Frage, ob der Umsatz überhaupt die richtige Messgröße ist. Ganz klar: Nein. Selbst dann, wenn der Umsatz hoch ist, kann er negative Deckungsbeiträge erzeugen. Man pflegt also Kunden, mit denen man Verluste macht. Doch auch allein der Deckungsbeitrag ist keine überzeugende Größe. Vielmehr müssen weitere Parameter in die Berechnung aufgenommen werden:

- Kundengewinnungskosten
- eingeräumte Rabatte
- Betreuungsaufwand
- kostenfreier Serviceaufwand
- Logistikkosten
- Währungsumrechnung
- Verwaltungskosten

Damit bewerten Sie Ihre Kunden schon mal viel präziser als rein nach dem Umsatz. Neben solchen »harten« Fakten können auch »weiche« Aspekte eine wichtige Rolle im Bestandskundenmanagement spielen. Denn Kunden haben nicht nur einen monetären, sondern auch einen ideellen Wert. Deshalb müsste die Messung der Beziehungsqualität genauso wichtig sein wie die Messung der Profitabilität.

Zudem kann es in Zeiten von Social Media und Co. äußerst wertvoll sein, sich verstärkt um solche Bestandskunden zu kümmern, die eine Signalwirkung im Markt haben und als potente Weiterempfehler für Sie aktiv werden können. Solche Kunden nennt man *Influencer* und *Opinionleader*, also einflussnehmende Multiplikatoren und Meinungsführer (mehr in Kapitel 10). Um all das zu berücksichtigen, bieten sich insgesamt folgende Kriterien an:

- Die Kaufhistorie: Wie viel hat der Kunde mit welchem Umsatz gekauft?
- Die Kauffrequenz: Wie oft kauft der Kunde und wann kam sein letzter Auftrag?
- Der Deckungsbeitrag: Wie profitabel ist der Kunde?
- Der Imagefaktor: Können wir uns mit diesem Kunden schmücken?
- Der Empfehlungswert: Ist dieser Kunde ein wertvoller Empfehler?
- Die Zukunftsperspektive: Gehört er einer Wachstumsbranche an?
- Die Preissensibilität: Verhandelt der Kunde ständig »bis aufs Messer«?
- Der Schnäppchenfaktor: Kauft er nur wenig rentable Schnäppchen?
- Die Zahlungsmentalität: Zahlt er pünktlich und ohne Beanstandungen?
- Die Bonität: Wie steht es um seine zukünftige Zahlungsfähigkeit?
- Der Betreuungsaufwand: Wie anspruchsvoll ist der Kunde?
- Der Sympathiefaktor: Ist der Kunde angenehm und gern gesehen?
- Das Beschwerdeverhalten: Reklamiert der Kunde häufig?

Aus diesen und weiteren für Ihr Unternehmen relevanten Kriterien lässt sich eine Bewertungsmatrix erstellen. Die Einzelkriterien werden auf einer Skala von null bis zehn bewertet bzw. mit einem Geldbetrag versehen.

Was man in diesem Zusammenhang zum Beispiel auch ausrechnen kann:

- wie viel Ertrag man durch abgewanderte Kunden oder negative Mundpropaganda verliert,
- den Wert verärgerter Stammkunden, die man verliert, weil Neukunden die besseren Angebote erhalten,
- den Wert all der Kunden, die wegen einer schlechten Reklamationsbearbeitung verloren gehen.

Auf diese Weise ließe sich endlich dokumentieren, wie viel Rendite durch eine nachlässige Kundenbehandlung entwischt. Wie man hingegen mithilfe automatisierter Prozesse seine Bestandskunden »bei der Stange« hält, Mehrumsatz macht und neue Kunden gewinnt, darum geht es im nächsten Kapitel.

Und warum das alles zunehmend wichtig ist, zeigen diese Zahlen noch einmal ganz deutlich:

- 95 % der Geschäftskunden recherchieren im Internet, wenn sie nach Fachinformationen und Geschäftspartnern suchen.
- 57 % des Einkaufsprozesses sind bereits gelaufen, wenn die Entscheider erstmals einen Vertriebsmitarbeiter kontaktieren.
- 80 % der B2B-Geschäftskunden präferieren Fachinformationen in Artikelform anstelle von Werbeanzeigen.

Quelle: https://www.pr-gateway.de/blog/content-marketing-b2b-kommunikation/

4 Die Marketing-Automation im Detail

Bislang haben wir viel darüber gehört, wie man die Bestandskundenpflege wirkungsvoll angeht. Über einen entscheidenden Punkt haben wir aber so gut wie noch gar nicht gesprochen: die Wiederholung als solche. Sie ist für unser Gehirn elementar. Es arbeitet nämlich nach dem »Hin-zu-weg-von«-Prinzip. Handlungen, die sich als gefahrlos erwiesen haben, sucht es zu multiplizieren. Alles Neue hingegen beinhaltet immer auch eine potenzielle Gefahr. Deswegen mag unser Oberstübchen Routinen. Und regelmäßige Kontakte. Vertrautes bringt Sicherheit. Davon wollen wir mehr.

Buchtipp: Schnelles Denken, langsames Denken – von Daniel Kahneman !

Kennt ein Kunde ein Unternehmen, seine Angebote, Prozesse und auch die Ansprechpartner, ist die Wahrscheinlichkeit hoch, dass man als »bekannt« deklariert wird. Das erleichtert die Ansprache, die Entscheidung und den Vertriebsprozess. »Kognitive Leichtigkeit« nennt *Daniel Kahneman* diesen Effekt in seinem Buch »Schnelles Denken, langsames Denken«.
Den oben beschriebenen Effekt »Bekannt/Unbekannt« und die Auswirkungen auf unser Gehirn und Verhalten beschreibt *Kahneman* in seinem Buch »Schnelles Denken, langsames Denken« sehr anschaulich. Das schnelle Denken, der »Denkmodus System 1« arbeitet automatisch, schnell und ohne willentliche Steuerung. Das langsame Denken im »Denkmodus 2« kommt zum Einsatz, wenn wir uns konzentrieren und komplizierte Überlegungen anstellen. Je bekannter ein Umfeld bzw. Begegnungen, desto wahrscheinlicher sind wir im Denkmodus 1 und »erreichbar«. Um über den Kauf einer Maschine zu entscheiden, geht das Gehirn des Kunden in den Denkmodus 2. Der Denkmodus 1 erleichtert aber den Eintritt in den Prozess und kann schneller und leichter zur Entscheidung führen.

Quelle: https://www.getabstract.com/de/zusammenfassung/schnelles-denken-langsames-denken/17036

Ähnlich wie bei einem Weg, der oft begangen wird, verstärken sich bei Wiederholungen die Nervenverbindungen im Gehirn. Dieselben Handlungen werden fortan, ohne darüber groß nachzudenken, automatisch ausgeführt. Wer also langanhaltende Kundenbeziehungen will, sollte gut getaktete Interaktionen und kleine Zwischendurch-Käufe systematisch in seine Kundenbetreuung einbeziehen. Onlineshop-Betreiber wissen längst, dass die Leute nach mehreren Käufen beginnen, regelmäßig bei ihnen zu bestellen. Sie sorgen also so schnell wie möglich für die ersten drei Bestellungen.

Die Schwelle, einen Anbieter zu wechseln, sinkt mit der Anzahl der getätigten Käufe. Wer lange und gut mit einem Lieferanten zusammenarbeitet, wird kaum leichtfertig wechseln. Stetige Wiederkäufe sorgen also für Loyalität. Wiederholungen mit ausbleibenden Enttäuschungen schaffen Vertrauen und schwächen den Wechselimpuls. Wenn nicht wenigstens ab und an Tuchfühlung aufgebaut wird, bröckelt die Loyalität. Schließlich geht sie dann ganz verloren. Im gleichen Maße steigt die Anfälligkeit für den wesensgleichen Wettbewerb.

Die Wiederholung ist eng verknüpft mit dem Kontakt. Menschen sind ihrem Wesen nach Netzwerk-Wesen, also sich sozial vernetzende Individuen. Unsere Hirne sind vor allem dafür gemacht, das Zusammenleben in einer Gruppe zu meistern. Die Höhlenbewohnerschaft war unsere erste Community. Das Lagerfeuer war das erste soziale Netzwerk. Wir sind lieber eingebettet in eine achtbare Gemeinschaft als ständig »auf der Flucht«. Isolation gehört zu unseren schlimmsten Ängsten. »Du bist nicht allein«, ist wohl das Tröstlichste, was man einem Menschen sagen kann. Wer solches Wissen am besten kapitalisiert? *Facebook*. Mit weit mehr als zwei Milliarden Nutzern weltweit.

Wer als Unternehmen zukunftsfähig bleiben will, für den ist es überaus wichtig, Wiederholungen in Form von kontinuierlichen Kontakt- und Wiederkaufmöglichkeiten einzuplanen, um dauerhafte Geschäftsbeziehungen sicherzustellen. Wie das am besten gelingt? Mit Marketing-Automation.

4.1 Was Marketing-Automation ist und kann

Kennen Sie den Begriff »false friends«? Das sind englische Wörter, die zwar fast wie deutsche Worte klingen, aber eine andere Bedeutung als im Englischen haben. So ergeht es auch dem Begriff der »Automation«. Er darf nicht mit dem deutschen Wort »Automatisierung« verwechselt werden. Bei der Automatisierung geht es nämlich, wenn wir die *Wikipedia* konsultieren, unter anderem um das »Ausrüsten einer Einrichtung, so dass sie ganz oder teilweise ohne Mitwirkung des Menschen bestimmungsgemäß arbeitet.«[11]

Natürlich können Marketing-Automation-Plattformen Abläufe in Vertrieb und Marketing automatisieren. Bei ihrem Einsatz geht es allerdings ganz und gar nicht darum, hierdurch Mitarbeiter einzusparen. Es geht auch nicht darum, Routineaufgaben an eine Maschine zu übergeben. Ganz im Gegenteil. Menschen werden in unserem Kontext dringend gebraucht. Sie können, sollen und müssen helfen, einen Interessenten

11 https://de.wikipedia.org/wiki/Automatisierung (aufgerufen am 05.02.2017).

in einen Kunden und einen Bestandskunden in einen durch und durch loyalen Immer-wieder-Kunden und aktiven Empfehler zu verwandeln.

Marketing-Automation, die beispielsweise das Eintüten von Prospekten automatisiert, ist nicht das Thema dieses Buches. Wir kümmern uns hier vielmehr darum, wie das Marketing und der Vertrieb die Neu- und Bestandskunden besser verstehen und entsprechend relevante Inhalte an den passenden Touchpoints ausspielen können. Wir befassen uns damit, wie Leadprofile (Progressive Profiling) in der Marketing-Automation-Plattform aufgebaut und angereichert werden und wie die Interessenten mit Buyer-Persona-konformen Inhalten automatisiert, aber individuell bis zur Vertriebsreife und bis zum Abschluss entwickelt werden.

Die Technologie ist dabei immer nur Unterstützer und Mittel zum Zweck. »Die technische Ausrichtung, die durch die ungebremste Digitalisierung verstärkt wird, birgt allerdings die Gefahr, dass die Kompetenz des Daten-Handlings wichtiger wird als die Fähigkeit, sich in Kunden hineinzuversetzen«, warnt der Digitaldialogexperte **Sven Bruck.**[12] Ganz genau! Die wahren kommunikativen Erfolge finden jenseits von Big Data und Algorithmen statt. Nicht Analytics und Mathematik, sondern Menschenkenntnis und Einfühlungsvermögen führen gerade in durchdigitalisierten Zeiten zum Ziel. Wer die Menschen nicht versteht und im Datenfieber deren Bedürfnisse vergisst, der scheitert am Ende auch an Marketing-Automation.

Marketing-Automation als Plattform des Lead- und Bestandskunden-Managements !

Marketing-Automation ist die technologische Plattform des Lead- und Bestandskunden-Managements. Solche Plattformen dienen dazu, Workflows und Kommunikationskampagnen zu definieren, bislang händische Prozesse zu automatisieren und Ergebnisse messbar zu dokumentieren. Sie lassen sich zum einen für die effiziente Entwicklung von neuen Interessenten und zum anderen zur Weiterentwicklung einträglicher Bestandskundenbeziehungen einsetzen. Sie unterstützen sowohl das Marketing als auch den Vertrieb. Im Wesentlichen geht es dabei um

- das Generieren und Entwickeln von Leads bis zur Vertriebsreife,
- das Up- und Cross-Selling bei Bestandskunden,
- das Handling Ihrer Kommunikationskampagnen,
- die Betreuung von B- und C-Kunden,
- die Verhinderung von Kundenabwanderung (Churn Management),
- die Qualifizierung und Bewertung Ihrer Kunden im Kaufprozess.

Das funktioniert automatisiert viel effizienter als manuell.

12 DDV Dialog, Februar 2017.

4.2 Die Vorteile automatisierter Abläufe

Prinzipiell funktionieren Marketing-Automation-Plattformen (MAPs) nach dem »Wenn-Dann-Prinzip«. Sie helfen, Inhalte (Content) passend anzubieten und einen Kunden automatisiert, aber individuell auf Basis dessen eigener Reaktionen zu entwickeln und bis zum Kauf bzw. einer Buchung zu führen. Einmal installiert, können diese Prozesse dann immer wieder ablaufen und schnell zu Wiederholungskäufen führen.

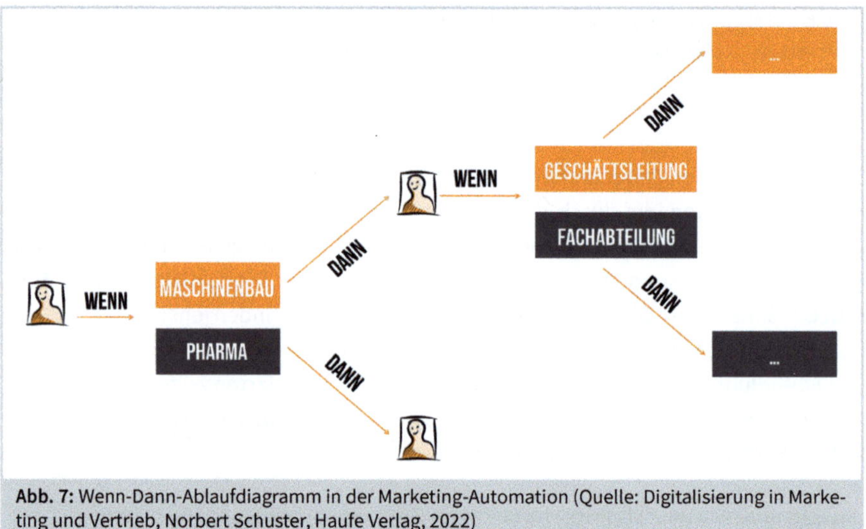

Abb. 7: Wenn-Dann-Ablaufdiagramm in der Marketing-Automation (Quelle: Digitalisierung in Marketing und Vertrieb, Norbert Schuster, Haufe Verlag, 2022)

Theoretisch könnten Sie all das natürlich auch manuell tun. Das wäre aber sehr kompliziert und zeitaufwendig. Die Leads müssten »von Hand« weiterentwickelt werden. Das heißt, alle Leads müssten entweder angerufen oder mit individuellen E-Mails beschickt werden. Ab einer bestimmten Größenordnung ist das nicht mehr rentabel zu leisten. Und es führt auch nicht zu den erwünschten Ergebnissen. Werden Interessenten nicht sogleich kontaktiert und professionell weiterbetreut, verlieren Sie den Kontakt und Ihre zeitlichen und monetären Bemühungen sind vergeudet.

Erschwerend kommt hinzu, dass nicht jeder Lead schon gleich am Anfang »reif« für einen Vertriebskontakt ist. Wird ein Kunde zu früh von einem Vertriebsmitarbeiter kontaktiert, kann ihn das unter Umständen verschrecken und er zieht sich zurück. Jeder kennt das von aggressiven Verkäufern im Handel. Kaum hat man einen Laden betreten und »Hallo« gesagt, rückt er einem schon auf die Pelle, während man sich erst nur mal umschauen will. So was mögen wir nicht. Deshalb machen wir das bei der Marketing-Automation auch *nicht*.

Vielmehr generieren Sie im Zuge eines vordefinierten und dann automatisch ablaufenden Prozesses datenschutzkonform qualifizierte Adressen von Menschen, die beim Übergabezeitpunkt an den Vertrieb bereits ein hohes, tatsächliches Interesse an konkreten Angeboten haben. Hierdurch vergrößern sich die Abschlusschancen beträchtlich. Die mühsame und oft frustrierende Vorqualifizierungsarbeit durch Vertriebsmitarbeiter entfällt. Die Marketing-Automation-Plattform gibt Ihnen zudem einen sehr guten Überblick über die Anzahl und das Stadium Ihrer Leads im gesamten Verkaufsprozess. Diese Transparenz bringt eine hohe Planungssicherheit. Zudem eröffnet sie Erkenntnisse über aktuelle Bedürfnisse im Kundenkreis und am Markt, was wiederum zu Verkaufschancen und damit Wettbewerbsvorsprüngen führt.

Eine Untersuchung von *Forrester Research* ergab: Firmen, die Marketing-Automation einsetzen, generieren 50 % mehr Leads bei 33 % niedrigeren Kosten. Und *Gardner Consulting* fand heraus, dass Unternehmen, die ihr Leadmanagement automatisieren, ein Umsatzwachstum von 10 % in den ersten sechs bis neun Monaten verzeichnen.[13] Da kann man doch nur sagen: Her mit der Marketing-Automation.

Quelle: https://www.absatzwirtschaft.de/realtime-marketing-automation-ist-der-schluessel-zum-kunden-58991/

4.3 Die Vorteile von Marketing-Automation im Überblick

Aus der Arbeit mit Marketing-Automation-Plattformen lässt sich großer Nutzen ziehen. Haben Sie den Prozess einmal definiert, wird jeder Interessent fortan optimal und seinen Wünschen entsprechend betreut. Die wesentlichen Vorteile im Einzelnen sind:

- Wenn Sie Ihre Inhalte auf einer Marketing-Automation-Landingpage (Seite zum Download von Content-Angeboten) anbieten, können Sie jeden Lead rechtskonform »beobachten« (tracken). Sie sehen den gesamten Weg des Interessenten vom Erstkontakt über den ersten Kauf bis zum erneuten Kauf bzw. Abschluss.
- Mit einer Marketing-Automation-Lösung schreiben Sie einen Kontakt zwar automatisiert, aber dennoch individuell seinem Verhalten und seinem Profil entsprechend an. Jeder Interessent ist in einem anderen Stadium des Kaufprozesses,

13 http://www.absatzwirtschaft.de/realtime-marketing-automation-ist-der-schluessel-zum-kunden-58991/ (aufgerufen am 15.02.2017).

bekommt aber dennoch personalisiert und automatisiert Angebote (Whitepaper, E-Book, Erklärfilm usw.) unterbreitet, die zu seinem Profil und seinem Stadium im Kaufprozess passen. Ein solcher Vorgang wäre manuell nur mit sehr viel Aufwand, großem Zeiteinsatz und hoher Fehlerquote zu leisten.

- Sie können in jedem Prozessschritt weitere Informationen über Ihren Interessenten/Bestandskunden erheben (Progressive Profiling). Das geht einerseits direkt über Fragen, die man etwa auf der Landingpage stellt. Andererseits kann der Interessent aus verschiedenen Informationsangeboten wählen, zum Beispiel den »Leitfaden für Produktionsleiter in der Pharmabranche« oder den »Leitfaden für IT-Leiter in der Finanzbranche«. Daraufhin können Sie ihm weitere, genau auf seine Bedürfnisse abgestimmte Inhalte unterbreiten.
- Mit einer Marketing-Automation-Lösung bieten Sie Ihren Interessentenadressen, also denen, die bisher noch nicht gekauft haben, verschiedene Inhalte an und ordnen sie analog ihrem Klick- oder Auswahlverhalten einer Wunschkundengruppe zu.
- Wenn Sie Ihre Wunschkunden und deren Kaufprozesse definiert und dann an den adäquaten Touchpoints relevante Daten platziert haben, geht es weiter wie folgt: Sie können dem Interessenten automatisiert die passenden, aufeinander aufbauenden Inhalte per Lead-Nurturing anbieten und ihn so bis zur (erneuten) Vertriebsreife oder einem (weiteren) Abschluss entwickeln. Durch Selbstselektion entscheidet Ihr Interessent bei jedem Schritt, ob er Ihr Angebot annimmt, weitere Informationen preisgibt und zusätzliche Content-Angebote wünscht. So finden Sie auch heraus, welche weiteren Themenbereiche für ihn von Belang sind und können daraufhin passend reagieren.
- Wenn Sie die Scoring-Funktionen des Marketing-Automation-Tools nutzen und einen Schwellwert definieren, wird der Interessent bzw. Bestandskunde bei Erreichen des eingestellten Schwellwertes automatisiert an den Vertrieb und das CRM-System übergeben bzw. synchronisiert (Lead-Routing).
- Das Marketing-Automation-System bündelt alle Touchpoints an einer Stelle, gibt Ihnen Transparenz und macht den Erfolg messbar. Sie wissen über den aktuellen Stand jedes Interessenten und jeder Aktivität auf Knopfdruck Bescheid.
- Mit einer Marketing-Automation-Plattform bauen Sie sich einen »Detektor« auf, der Sie sofort alarmiert, wenn sich Ihre Bestandskunden für ein bestimmtes Thema, einen Produktbereich oder ein besonderes Angebot interessieren. So liegen Sie gegenüber dem Wettbewerb vorn.

Ein zusätzlicher Vorteil: Bestandskunden lassen sich so auf Basis ihrer Kaufhistorie und thematisch individualisiert zu einem frühestmöglichen Zeitpunkt erreichen. Auf diese Weise können Sie sie auf Wiederholungskäufe oder einen Folgeabschluss vorbereiten, bevor es ein anderer tut. Alle Signale von Bestandskunden in der Marketing-Automation können Sie mit Ihrem CRM- / ERP-System synchronisieren und erhalten so einfach und schnell den Überblick und Transparenz über Ihre Kunden. Das liefert Ihnen Erkenntnisse, um noch kundenzentrierter zu kommunizieren und zu handeln.

4.4 Automatisierte Prozesse im Lead- und Bestandskundenmanagement

Viele Unternehmen definieren standardisierte Vorgehensweisen nach eigenem Gusto und hoffen, dass sich die Kunden daran halten. Oft versuchen sie sogar, ihren Kunden unpassende Prozesse aufzudrängen. Oder ihre Prozesse sind für alle Kundengruppen gleich. In allen drei Fällen kommt man heutzutage nicht mehr sehr weit.

»Es gibt keine Masse mehr, die mit Standard angesprochen werden kann«, sagt der Zukunftsforscher *Eike Wenzel*. »Was die kommenden Jahre vor allem stärker prägen wird, ist eine weitere Individualisierung des Konsums und damit die Personalisierung.«[14]

Und genau hier setzt das neue Lead- und Bestandskunden-Management an. Es ist auf die Bedürfnisse jedes einzelnen Kunden abgestimmt. Es reagiert auf jeden Kunden einzigartig, sowohl in fachlicher als auch in persönlicher Hinsicht. Und vor allem: Der Kunde gibt jeweils sein Einverständnis für den nächsten Schritt. In acht Schritten läuft das wie folgt ab:

1. Sie erkennen die »Painpoints« (Schmerzpunkte) Ihrer Wunschkundengruppen und bereiten passende Inhalte vor.
2. Sie platzieren relevante Inhalte für Ihre Wunschkundengruppen an den jeweils passenden Kundenkontaktpunkten (Touchpoints).
3. Der Wunschkunde zeigt Interesse, indem er Ihr Content-Angebot (Leitfaden, Webinar, Video usw.) anfordert, herunterlädt oder anschaut.
4. Der Interessent bzw. reaktivierte Bestandskunde wird mit weiteren Content-Angeboten in einem zwar automatisierten, aber dennoch individuellen Prozessablauf bis zur Vertriebsreife entwickelt. So lange bleibt er in Händen des Marketings.
5. Ist die Vertriebsreife erreicht, wird der Interessent manuell oder automatisiert zwecks Betreuung an das Vertriebsteam übergeben.
6. Der Vertrieb kontaktiert den Interessenten und begleitet ihn bis zum (erneuten) Abschluss.
7. Passende Empfehlungsmarketing-Aktivitäten werden eingeleitet, und zwar sowohl automatisiert als auch nichtautomatisiert.
8. Der Kunde kann Interessent für einen weiteren Kauf oder eine erneute Buchung werden (Up- und Cross-Selling).

14 Die Shopper von morgen, Lead Digital 09/2016.

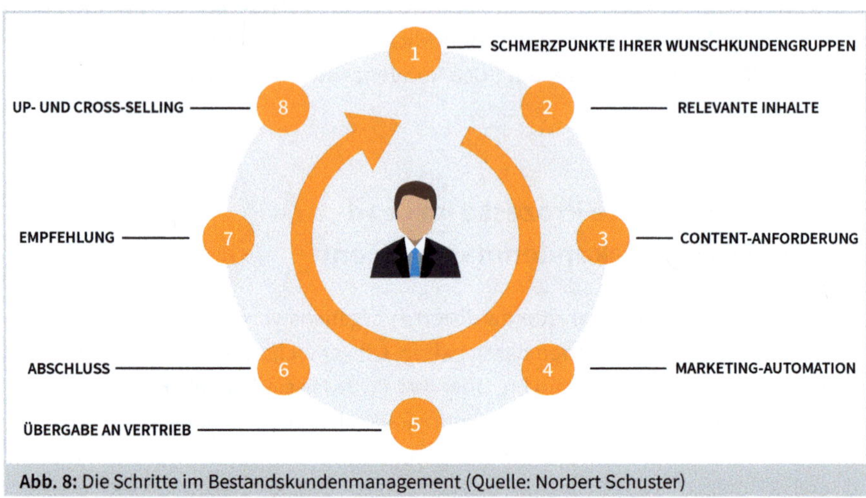

Abb. 8: Die Schritte im Bestandskundenmanagement (Quelle: Norbert Schuster)

4.5 Am Anfang steht die Strategie

Wie so oft im Leben ist es sinnvoll, sich erst einmal Gedanken über die richtige Strategie zu machen. Bevor man sich also mit Tools, Technologien und Umsetzungsmaßnahmen befasst, wird eine tragfähige Strategie benötigt. Flapsig könnte man sagen: »Erst grübeln, dann dübeln!« Doch leider erleben wir das immer wieder: Viele Unternehmen starten Marketing-Automation- und Leadmanagement-Projekte ohne Strategie und Plan. Da werden zuerst Systeme und Plattformen begutachtet und nach welchen Kriterien auch immer gekauft: Weil sie gerade angesagt sind. Oder weil die Versprechen so unwiderstehlich klingen. Oder weil der Chef das so wollte.

Aus »irgendwelchen« Gründen wird »irgendein« Anbieter ausgewählt. Dann werden »irgendwelche« Aktionen losgetreten. Am Ende ist die Enttäuschung groß, wenn sich die erhofften Erfolge nicht einstellen wollen. Marketing-Automation führt man nicht mal eben wie ein neues Softwareprodukt ein. Dafür bieten sich viel zu viele Möglichkeiten. Und der Einfluss auf das gesamte Unternehmen ist auch zu groß. Deshalb ist Marketing-Automation auch kein reines IT-Projekt. Die IT spielt natürlich eine wichtige Rolle, sollte aber nicht der Projekt-Owner sein. Am besten treten Sales und Marketing gemeinsam an. Denn die Zusammenarbeit muss harmonisch verlaufen. Sonst funktioniert es nicht.

Als Unternehmensstrategie braucht Marketing-Automation die Rückendeckung der Geschäftsleitung. Die initiale Planungsgruppe setzt sich aus den Entscheidungsträgern aus Marketing, Sales, Service und IT zusammen. Zusätzlich sollten der Datenschutzbeauftragte, die Unternehmenskommunikation und der Betriebsrat mit an

Bord. Ferner ist es höchst sinnvoll, bereits in dieser frühen Phase einen externen Experten miteinzubeziehen, um Fallstricken von vornherein auszuweichen. Er moderiert die zunächst womöglich noch divergierenden Interessen der einzelnen Bereiche, bringt Erfahrungen aus anderen Projekten ein und vertritt die Kundeninteressen. Diese Planungsgruppe hat die Aufgabe, die mit dem Projekt verbundenen Ziele sowie die grobe Marschrichtung festzulegen.

Dazu gehört im Vorfeld eine Analyse mit folgenden Überlegungen:

- Der Ist-Zustand: Wo stehen wir heute in Sachen Bestandskundenmanagement und Leadgenerierung?
- Der Soll-Zustand: Wo möchten wir hin? Welche Ziele möchten wir mithilfe eines Marketing-Automation-Prozesses (MAP) erreichen?
- Wen möchten wir erreichen? Und wen nicht? Wer sind unsere Wunschkundengruppen? Und wie »ticken« diese Gruppen?
- Wie verlaufen die Suchprozesse dieser Wunschkundengruppen und was müssen wir tun, um von ihnen gefunden zu werden?
- Wo und wie können wir unsere Wunschkundengruppen am besten erreichen? Online? Offline? Mobil? Über welche Influencer?
- Welcher Content ist für unsere Wunschkundengruppen relevant, hilfreich, nützlich und/oder unterhaltsam? Und welcher nicht?
- Auf welche Weise sollten/könnten unsere Wunschkunden unsere Content-Angebote annehmen und dadurch zum Lead werden?
- Wie wollen wir die gewonnenen Leads bis zur Vertriebsreife entwickeln? Wie qualifizieren wir also diese Leads?
- Wie übergeben wir die Leads vom Marketing an den Vertrieb? Stimmen die Voraussetzungen für einen reibungslosen Ablauf?
- In welcher Form und auf welche Weise bearbeitet der Vertrieb die Leads? Und wie spielt er die Ergebnisse an das Marketing zurück?
- Wie verbinden wir die Marketing-Automation-Plattform mit unserem CRM-System und anderen relevanten Systemen (ERP-Systeme, Performance Plattformen, Tools für Online-Events / Seminare, Shop, PIM)? Und wie synchronisieren wir die Daten?
- Wie sorgen wir dafür, dass wir von den Kunden empfohlen werden? Wie können wir sie aktiv zu Botschaftern unserer Angebote machen?
- Wie sorgen wir dafür, dass aus Bestandskunden wieder Leads werden (Kunde → Lead → Kunde …), um Up- und Cross-Selling zu betreiben?
- Wie sorgen sie dafür, dass aus ehemaligen Kunden wieder Leads werden können? Wen wollen wir zurück? Und wen nicht?

Wenn Sie in dieser frühen Phase Strategie und operative Umsetzung vermischen und zuerst darüber nachdenken, wer welche Aufgaben wann erledigen soll und wie viel Budget benötigt wird, werden Sie das Bestmögliche nicht erreichen. Konzentrieren

Sie sich also zunächst auf eine optimale Strategie. Erst danach können Sie die richtigen Prioritäten setzen und die dann dazu passenden Entscheidungen treffen.

!

Räume, die den Planungsprozess unterstützen

Der Filmproduzent *Walt Disney* hat für Planungszwecke eine interessante Methode entwickelt. Er soll in seiner Villa drei Räume eingerichtet haben, um seine Vorhaben aus verschiedenen Blickwinkeln betrachten zu können:

- **Der Raum für den Träumer:** Wie der Name schon sagt, ist in diesem Raum Platz zum Träumen, zum Spinnen und für die Strategie. Hier kümmern Sie sich darum, was theoretisch möglich ist und wünschenswert wäre. Sie denken das Undenkbare und träumen sich optimistisch in die schönsten Luftschlösser hinein. Wir nennen das »die schönste aller Welten«.
- **Raum für den Realisten/Planer:** Erst in diesem Raum kommt man auf den Boden der Tatsachen zurück. Hier wird konkret definiert, was, wann, von wem in welcher Reihenfolge dann tatsächlich realisiert werden kann. Dabei geht es um die Überführung auf ein hohes Niveau der Machbarkeit, um Ressourcen, den Zeitrahmen und das Budget.
- **Raum für den Kritiker/Bedenkenträger:** In diesem Raum kommen schließlich die konstruktiv-kritischen Stimmen zu Wort: Wo sind Fehler und Schwachpunkte in unserem Plan? Was könnte schief gehen? Wie gehen wir mit Schwierigkeiten um? Was wurde übersehen? Wer könnte das Projekt verhindern oder ausbremsen wollen? Und was lässt sich am besten dagegen tun?

Natürlich müssen dafür nicht gleich drei Zimmer freigeräumt werden. Es kann schon hilfreich sein, die Phasen eines Arbeitsgruppen-Meetings unter das jeweilige Motto zu stellen und sich dazu entsprechende Hüte aufzusetzen. Es gilt, in seiner jeweiligen Rolle zu bleiben und diese nicht zu vermischen. Zum Beispiel sind Einwände in der Phase des Träumens nicht erlaubt.

Quelle: https://www.youtube.com/watch?v=YKus6APyZgw

4.6 Der Planungsprozess nach dem Schuster-Modell

Sind die Vorüberlegungen abgeschlossen, geht es im nächsten Schritt darum, zu bestimmen, welche Bausteine es für die Umsetzung braucht. Diese müssen in eine chronologische Abfolge gebracht, dann entwickelt und/oder zur Verfügung gestellt werden. Hierzu gehören die folgenden Module:

- Zielbestimmung/Kick-off
- Wunschkundendefinition/Buyer-Personas

- Analyse des Suchverhaltens/Buyer-Journeys
- Content-Angebote und Content-Marketing
- Bestimmung passender Touchpoints
- Lead-Nurturing und Lead-Scoring
- Interessenten-Übergabe/Lead-Routing
- Interessenten-Bearbeitung im Vertrieb
- Auswahl einer Marketing-Automation-Plattform (MAP)
- Monitoren, Messen und Optimieren

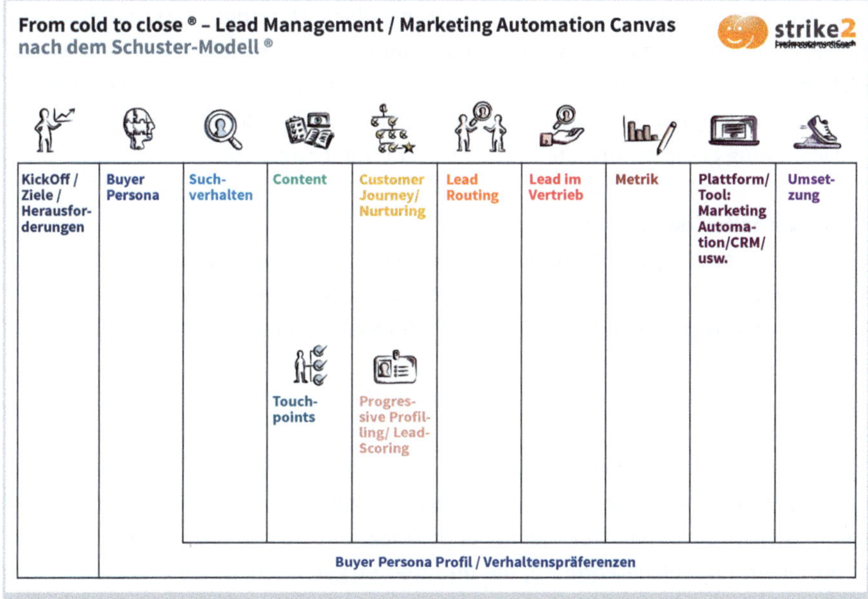

Abb. 9: From cold to close® – Strategie-Canvas nach dem Schuster-Modell® (Quelle: Digitalisierung in Marketing und Vertrieb, Norbert Schuster, Haufe 2022)

Hier finden Sie zunächst eine Zusammenfassung der zentralen Aspekte zu diesen Modulen. In den folgenden Kapiteln werden diese Module dann ausführlich beschrieben.

1. Definition der Ziele/Kick-off

Im ersten Schritt des Planungsprozesses geht es darum, auf Basis einer Bestandsanalyse die Ziele des Marketing-Automation-Projekts zu definieren und schriftlich zu erfassen. Das ist wie bei einem Navigationsgerät: Wenn man sein Ziel nicht eingibt, kann es keine passende Route berechnen. Bestimmen Sie dabei nicht nur das, was Sie erreichen wollen (Dos), sondern auch das, was nicht passieren soll oder darf (Don'ts)! Dann sind Sie für den Fall der Fälle schon darauf vorbereitet. Überlegen Sie auch, wie Sie alle Beteiligten über das Projekt an sich, seine laufende Entwicklung und die erzielten Ergebnisse informieren werden. Vor allem sollten alle Beteiligten verstehen, was Marketing-Automation ist und leisten kann und was nicht damit erzielt werden kann bzw. soll.

2. Wunschkundendefinition/Buyer-Personas

Für die Definition und Profilierung von Wunschkunden hat sich das Buyer-Persona-Konzept bestens bewährt. Buyer-Personas sind prototypische Stellvertreter einer Kundengruppe, die deren charakteristische Eigenschaften, Erwartungshaltungen und Vorgehensweisen in sich vereinen. Sie beinhalten demografische Daten, das »Strickmuster« und auch die »Schmerzpunkte« eines Wunschkunden. Sie ersetzen das mehr oder weniger anonyme Zielgruppengemenge eines Unternehmens durch quasimenschliche Figuren, in die man sich gut hineindenken kann. Solche Profile sind eine wichtige Grundlage für die Konzeption von passendem Content und Entwicklungsprozessen (Nurturing) in der Marketing-Automation. Buyer-Personas werden von Sales und Marketing gemeinsam erstellt. Wie das geht, zeigt Kapitel 5.

3. Suchverhalten der Interessenten

Hierbei geht es darum, zu prüfen, mit welchen Schlüsselwörtern eine spezifische Buyer-Persona sucht und wie groß das Suchvolumen dieser Schlüsselwörter ist. Die Analyse kann nach einem Briefing über die Buyer-Personas durch SEO-Spezialisten durchgeführt werden.

4. Content

Content im weitesten Sinne sind alle möglichen Inhalte, die ein Unternehmen über sich produziert, also auch Produktbeschreibungen, Gebrauchsanweisungen, Geschäftsberichte, Pressemitteilungen, Kundenmagazine usw. In unserem Kontext geht es vor allem um solche Formate, die im Internet gefunden werden können. Dabei müssen die bereitgestellten Inhalte nicht nur zum jeweiligen Interessenten passen, sondern auch zur jeweiligen Phase in seinem Entscheidungsprozess. Leider befassen sich viele Inhalte überwiegend mit dem Anbieter und seinem Angebot. Für die Leadgenerierung und das Bestandskundenmanagement ist das kontraproduktiv. In dieser Stufe sammeln Sie auch Informationen über bestehende Content-Bausteine in Form eines Content-Audits, um Bausteine oder Teile davon eventuell in Ihre automatisierten Prozesse einfließen zu lassen. In Kapitel 6 erfahren Sie im Detail, wie gutes Content-Marketing funktioniert.

5. Passende Touchpoints bespielen

Macht sich ein Wunschkunde auf die »Reise« durch die Unternehmenslandschaft, springt er nicht nur im Web hin und her. Vielmehr verquickt er virtuelle mit realen Touchpoints. Zudem klickt er sich über verschiedene Geräte in die Onlinewelt ein. Um potenzielle Kunden anzuziehen und von Bestandskunden bei ihrer Mehrkauf-Suche gefunden zu werden, wählen wir passende Touchpoints aus. Dazu fragen wir uns: Wo bewegen sich unsere Wunschinteressenten bei ihrer Suche und wie können wir sie dort gut erreichen? Welchen Kaufprozessen folgen sie im Detail? Wie lange dauern die? Welchen Content brauchen sie? Wie und wann entscheiden sie sich? Aus diesen Erkenntnissen entsteht Ihr Fahrplan für die zukünftigen Leadmanagement-Aktivitäten.

6. Customer Journey/Nurturing-Prozesse

Mit einer Customer-Journey-Analyse definieren Sie die »Etappen« der Käuferreise und analysieren, welche Fragen, Ziele und Schmerzpunkte Ihr Wunschkunde in jedem Abschnitt seiner Reise hat. Basierend auf den Erkenntnissen der vorangegangenen Schritte und der Customer-Journey-Analyse definieren Sie die Prozesse zur automatisierten Entwicklung der Interessenten, Nurturing genannt. Nimmt der Interessent eines Ihrer Content-Angebote an, muss er dafür mindestens seine E-Mail-Adresse und sein Opt-in angeben. Das Opt-in ist das Zustimmungsverfahren, mit dem der Interessent ausdrücklich die Kontaktaufnahme via E-Mail bestätigt. Danach startet eine vordefinierte Abfolgekette, die dem Interessenten automatisiert weitere für ihn relevante Informationen offeriert. Neben dem Nurturing neuer Interessenten-Leads muss es selbstverständlich auch um das Bestandskunden-Nurturing gehen. Dazu mehr in Kapitel 7.

7. Interessenten-Qualifizierung/Lead-Scoring

Ziel von Marketing-Automation-Prozessen ist es vor allem, den Vertrieb mit mehr qualifizierten Verkaufschancen auszustatten. Dabei muss zum einen der Grad der Qualifizierung gemessen werden, um den Reifezustand zu prüfen. Zum anderen ist der Grenzwert für die Übergabe vom Marketing an den Vertrieb zu erfassen. Die Messung erfolgt mithilfe eines Lead-Scoring-Modells. Auch dazu später mehr.

8. Interessenten-Übergabe/Lead-Routing

Für die Übergabe der Interessenten vom Marketing an den Vertrieb und die zielgerichtete Zusammenarbeit der beiden Bereiche werden die entsprechenden Parameter definiert: der Ablaufprozess als solcher, die Schnittstellen zwischen Marketing-Automation und CRM, der Umfang und Inhalt der Übergabedaten und so fort. Dies alles kann im Rahmen eines Service Level Agreements schriftlich fixiert werden, wie Kapitel 8 zeigt. Je nach Branche kann der Kaufprozess bis zum Abschluss automatisiert erfolgen. In diesem Fall sprechen wir von Sales-Automation.

9. Interessenten- und Kundenbearbeitung im Vertrieb

Da der Vertrieb mit Unterstützung von automatisierten Entwicklungsprozessen im Zuge der Marketing-Automation in der Regel Interessenten oder Bestandskunden mit einer umfangreichen Content-Historie erhält, muss er diese Historie kennen. Er muss auch verstehen, wie seine Leads vom Marketing generiert wurden und auf diese Lead-Historie aufbauend seine Vertriebstaktik adaptieren. So ist sichergestellt, dass er die Leads oder reaktivierten Bestandskunden optimal betreut, das Kundenpotenzial ausschöpft und zu Abschlüssen kommt.

10. Entscheidung über die Software
Software kann immer nur die Prozesse abbilden, die im Vorfeld entwickelt worden sind. Deshalb steht die zu den Zielen passende und die definierten Abläufe optimal unterstützende Auswahl einer Marketing-Automation-Plattform erst jetzt an. Diese Software muss sich in die bestehende IT-Landschaft des Unternehmens integrieren. Für einen bidirektionalen Austausch der Daten und Steuerung von Prozessen über Systeme hinweg empfiehlt sich der Einsatz einer iPaaS-Integrationsplattform. Diese Plattform bietet Adapter für die gängigen Systeme im Marketing und Vertrieb und die Möglichkeit, diese ohne Programmierung (No-Coding-Ansatz) einfach und flexibel zu integrieren. Neben Marketing-Automation-Plattformen und CRM-Systemen können folgende Systeme mit einer iPaaS Lösung integriert werden:

- Performance-Plattformen wie Facebook oder Google
- ERP-Systeme
- PIM-Systeme
- Shop-Systeme
- Web-Analytic-Systeme
- BI- / Reporting-Tools
- Systeme für Online-Seminare
- Eigenentwicklungen
- Datenbereinigungsservices
- Datenanreicherungsservices

11. Messen und optimieren
Um die Resultate Ihrer Marketing-Automation-Aktivitäten zu verifizieren, müssen die Ergebnisse gemessen und Möglichkeiten zur Optimierung daraus abgeleitet werden. Wurde der Interessent (erneut) zum Kunden, dürfen Sie ihn danach nicht in der Kundendatenbank verhungern lassen. Begleiten Sie Ihren Kunden weiter. Planen Sie auf Basis der Learnings einen kontinuierlichen Kundenentwicklungsprozess. Abgesehen davon ist die Messung der Ergebnisse wichtig, um die erzielten Erfolge im Unternehmen zu kommunizieren.

Zudem lassen sich die (automatisierte) Kundenrückgewinnung und das (automatisierte) Empfehlungsmarketing als weitere Module integrieren.

4.7 Sales und Marketing arbeiten Hand in Hand

Für den Kunden muss ein Unternehmen wie aus einem Guss funktionieren. Abteilungsgrenzen, Zuständigkeiten und Abstimmungsprobleme interessieren ihn nicht. Ob eine Lösung aus dem Service, dem Marketing oder dem Vertriebsbereich kommt, ist ihm am Ende egal. Hauptsache, sie funktioniert. Unternehmensintern fallen die kundenrelevanten Aktivitäten jedoch meist unkoordiniert auseinander. Hier die Werbung, da das Callcenter, dort die Pressearbeit. Social Media, wenn überhaupt, lieblos irgendwo mittendrin. Solch eine Aufgaben-Fragmentierung ist aus Kundensicht katastrophal: Vieles wird doppelt, manches gar nicht und das meiste in unterschiedlicher Qualität produziert. Und die rechte Hand weiß in aller Regel nicht, was die linke tut.

Die Grabenkämpfe zwischen Sales und Marketing sind legendär. Oft geht es dabei auch um Leads. Kommen keine Abschlüsse zustande, dann waren die Leads, die vom Marketing beschafft worden sind, sagt der Vertrieb, einfach Schrott. Aus Marketingsicht hingegen haben es die Verkäufer mal wieder vergeigt. Leider bekommen die Interessenten solche Zwistigkeiten oft genug mit. Oder, noch schlimmer: Interne Querelen werden auf dem Rücken der Kunden ausgetragen. Irritiert oder erbost machen die sich, völlig verständlich, auf und davon. Und online erzählen sie allen, warum das so ist.

Im Web tauschen sich aber nicht nur die Kunden aus. Auf Arbeitgeber-Bewertungsportalen reden sich frustrierte Mitarbeiter die Köpfe heiß. »Der letzte Hackerangriff hat einen Großteil unserer Kundendaten zerstört.« »Die in den Teppichetagen haben sowieso nur ihre Tantiemen im Sinn.« »Wenn das so weitergeht, stehen wir kurz vor der Pleite.« Das lesen aber nicht nur die potenziellen Bewerber, nein, Kaufinteressierte lesen das auch. Verantwortungsbewusste Kunden wollen zunehmend wissen, wie es hinter den Firmentoren läuft und wie es den Beschäftigten geht.

Gegeneinander statt miteinander: In vielen Unternehmen ist das leider die Norm. Das hat mit Silodenken, Insellösungen, Hoheitsgebieten, Zuständigkeitsgezerre, falsch aufgesetzten Incentive-Modellen und mangelnder Kommunikation zwischen den einzelnen Bereichen zu tun. Abgrenzungsstrategien sind mit einer vernetzten Kundenwelt unvereinbar. Doch anstatt gemeinsam nach gangbaren Wegen zu suchen, werden Vorurteile weiter geschürt.

»Die« im Marketing können bloß bunte Bildchen. »Die« im Vertrieb fahren nur durch die Gegend. Und »die« in der Auftragsabwicklung sind solche Stümper, dass die Kunden gleich wieder flüchten. Indes gerät man dort in die Bredouille, weil der Vertrieb, dem die Quartalsziele im Nacken sitzen, unhaltbare Versprechen macht. Ingenieure, die sich für was Besseres halten, hören den Kundendienstlern nicht einmal zu, wenn die mit den Hilferufen der Kunden zurück in die Firma kommen. Und jeder zuckt mit den Schultern, wenn Beschwerden auf das Callcenter herunterprasseln. Den Letzten beißen eben die Hunde. Mal miteinander reden, damit aus Unverständnis Annäherung wird? Fehlanzeige. Wenn, dann sollen sich gefälligst die anderen ändern, aber doch wohl bitte nicht wir. Gegenseitig schiebt man sich den »Schwarzen Peter« zu. Anstatt Ursachen zu erkunden, Lösungen zu finden und somit in die Zukunft zu blicken, wird nach Schuldigen in der Vergangenheit gefahndet. »Die Jagd nach dem Sündenbock ist die einfachste«, hat *Dwight D. Eisenhower* einmal gesagt. Doch außer böses Blut bringt sie rein gar nichts.

Aus Sicht der Kunden ist all das fatal. Sie betrachten ein Unternehmen ja immer als Ganzheit. Wenn es irgendwo klemmt oder ein Mitarbeiter was verbockt, kann das sofort das Aus bedeuten. Schon ein einziges schlechtes Ereignis kann alle vorherigen guten Erfahrungen zunichtemachen. »Eine einzige falsche Stimme in einem Chor kann alles verderben«, sagt man auch.

Damit die Marketing-Automation-Prozesse reibungslos laufen und die Wasserloch-Strategie® gut funktioniert, brauchen wir eine enge Zusammenarbeit zwischen allen kundennahen Bereichen, besonders zwischen Marketing und Vertrieb. Das ist die Basis, um die man sich kümmern muss, bevor es überhaupt losgeht.

Ja, die Zusammenarbeit ist nicht immer ganz einfach. Zu unterschiedlich sind die Charaktere. Einer Studie zufolge, die im *Harvard Business Manager* ausführlich erörtert wurde,[15] erzielen Vertriebler mit folgenden Eigenschaften einen um fast 12 % höheren Umsatz:

- geringe Gewissenhaftigkeit
- überdurchschnittliche Risikoneigung
- unterdurchschnittliche Teamorientierung
- hohe emotionale Belastbarkeit

Das sind Eigenschaften, die für Marketingaufgaben nicht unbedingt hilfreich sind. Zudem haben die beiden Bereiche sehr unterschiedliche Betrachtungsweisen und Ziele. Der Vertrieb ist auf den nächsten Abschluss fokussiert. Er muss und will schließlich seine Vorgaben und Ziele erreichen. Das Marketing hingegen hat einen umfassenderen und zugleich langfristiger ausgelegten Blickwinkel auf die Märkte und Kunden. Kein Wunder also, dass die Menschen, die sich für den jeweiligen Bereich entschieden haben, sehr unterschiedlich gestrickt sind.

Doch keine Frage: Damit das weitere Vorgehen störungsfrei läuft, müssen speziell die Mitarbeiter aus Sales und Marketing an einem Strang und in die gleiche Richtung ziehen. Grundsätzlich gelingt die Zusammenarbeit in Gruppen immer dann besonders gut, wenn drei Aspekte gegeben sind:

- gemeinsame Probleme, für deren Lösung man die anderen braucht,
- physische Nähe, damit Wohlwollen und Vertrauen entstehen können,
- eine erstrebenswerte Zukunft, die Vision von einem gemeinsamen Ziel.

Teamgeist entsteht also dann, wenn es gelingt, ein Team »als eine sachlich notwendige und emotionale gewollte Solidargemeinschaft mit Blick auf eine gemeinsame Zukunft zu gestalten«, schreibt der Managementautor *Reinhard Sprenger* in einer *Wirtschaftswoche*-Kolumne.[16]

15 Wie ticken Vertriebler?, Harvard Business Manager 9/2014.

16 Echter Teamgeist ist möglich, wenn …, Reinhard Sprenger, Wirtschaftswoche 7, 10.02.2017.

Kommen Gratifikationen ins Spiel, sind Team-Incentives vonnöten. Das klingt nur logisch. Doch in den meisten Unternehmen ist es genau umgekehrt. Jeder Mitarbeiter bekommt seine eigenen Ziele, meist sind das feste Jahresziele, die bei Erreichen Boni einbringen. Solche Ziele sind selten mit den Zielen der Kollegen abgestimmt, oft konkurrieren die Bereiche sogar miteinander. Herausragende gemeinsame Ergebnisse sind unter solchen Umständen einfach nicht möglich.

4.8 Es geht los: Die Umsetzungsplanung beginnt

Umsetzungsplanung heißt: Die initiale Planungsgruppe, die für die Strategie zuständig ist, übergibt an die abteilungsübergreifend zusammengesetzten operativen Umsetzungsteams. Zu Beginn des Umsetzungsprozesses ist es fundamental, dass alle Beteiligten das gleiche »große Bild« vor Augen haben und auch verstehen. Dazu gehören die Ziele, die das Unternehmen mit Marketing-Automation verfolgt sowie die Herausforderungen und Risiken, die das Projekt mit sich bringt. Auch die verwendeten Fachbegriffe müssen allen klar sein. Schließlich geht es darum, wie die Umsetzung im Groben ablaufen soll, also um die Organisation der Vorgehensweise:

- Wie setzt sich das jeweilige Projektteam zusammen?
- Mit welcher Methodik arbeitet das Projektteam?
- Was sind die einzelnen Projektetappen?
- Welche Zeitfenster hat das Projekt?
- Wie und an welche Stellen wird reported?

Als Arbeitsmethoden haben sich zum Beispiel Kanban und Scrum, beide aus dem agilen Projektmanagement, gut bewährt. Denn ein Marketing-Automation-Projekt ist sehr dynamisch. Die Teilergebnisse aus einzelnen Projektschritten müssen laufend getestet, angepasst und iterativ weiterentwickelt werden, um sich perfekten Lösungen anzunähern. Mit der Starre klassischer Projektmanagementmodelle kommt man da nicht sehr weit.

Damit die Zusammenarbeit zwischen den Mitarbeitern aus Sales und Marketing dauerhaft gut gelingt, braucht es einen guten Start. Am ehesten stellen sich positive Effekte ein, wenn es um die Besprechung des Bestandskundenmanagements geht. Hier kann der Vertrieb glänzen. Antworten auf folgende Fragen werden gebraucht:

- Was sind typische Kunden bei euch? Und im B2B: Aus welchen Personen/Funktionen setzt sich ein typisches Buying-Team zusammen?
- Wie läuft bei jedem von denen ein typischer Kaufentscheidungsprozess ab? Wie lange dauert es bis zum jeweiligen Abschluss?
- Wie viele Leads, Telefonate und Besuchstermine braucht ihr im Schnitt bei jeder dieser Kundengattungen bis zum Abschluss?

- Wie betreut ihr diese Kunden dann weiter? Welche Betreuungsunterschiede gibt es je nach Kundenkategorie?
- Wie kommt ihr an Folgeumsätze? Wie macht Ihr Up- und Cross-Selling? Wie viel Umsatz pro Kunde kommt dabei im Durchschnitt heraus?
- Wie sieht die aktuelle Kundenstruktur aus? Und wie groß ist euer Datenbestand: Kunden, Interessentenadressen, verlorene Kunden?

Nach dieser Bestandsaufnahme ist Zeit zum Wünschen. Das Marketing fordert nichts ein, sondern fragt zunächst, was der Vertrieb von ihm braucht. »Was braucht ihr von uns?«, lautet also die Frage an die Verkäufer. Und dann geht es in die Details:

- Was wäre für euch ein ideal vorbereitetes Lead?
- Welche Infos braucht ihr idealerweise über diese Person?
- Wie viele Leads könnt ihr zusätzlich pro Monat bearbeiten?
- Wie sollen wir euch die Leads zuspielen?
- Wie werden sie auf jeden einzelnen Verkäufer verteilt?
- Wann würden Bestandskunden mehr vom Gekauften bestellen?
- Welche Produkte würden das Gekaufte/Gebuchte ergänzen?
- Welche Dienstleistung würde das Gekaufte/Gebuchte ergänzen?

Auf Basis der Antworten auf all diese Fragen können gemeinsam Buyer-Personas konstruiert und für diese dann jeweils passende Content-Stücke konzipiert werden. Je besser der Vertrieb dem Marketing hilft, das entsprechende Wissen zu adaptieren, desto bessere Leads wird er in Zukunft erhalten. Zum Beispiel benötigt ein Einkaufsleiter andere Informationen als ein Produktionsleiter. Jemand, der ein Ausschreibungsformular herunterlädt, ist in einer anderen Phase der Entscheidungsfindung als derjenige, der zunächst nur ein Whitepaper will. Wettbewerber, die Unterlagen anfordern, müssen im Leadprozess aussortiert werden, bevor sie an den Vertrieb gelangen. Daten und Vorinformationen, die der Vertrieb für seine Arbeit braucht, können im Rahmen des Lead-Nurturings abgefragt und optimal angereichert werden.

Dazu ist nun das Marketing mit Wünschen dran. »Was wir von euch brauchen, damit wir eure Wünsche erfüllen können«, heißt es dazu. So werden einträchtig und zielorientiert alle notwendigen Maßnahmen besprochen und in einem gemeinsamen Plan festgelegt:

- die Stufen im Kaufprozess und die Definition der Leadstufen
- der Interessentenentwicklungsprozess, also das Lead-Nurturing
- die Interessenten-Qualifizierung und das Lead-Scoring Modell
- die Parameter für die Übergabe vom Marketing an den Vertrieb
- das Material, das der Vertrieb vom Marketing benötigt
- die Rückmeldung vom Vertrieb an das Marketing
- das Zusammenspiel von Marketing-Automation und CRM-System
- die Kennzahlen für die Messung der Ergebnisse und Erfolge

Diese Punkte werden in einem sogenannten »Service Level Agreement« (SLA) dokumentiert, das gemeinsame Prozesse und Zuständigkeiten definiert. Sehr hilfreich ist es darüber hinaus, das Zusammenspiel von Marketing und Vertrieb in den einzelnen Phasen zu visualisieren. Schließlich sollten gemeinsame Zielzahlen festgelegt werden. Vertriebsorganisationen sind zahlengetrieben und insofern daran gewöhnt, sich an Zahlen und Zielerreichungen messen zu lassen.

Bevor es an die operative Umsetzung geht, müssen sich Sales und Marketing zudem mit den dazugehörigen Rechtsfragen befassen. Eine grundsätzliche Frage ist dabei: Dürfen Sie einen Bestandskunden in jedem Fall anrufen und ihm E-Mails senden? Na klar, sagen Sie vielleicht. Ist ja schließlich mein Kunde und kein Fremder für uns. Ganz so einfach ist die Situation aber nicht. Die umfangreichen rechtlichen Aspekte im Kontext von Marketing-Automation und Leadmanagement erläutert *Sabine Heukrodt-Bauer* von der Anwaltskanzlei *RESMEDIA – Anwälte für IT-IP-Medien* in Kapitel 12.

5 Personas, Touchpoints, Buyer-Journeys

»Wir brauchen mehr Umsatz!«, tönt es aus der Geschäftsleitung, ergänzt um die Aufforderung an den Vertrieb: »Ihr müsst mehr Aufträge reinholen, ruft alle Bestandskunden an! Neukunden brauchen wir auch!« Der Vertrieb gibt den Druck an das Marketing weiter: »Ihr müsst uns mehr Leads liefern!« Okay, allerdings: Haben Sie im Kontext dieser Forderung schon mal eine detaillierte, klar formulierte schriftliche Beschreibung der gewünschten Interessenten gesehen? Allenfalls bekommt man zur Antwort: »Qualifiziert müssen sie sein!«

Ähnliches passiert beim Start von Beratungsprojekten: »Herr Schuster, können Sie uns helfen, mehr qualifizierte Leads zu generieren?« Die Gegenfrage »Könnte ich, aber welche hätten Sie denn gerne?« löst dann meist Verwirrung und fragende Gesichter aus. Ja, man sollte die Leads, die man haben will, genau beschreiben, am besten schriftlich, mit Marketing, Sales und Service gemeinsam. Die Frage lautet: Wenn wir »beamen« könnten, welcher »Wunschinteressententyp« sollte sogleich erscheinen? Beamen können wir nicht, aber wir können Ihnen das Konzept der Buyer-Personas[17] vermitteln.

Buyer-Persona-Profil !

Ein Buyer-Persona-Profil beschreibt einen idealen Interessenten, einen fiktiven Kundenstellvertreter, einen prototypischen Käufer Ihrer Produkte oder Dienstleistungen. Es beschreibt aber nicht nur die Fakten so, wie sie in jedem CRM-Programm zu finden sind. Es enthält auch die charakteristischen Eigenschaften, Erwartungshaltungen und Vorgehensweisen solcher Personen. Dieses Wissen ist für eine zielführende Ansprache überaus wichtig.
Details zur Buyer-Persona-Profilierung hören Sie in der Folge »Der Wunschkunde oder die Buyer Personas« im Marketing MasterMinds-Podcast.

Quelle: https://www.online-erfolgreicher.de/marketing-masterminds-s02e19-buyer-persona/

17 Die korrekte Mehrzahl von *Persona* ist übrigens *Personae*. Wir finden diese lateinische Endung aber etwas »überkandidelt« und verwenden deshalb in der Praxis lieber die grammatisch nicht ganz korrekte, aber geläufige Pluralform *Personas*.

5.1 Buyer-Personas: Das neue Zielpersonenkonzept

Weshalb Personas so überaus nützlich sind? Ohne Empathie mangelt es uns an Kreativität. So helfen Buyer-Personas zum Beispiel den Mitarbeitern, die immer nur indirekt mit Kunden zu tun haben, den Menschen hinter dem Aktenzeichen zu sehen. Wer bisher nur als Bestellnummer existiert, wird plötzlich zu jemandem, in den man sich gut hineindenken und für den man Sympathie entwickeln kann. Und dort, wo fast nur noch mit Algorithmen gearbeitet wird, werden Datensätze auf einmal lebendig.

Durch die prototypische Visualisierung entgeht man zudem der Gefahr, von sich selbst und seinen eigenen Vorlieben auszugehen: »Also, mir persönlich gefällt der Look dieser Landingpage gar nicht«, meint der Marketingleiter. »Und so ein langes E-Book würde ich niemals lesen. Wer interessiert sich schon für solche peniblen Details?« Oder so: »Mir würde Mailing A besser gefallen«, sagt der Chef. Und weil das Wort des Chefs Evangelium ist, wird wider besseren Wissens Mailing A an die Kunden verschickt. So bitte nicht! Wer Entscheidungen auf Basis der eigenen Vorlieben trifft, liegt schnell daneben. Man verheddert sich in Aktionen, die für die Kunden unnütz, umständlich oder unvorteilhaft sind. Oder man denkt nur an die Kosten, nicht aber daran, was eine Sache aus Kundensicht bringt.

Wir müssen also den Blickwinkel Dritter einnehmen können. Wenn Sie zum Beispiel ein Mailing texten: Stellen Sie sich die Person leibhaftig vor, der Sie schreiben wollen! Und wenn Ihnen diese nicht persönlich bekannt ist? Dann geben Sie dem Empfänger einen Namen und ein Gesicht. Vielleicht kennen Sie ja jemanden, der so aussieht, sich so verhält, der solche Ansichten, Einstellungen und Wünsche hat. Ihre Nachbarin? Ihr früherer Chef? Onkel Otto oder Tante Janni? Passt Onkel Otto, dann beginnen Sie, *ihm* diesen Brief zu schreiben. Sie sehen ihn förmlich vor sich, wie er seine Brille aufsetzt, den Umschlag öffnet, sich in den Inhalt vertieft, zu schmunzeln und unmerklich mit dem Kopf zu nicken beginnt: Weil Ihr Angebot für *ihn* attraktiv ist, und weil er sich persönlich angesprochen und ganz und gar verstanden fühlt.

Der »Steckbrief« einer prototypischen Business-Persona umfasst im Wesentlichen folgende Elemente:

- **Name und Foto:** Wie sieht ein typischer Vertreter aus der betrachteten Berufsgruppe aus? Wie heißt er oder sie? Wie lautet die Berufsbezeichnung? In welcher Branche arbeitet er/sie und wie groß ist das Unternehmen? Welche Position bekleidet er/sie dort?
- **Hintergrundinformationen:** Hier geht es um Alter, Geschlecht, Wohnort und Arbeitsstelle, den beruflichen Werdegang, die familiären Verhältnisse, die Einkommenssituation, Hobbys und andere Interessen.

- **Statements:** Zitieren Sie wörtliche Aussagen, die für diesen Kundentyp typisch sein könnten. Oder listen Sie Schlagworte auf, die seine Werte, Standpunkte, Ansichten und Einstellungen widerspiegeln.
- **Stellung im Unternehmen:** Welche Projekt- oder Führungsverantwortung hat diese Persona? Wo ist sie im Organigramm verortet? Welche beruflichen Ziele verfolgt sie? Was treibt sie an? Was brächte ihre Karriere ins Straucheln? Welchen tatsächlichen Einfluss hat diese Persona im Unternehmen?
- **Erwartungen/Ziele:** Welche Anforderungen hat diese Persona an einen Geschäftspartner? Was möchte sie mit dem Kauf eines Produktes bzw. mit der Entscheidung für einen Anbieter erreichen? Welche Probleme will sie lösen? Welchen Nutzen will sie erzielen? Welche Gefühle könnten im Spiel sein? Welche Ängste könnte die Persona haben? Und was könnte sie ganz besonders überzeugen?
- **Kaufprozess:** Wie entscheidet diese Persona? Welche Customer Journey geht sie? In welchen Medien informiert sie sich? Welche Kaufimpulse braucht sie? Wer hat auf sie Einfluss? Welchen Stellenwert haben Offline, Online und Mobile? Was sind für sie die wichtigsten Touchpoints? Welche Fakten und Argumente werden benötigt?
- **Ideale Lösung:** Wie sähe eine ideale Produkt- oder Servicelösung aus dem Blickwinkel einer solchen Persona aus? Von welchen Interessen wird sie geleitet? Und im Rahmen welchen Emotions- und Motivsystems trifft diese Persona ihre Entscheidungen?

Wird zum Beispiel für die einzelnen Akteure im Buying-Team ein Persona-Steckbrief erstellt, kann sich jeder, der auf der Anbieterseite für diesen Kunden tätig ist, ein klares Bild von ihm machen. Denn nun tritt der Mensch hinter seiner Funktion und den üblichen Datenbankinformationen hervor. Nun spüren wir förmlich den Menschen hinter dem Datensatz. Der Druck, den beispielsweise der IT-Leiter bei der Integration eines schon wieder neuen Softwaretools hat, den können wir jetzt nachvollziehen. Solche Hemmnisse werden dann im Leadgenerierungsprozess und natürlich auch im sich anschließenden Verkaufsgespräch gezielt aus dem Weg geräumt.

5.2 Wie man Buyer-Personas entwickelt

Ein Workshop, bei dem man sich wie die Profiler bei der Kripo mit detektivischem Gespür an das Kreieren von Personas macht, bringt über den Nutzen hinaus auch richtig viel Spaß. Mitmachen sollten vor allem diejenigen Mitarbeiter, die tagtäglich in Kontakt mit den jeweiligen Kunden sind, besonders aus dem Vertrieb, dem Callcenter, dem Beschwerdemanagement und dem Kundendienst. Zudem lassen sich gesunder

Menschenverstand und Spuren in sozialen Netzwerken nutzen, um eine treffsichere Persona zu kreieren. Schließlich können Studien helfen, das Typische einer Personengruppe herauszuarbeiten.

Aus unserer Erfahrung hilft so ein moderierter Buyer-Persona-Workshop auch dabei, die Zusammenarbeit von Sales und Marketing zu unterstützen. Haben nämlich die Kollegen aus Marketing, Vertrieb und Service Buyer-Personas gemeinsam in Arbeitsgruppen entwickelt, entsteht nicht nur Verständnis für die jeweiligen Bereiche. Es entsteht auch eine Dynamik und Motivation, gemeinsam die weiteren Schritte des Leadmanagements und der Marketing-Automation-Prozesse zu definieren und zu implementieren. Nach der detaillierten Buyer-Persona-Profilierung im Workshop gilt es, sich die entsprechenden Ableitungen vorzunehmen. Ein tolles Persona-Profil ist schön und gut, entscheidend ist aber, was man dann daraus macht.

Um wie viele Personas es insgesamt geht? Beginnen Sie mit drei oder vier, damit Sie sich nicht gleich zum Start schon verzetteln. Oder Sie nehmen zunächst nur den Kundentypus, von dem Sie gerne als Nächstes mehr Leads generieren möchten. Haben Sie mit Buying-Centern zu tun, dann macht es Sinn, die typischen dort integrierten Entscheider zu profilieren. Wenn Sie nicht gerade eine Lösung für Einkäufer anbieten, sollten Sie jedoch nicht mit dem Einkäufer beginnen. Profilieren Sie als erste Buyer-Persona den Menschen, der beginnt, nach einer Lösung zu suchen. Das wird im B2B-Bereich meist ein Vertreter aus dem Fachbereich sein. Danach können Sie die weiteren Mitglieder des Buying-Centers entwickeln.

!

Die Bedeutung der Buying-Center-Analyse im Lead- und Bestandskunden-Management-Prozess – ein Gastbeitrag von David Ender

In komplexeren B2B-Vertriebssituationen ist es üblich, dass nicht nur eine Person entscheidet. Marketing und Vertrieb müssen die Herausforderung multipersonaler Beschaffungsentscheidungen meistern. Von Anfang an hilft die Buying-Center-Analyse, die beteiligten Personen im Unternehmen zu identifizieren. Die fortlaufend gezielt richtige Ansprache und Versorgung mit den richtigen Informationen zur richtigen Zeit ist dabei ebenso ein Schlüsselfaktor wie die schnelle Identifizierung von Defiziten. Den identifizierten Personen des Buying-Centers können so im Nurturing-Prozess die passenden Informationen angeboten werden, um die Entscheidung positiv zu beeinflussen und zu beschleunigen. Auf diese Weise greifen das Marketing und der Vertrieb im Lead- und Bestandskundenmanagement optimal ineinander. Mögliche Gefahren für den Erfolg werden deutlich früher identifiziert und das Beziehungsmanagement wird gezielter eingesetzt.

Mein Tipp: Definieren Sie im Rahmen der Buyer-Persona-Profilierung das Buying-Center Ihrer Wunschkunden und bilden Sie die Zusammensetzung auch in Ihren Nurturing-Prozessen ab. Auf den Erkenntnissen, die Sie sammeln, kann Ihr Vertrieb aufsetzen und bessere Erfolge erzielen. Wie Studien und meine Praxiserfahrung belegen, erzeugt eine gezielte Ana-

lyse und Betreuung des Buying-Centers einen unglaublichen Wettbewerbsvorteil. Die Ergebnisse sind höhere Abschlusswahrscheinlichkeiten, mehr Umsatz und mehr Ertrag.
David Ender, Experte für Buying-Center-Analyse, Geschäftsführer Right Point

Ferner raten wir dazu, mit passenden Vertretern aus den betrachteten Kundengruppen zu sprechen, um das Charakteristische an ihren Einstellungen, Bedürfnissen, Anforderungen und Vorgehensweisen herauszuarbeiten. So lassen sich die vorentwickelten Profile der »idealen Interessenten« mit dem wahren Leben abgleichen. Dazu gibt es mehrere Möglichkeiten:

- Laden Sie diejenigen Kunden, zu denen ein zu erarbeitendes Profil passt, zu einer Persona-Workshop-Session ein.
- Führen Sie telefonische Interviews mit solchen Kunden, die den Profilen entsprechen.
- Nutzen Sie Ihren Kundentag, um Interviews und Gespräche mit Vertretern Ihrer Persona-Gruppe zu führen.
- Bilden Sie eine Kunden-Know-how-Gruppe, um regelmäßig von Meinungen und Anregungen Ihrer Kunden zu profitieren.
- Nutzen Sie Messen, Roadshows, Events und Kongresse, um Ihre Persona-Profile zu verifizieren.
- Bitten Sie alle Kollegen, die Kontakte zu Kunden haben, mit offenen Ohren zuzuhören, um Ihre bestehenden Profile zu ergänzen.

Um Buyer-Personas konkret zu entwickeln, eignet sich zum Beispiel das World-Café-Konzept. Dazu benötigen Sie pro Frage an die Persona, die Sie erarbeiten wollen, einen Tisch. Auf dem Tisch breiten Sie eine beschreibbare Tischdecke oder ein Flipchart-Papier aus und legen Marker und Stifte bereit. Erläutern Sie den Teilnehmern die Aufgabe. Verteilen Sie die Teilnehmer auf die Tische. Pro Tisch teilen Sie einen Gastgeber ein. Erlaubt ist alles, was konstruktiv zum Thema beiträgt, also Texte, Bilder usw. Nach 20 Minuten beenden Sie die erste Runde und bitten die Gruppen, jeweils einen Tisch weiterzuziehen, um sich der nächsten Frage an die Persona zu widmen. Nur die Gastgeber bleiben an ihren Tischen, begrüßen die Ankommenden, resümieren das bisher Gesammelte und starten einen erneuten Diskurs.

Ein Buyer-Persona-Profil ist immer nur eine Momentaufnahme zum Zeitpunkt der Erstellung. Wie ein echter Mensch, der sich weiterentwickelt, verändert sich auch die Persona. Die Aktualisierung Ihrer Persona-Profile ist also ein laufender Prozess. Doch zunächst stehen Sie vor einer ganz anderen Frage: Wie suchen Sie Ihre Buyer-Persona eigentlich aus? Prüfen Sie dazu:

- Welche Art von Kunden würde am wahrscheinlichsten, am schnellsten oder am reibungslosesten bei uns kaufen?
- Welcher Kundentypus war bisher von unseren Angeboten am meisten begeistert?

- Wer hat uns schon öfter aktiv weiterempfohlen?
- Bei welchem Kundentypus haben wir die höchsten Deckungsbeiträge?
- Welche Kunden haben eine Leuchtturmwirkung für unsere Firma?
- Welchem Kundentypus bieten wir den größten Nutzen?
- Bei welchem Kundentypus haben wir das größte Up- und Cross-Selling-Potenzial?
- Welche Persona startet den Kaufprozess?
- Welche Persona hat den (größten) Schmerz? Der Einkauf im B2B-Sektor hat in der Regel keinen Schmerz. Er wickelt den Kauf meist ohne Emotionen ab.

Ein sehr detailliertes Persona-Profil kann schon mal sechs bis acht DIN-A4-Seiten umfassen. Für die Arbeit im betrieblichen Alltag sollte eine Persona steckbriefartig visualisiert werden. Man kann etwa Poster daraus machen und diese an die Wand heften, damit man »seine« Personas immer vor Augen hat. Man kann sie auch etwas verkleinern und auf Pappfiguren pinnen, um so die Anmutung zu erzeugen, mit leibhaftigen Menschen zu kommunizieren.

Weiterführende Informationen zu Buyer-Persona-Profilen und ihrem Einsatz im Marketing-Automation-Prozess oder Social Selling lesen Sie in dem Buch *Digitalisierung in Marketing und Vertrieb* von *Norbert Schuster* (Haufe 2022).

Quelle: https://www.strike2.de/angebote/buecher-hoerbuecher/digitalisierung-im-marketing-und-vertrieb/

5.3 Weshalb Buyer-Personas so nützlich sind

Personas sorgen dafür, dass alle das gleiche Bild von einer Zielperson vor Augen haben, wenn sie zum Beispiel Content- oder Nurturing-Konzepte erstellen. Für Mitarbeiter, die nie einen leibhaftigen Kunden zu Gesicht bekommen, kann das überaus hilfreich sein. »Das ist der Kunde, für den wir arbeiten«, könnte ihm ein Persona-Poster sagen, »der Kunde, den wir so lange wie möglich als Kunden behalten wollen, dessen Leben wir glücklicher gestalten und/oder den wir unternehmerisch erfolgreicher machen wollen, so dass er der ganzen Welt davon erzählt.«

Peter Produktionsleiter

Position: Produktionsleiter
Berufserfahrung: 25 Jahre
In Position: +5 Jahre
Alter: 45 Jahre
Branche: Pharma

Schmerzpunkte
- Die Abfall- bzw. Entsorgungskosten sollen reduziert werden.
- Neue gesetzliche Auflagen müssen erfüllt werden.
- Der Kostendruck zwingt zum Handeln.
- Fehlendes Know-How im Unternehmen
- Starker, internationaler Wettbewerb

Folge-Schmerzen
- die Qualität des Endproduktes leidet.
- Weiterverarbeitung deutlich erschwert oder unmöglich.
- das Produkt nicht wettbewerbsfähig ist.

Unbewusste Schmerzen
- weiß nicht, dass es eine Technologie gibt, mit der er die Ausbeute seiner Anlage drastisch verbessern kann.

Zielzustände
- Unerwünschte Umweltgifte abtrennen.
- Die Qualität seines Endproduktes verbessern.
- Die Ausbeute optimieren.

Entscheidungskriterien
- Funktion der Anlage
- Wirkungsgrad
- Anwendungs-/Wartungsfreundlichkeit
- Qualität der Komponenten
- Service-Angebot

Hinderungsgründe
- Kennt Methode nicht
- Vertraut Methode nicht
- Fehlendes Know-How
- Weiß nicht, was auf ihn und das Unternehmen zukommt

Rolle im Kaufprozess
- Entscheider / Entscheidungsvorbereiter
- Supporter
- Treiber

Verhaltenspräferenzen
Rot:
Gelb:
Grün
Blau

Erwartungen
- Schnell und einfach starten
- Quick wins
- Zukunftssichere, aber pragmatische Lösungen
- Kunden- und Service Orientierung
- Kompetenz

Nutzen
- Sicherheit durch langjährige Erfahrung und Kompetenz
- Detailliertes Branchenwissen um Pharmaumfeld
- Erfolg durch zielführende Strategie und Konzeption
- Effizienzgewinn durch einfache Prozesse
- Wettbewerbsvorteil durch innovatives Vorgehen
- Sicherheit und Skalierbarkeit durch „Blue print" und Vorlagen
- Kosten sparen: schnelle Implementierung
- Risikominimierung
- Einfache Wartung

Buying Center
- Geschäftsleitung
- Einkauf
- Betriebseiter
- Qualitätsmanagement

Abb. 10: Buyer-Persona-Kurzprofil von *Peter Produktionsleiter* (Quelle: Digitalisierung in Marketing und Vertrieb, Norbert Schuster, Haufe 2022)

Beginnen Sie deshalb zunächst mit Namen und Bild einer Persona. Pseudonyme wie *Ingo IT*, *Susanne Service* oder *Monika Marketing* sind dabei sehr geläufig. Danach geht es auf die Suche nach typischen Verhaltensweisen und Eigenschaften, die sich auf die ganze Persona-Gruppe übertragen lassen. Zum Beispiel: *Ingo IT* spielt Fußball. Ist das eher typisch für IT-Leiter oder die individuelle Vorliebe einer einzelnen Person? Wenn dieser Sport typisch für die Persona ist, können Sie darauf aufbauen und die Überschriften von Blog-Artikeln oder Fachbeiträgen darauf abstimmen. Zum Beispiel:

- »10 Eigentore, die Sie bei Ihrer Cloud-Strategie vermeiden sollten«
- »Zeigen Sie Produktionsausfällen die rote Karte mit der XY-Methode«
- »Wie Franz Beckenbauer die Leistung Ihres Teams gesteigert hätte«

Ist man mit seinen Personas gut vertraut, kann man im Alltag jederzeit schnell entscheiden, ob eine Maßnahme passt oder nicht. Gemeinsam kann man sich fragen, was die jeweilige Persona wohl von einer Sache hält: Wäre diese Checkliste für *Ingo IT* nützlich? Kann *Susanne Service* diese Informationen überhaupt brauchen? Was genau müsste im E-Book stehen, damit *Peter Produktion* es tatsächlich anfordern will?

Und da ist auch noch *Gerhard Geschäftsführer*, der heimliche Entscheider, der gar nicht im Buying-Team sitzt. Der Verkauf bekommt ihn nie zu Gesicht. An seinem Vorzimmer kommt niemand vorbei. Aber alles wird ihm vorgelegt. Die graue Eminenz. Er segnet ab. Oder auch nicht. Was für einer das überhaupt ist? Ein Xing-Profil hat er nicht und in den Medien taucht er nicht auf. Ein Persona-Profil kann hier helfen, sich eine klare Vorstellung von ihm zu machen. Ein hochwertiger Anwenderbericht mit Wirtschaftlichkeitsdaten, der könnte ihn überzeugen. Wenn er sich diesen Bericht jetzt herunterlädt, haben wir direkten Zugang. Und damit der Text voll ins Schwarze trifft, braucht man nur noch zu überlegen, ob *Gerhard* nun eher ein Roter, ein Blauer oder ein Gelber ist. Was damit gemeint ist, erfahren Sie auf den folgenden Seiten.

5.4 Die Psychologie einer Buyer-Persona

Nachdem alle demografischen Daten einer Persona feststehen, überlegen Sie, wie diese »tickt« und welchem emotionalen Strickmuster sie folgt. Je nach Umfeld und Typus lässt sich hierzu beispielsweise *INSIGHTS MDI®* nutzen, um die Motive und das Verhalten einer Persona zu charakterisieren. Dies ist ein Verhaltenstypologie-Instrument, das Unternehmen und Individuen hilft, Präferenzen, Motivatoren und emotionale Intelligenz bei sich selbst und anderen Menschen zu erkennen.

INSIGHTS MDI® ist schnell und intuitiv verständlich, da es die Farbassoziationslehre nutzt, und die Farben Rot, Gelb, Grün und Blau mit den Verhaltensdimensionen von *Carl Gustav Jung* kombiniert. Jede der vier Farben steht für ein Verhaltensmuster im Umgang mit Herausforderungen, Problemen, Strukturen, Kollegen und Kunden. Dabei gibt es keine guten oder schlechten Typen. Jeder Typ hat seine Schwächen und Stärken.

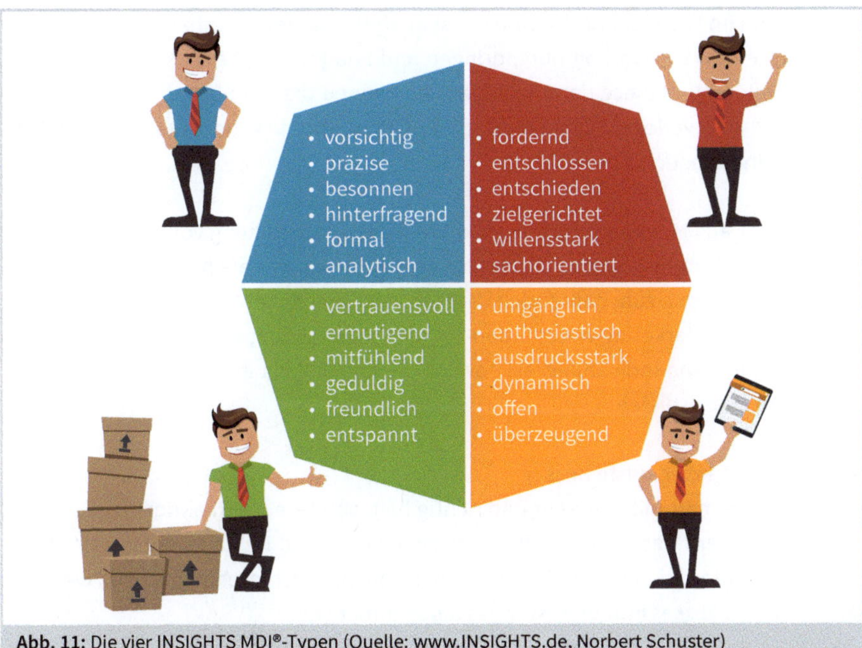

Abb. 11: Die vier INSIGHTS MDI®-Typen (Quelle: www.INSIGHTS.de, Norbert Schuster)

- **Der rote Typ (Macher):** Rote Typen sind dominant, handelnd und entscheidungsfreudig. Sie neigen zur Individualität. Oft sind sie Unternehmer oder Manager. Wichtig ist ihnen Status, Anerkennung und Macht. Sie sagen offen ihre Meinung. Manchen kommen sie autoritär und eigennützig vor. Sie lieben es, die Kontrolle über alle Abläufe zu haben. Ziele, Konkurrenz und Wettkampf motivieren sie, Höchstleistungen zu bringen, und das erwarten sie auch von ihrem Umfeld. Probleme lösen sie mit Logik und Tatkraft.
- **Der gelbe Typ (Inspirator):** Gelbe Typen sind inspirierend, kontaktfreudig, offen und enthusiastisch. Spaß und Visionen sind ihnen sehr wichtig. Sie können gut mit Menschen umgehen sowie Netzwerke aufbauen und pflegen. Andere für ihre Themen zu gewinnen und zu begeistern, zählt zu ihren ganz großen Gaben. Ihr Antrieb ist die Neugier und das Entdecken. Sie sind eloquent und optimistisch, Sie sehen immer das Gute und die Chancen in Situationen und Menschen.
- **Der grüne Typ (Unterstützer):** Grüne Typen sind umgängliche, liebenswerte und zuverlässige Menschen. Harmonie und Teamgeist sind ihnen ganz wichtig. Sie haben einen ausgeprägten Gerechtigkeitssinn. Das Menschliche steht bei ihnen im Mittelpunkt. Sie sind rücksichtsvoll, geduldig und meist kompromissbereit. Der Aufbau und die Pflege langfristiger Beziehungen sind ihre große Stärke. Sie sind

immer da, wenn man sie braucht. Sicherheit und Vorhersehbarkeit haben einen hohen Wert für grüne Typen.

- **Der blaue Typ (Beobachter/Experte):** Zahlen, Daten, Fakten stehen für die blauen Typen im Mittelpunkt. Sie sind meist analytische, gewissenhafte Menschen. Sie wollen einen Sachverhalt durchdringen und analysieren, bevor sie sich eine Meinung bilden und diese dann kundtun. Sie kennen die Details und sind selten um eine Antwort verlegen. Ohne Strategie und Plan sind sie kaum unterwegs, egal, ob im Business oder im Urlaub.

Erkenntnisse aus Modellen wie diesen können bei der Erstellung von Buyer-Persona-Profilen, der Content-Konzeption, dem Lead-Nurturing und auch bei der Zuordnung einer Buyer-Persona zum passenden Vertriebsmitarbeiter sehr hilfreich sein. Darüber hinaus kann ein Marketing-Automation-System Ihnen helfen, die genannten Typen zu erkennen und dann individualisiert sowohl die fachlich als auch persönlich passenden Inhalte auszuspielen.

Je individualisierter, desto besser

Nicht das, was man selbst für gut und richtig hält, sondern die Reaktionen eines Interessenten steuern das Vorgehen im modernen Lead- und Bestandskunden-Management. Je nachdem, worauf der Angesprochene anspringt, bietet man ihm im weiteren Verlauf des Prozesses immer besser passende Inhalte an.

Gibt man die hierbei erlangten Informationen in den Vertrieb, kann der jeweilige Mitarbeiter schon vor dem Erstkontakt eine typgerechte Verkaufstaktik entwerfen. So helfen Personas, sich besser auf das Gespräch und die Menschen, mit denen ein Vertriebsmitarbeiter am Tisch sitzen wird, vorzubereiten. Dazu empfehlen wir vor allem:

- die Ziele jeder Persona herauszuarbeiten,
- die Rolle der Persona im Kaufprozess zu definieren,
- die Rolle der Persona im Entscheidungsprozess zu definieren,
- abschlussrelevante Infos für jede Persona zusammenzustellen,
- eine Argumentationskette für jede Persona aufzubauen,
- eine Einwandbehandlung für jede Persona herauszuarbeiten,
- das Empfehlungsverhalten jeder Persona zu antizipieren,
- die Zusammensetzung des Buying-Centers zu prüfen.

Zum Beispiel ist die Verkaufsargumentation je nach Typ und Person im Buying-Center verschieden. Beim dominanzgetriebenen Performer, dem roten Typen, der auf Vorsprung aus ist, klingen die Argumente zum Beispiel so: »Das verschafft Ihnen einen uneinholbaren Wettbewerbsvorteil.« Oder so: »Ich kann Ihnen dafür ein Exklusivrecht einräumen.« Den zahlengetriebenen Controller, der blaue Typ, für den nur die Wirtschaftlichkeit zählt, überzeugen Sie so: »Das amortisiert sich in genau

3,45 Monaten.« Oder so: »Wir haben das bis ins kleinste Detail für Sie durchgerechnet, sehen Sie hier.«[18]

Dem sicherheitsgetriebenen grünen Typen sagen Sie zum Beispiel dies: »Bei diesem Rundum-sorglos-Paket brauchen Sie sich um nichts mehr zu kümmern.« Oder das: »Dieses Produkt hat sich in der Praxis bestens bewährt. 90 % unserer Kunden nutzen es inzwischen seit vielen Jahren.« Werden die falschen Argumente zugeordnet, verpuffen diese nicht nur wirkungslos, sie können sogar ein Nein provozieren. Wenn Sie etwa einen gelben Typen mit Kleinkram nerven, zieht sich dieser zurück. Für ihn gibt es interessantere Dinge als Excel-Tabellen. Ihm halten Sie am besten den Rücken frei.

5.5 Buyer-Personas können noch mehr

Mithilfe von Buyer-Personas kann das Marketingteam besser verstehen, wo Entscheider im Web nach Informationen suchen. Es kann Kaufentscheidungsprozesse besser begleiten, mit typgerechten Inhalten die richtigen Leute anlocken und so den Vertrieb mit qualifizierten Leads versorgen. Dieser kann sein Vorgehen im Rahmen des Verkaufsgesprächs besser aussteuern und schlüssiger argumentieren, so dass es mit größerer Wahrscheinlichkeit von einem Abschluss gekrönt werden wird.

Buyer-Personas können aber sogar noch mehr. Sie leisten gute Dienste:

- bei der Entwicklung und Optimierung von Produkten und Services,
- bei der Entwicklung und Optimierung neuer Geschäftsmodelle,
- beim Aufbau oder Relaunch von Websites und Microsites,
- bei der Konzeption von Messeaktivitäten,
- bei der Konzeption von Events,
- bei der bedarfsgerechten Weiterentwicklung von Touchpoints,
- bei der generellen Ansprache von Interessenten und Kunden,
- im Rahmen von Verkaufstrainings für Innen- und Außendienst.

Schließlich kann es gelingen, mithilfe von Personas neue Kundengruppen zu entdecken, die man bislang noch gar nicht auf dem Schirm hatte. Zudem kann es gelingen, das Bild bisheriger Zielkundengruppen zu schärfen.

So wurden im Rahmen eines Workshops Einkäufer-Personas definiert. Und siehe da: Der Standardeinkäufer alten Schlags, der seine Lieferanten ausquetscht wie eine Zitrone, wurde von einer Vielzahl an Persönlichkeiten abgelöst. Da gab es die junge Einkäufergeneration, die ihre Vorauswahl nahezu komplett über Webrecherchen trifft.

18 Die Formulierungen sind angelehnt an: Hans-Georg Häusel: Brain View.

Und neben den paar wenigen ausschließlich Bonusfixierten gab es auch diejenigen, die partnerschaftlich und serviceinteressiert agierten. Ab diesem Moment hatte das typische Verkäufermantra, *alle* Einkäufer entschieden *immer nur* über den Billigpreis, seinen Zauber verloren. Man konnte sich von nun an auf solche Kunden konzentrieren, die keinen mörderischen Spurt, sondern einen Business-Marathon laufen wollten. Aus ehemals reinen Preisgesprächen wurden nun Problemlösungs-, Service- und Nutzengespräche. Und der bislang spärliche Online-Content für Informationssuchende wurde erheblich erweitert.

Es ist auch schon vorgekommen, dass man im Rahmen einer Persona-Entwicklung festgestellt hat, dass der typische Entscheider kein Er, sondern eine Sie ist. Kein Wunder also, dass die Auslobung zweier VIP-Eintrittskarten für das nächste Bundesligaspiel im Rahmen einer Bestandskundenaktion nicht den gewünschten Erfolg gebracht hat. Buyer-Personas unterstützen sogar bei der Positionierung von Marke und Unternehmen. Nachdem Sie also Ihre Buyer-Personas profiliert haben, empfehlen wir Ihnen einen Blick auf Ihre Markendefinition. Möglicherweise hat sich durch die Schärfung Ihrer Kundengruppen in Richtung Personas ein Änderungsbedarf ergeben. Stellen Sie also die Frage in den Raum, wie Sie von Ihren Buyer-Personas wahrgenommen werden möchten, und wie sich hierdurch womöglich Ihre Positionierung verändert.

Dazu ein Beispiel: Ein Softwarehaus hat sich immer als technologisch führenden Lösungsanbieter gesehen, sich auch so im Markt verhalten und entsprechend die Produktentwicklung gesteuert. Die Vermarktung war durch Preiskämpfe und ein ständiges Ringen um neue Funktionen mit dem Wettbewerb geprägt. Doch jede neue Funktion hat die Konkurrenz nach kurzer Zeit kopiert, jede Zertifizierung übertrumpft. Die Kunden konnten den neuen Versionen und Funktionen kaum mehr folgen. Zum größten Teil hatten sie auch gar keinen Bedarf dafür.

Durch die Buyer-Persona-Profilierung und die damit verbundene intensive Beschäftigung mit den Kunden hat sich nun ein ganz anderes Bild ergeben. Der Anbieter hat erkannt, dass seine Kunden an ganz anderer Stelle Unterstützung benötigen. Die Implementierung einer Lösung zusammen mit den entsprechenden Prozessen rund um den Einsatz der Software ist viel entscheidender als alle sechs Monate eine neue Funktion. Dies hat das Markenselbstverständnis völlig verändert. Der Anbieter hat einen 180-Grad-Schwenk hingelegt. Früher hieß es: »Wir bieten die beste Technik und sind Vorreiter in unserem Marktsegment.« Nun heißt es: »Wir helfen unseren Kunden, ein erfolgreiches Geschäftsmodell zu betreiben, indem wir die passenden Lösungen aufbauen und im Einklang mit den Kunden optimieren.« Eine hohe Bestandskundenloyalität, viele Neukunden und steigende Umsätze waren dann nur noch die logische Folge dieser Neupositionierung.

Das Konzept, das Sie hier für die Wunschkunden-Profilierung kennengelernt haben, kann man übrigens auch auf Bewerber anwenden. Dann sprechen wir von *Candidate Persona* und *Candidate Journey, Candidate Nurturing und HR-Automation.*

Quelle: https://www.strike2.de/themen/candidate-management/

5.6 Was sind Customer-Touchpoints?

Touchpoints entstehen überall da, wo ein (potenzieller) Kunde mit einem Unternehmen und seinen Mitarbeitern bzw. seinen Produkten, Plattformen, Dienstleistungen und Marken in Berührung kommt. Sie lassen sich auf unterschiedliche Weise gruppieren. Zum Beispiel so:

- **Direkte Touchpoints** sind Kontaktpunkte, an denen die Mitarbeiter unmittelbar mit einem (potenziellen) Kunden interagieren, wie etwa bei einem Verkaufsgespräch, der Hotline oder dem Messestand.
- **Indirekte Touchpoints** sind Interaktionspunkte, bei denen ein Bindeglied zwischengeschaltet ist, wie etwa eine Website, ein Mailing, ein Vertriebspartner, eine Anzeige, eine Rechnung oder ein Paket.

Man kann auch zwischen Online- und Offline-Touchpoints unterscheiden, zwischen denen Interessenten und Kunden im Zickzackkurs unterwegs sind. Immer mehr Touchpoints werden dabei digital.

Neben den externen, den Customer-Touchpoints, gibt es auch interne Touchpoints. Das sind Touchpoints, an denen Bewerber und Mitarbeiter mit der Organisation und deren Führungskräften interagieren. Von Candidate-Touchpoints und Employee-Touchpoints wird dann gesprochen. Aktivitäten, die über das bloß Zufriedenstellende hinausgehen, sind das Fundament, damit all das, was wir in diesem Buch besprechen und am Ende den Kunden widerfährt, sich zum Guten wendet. In *Das Touchpoint-Unternehmen* von *Anne M. Schüller* wird Schritt für Schritt gezeigt, wie das ganz genau funktioniert.[19]

19 Anne M. Schüller: Das Touchpoint-Unternehmen – Mitarbeiterführung in unserer neuen Businesswelt.

Quelle: https://www.anneschueller.de/das-touchpoint-unternehmen.html

Für eine im Marketing sehr geläufige Gruppierung von Touchpoints, oft auch Media genannt, lässt sich das Akronym **EPOMS** verwenden:

- **E**arned-Touchpoints, also solche, die man sich durch gute Arbeit verdient (Bewertungen, Presseberichte, Referenzen usw.),
- **P**aid-Touchpoints, also solche, die ein Unternehmen sich kauft (Anzeigen, Bannerwerbung, Adwords, TV-Spots, Plakate usw.),
- **O**wned-Touchpoints, also solche, die man besitzt (Website, Unternehmensblog, Kundenmagazin, Online-Shop usw.),
- **M**anaged-Touchpoints, also solche, die man an Drittplätzen managed (*Facebook*& Co., Regalplatz im Handel, Messestand usw.),
- **S**hared Touchpoints, also solche, die ein User mit anderen teilt (vom Anbieter selbst oder von den Kunden produzierter Content).

Die wichtigsten Touchpoints für Ihre Wasserloch-Strategie® sind Ihre eigenen Plattformen wie etwa Ihre Unternehmenswebsite, Ihr Firmenblog oder Ihre Social-Media-Präsenzen. Die Platzierung Ihrer Content-Bausteine an diesen Touchpoints sorgt dafür, dass Sie von potenziellen Kunden gefunden werden. Das ist der Inbound-Marketing-Ansatz, auch Pull-Ansatz genannt. Je nach Thema und Umfeld dauert es circa sechs bis neun Monate, bis der platzierte Content und das komplette Leadmanagement seine volle Wirkung erzielen.

Auf bezahlten Plattformen und mithilfe von bezahlten Medienformaten entfalten Ihre Inhalte eine deutlich schnellere Resonanz. Das ist der Outbound-Marketing-Ansatz, auch Push-Ansatz genannt. Zum Outbound-Marketing gehören Anzeigen, Mailings, die Kaltakquise sowie Fernseh- und Radiospots. Neben dem zunehmenden Unwillen der Konsumenten gegenüber aufdringlicher, unterbrechender Werbung und den hohen Kosten haben Sie dabei auch enorme Streuverluste. Bis Ihr Inbound-Marketing seine volle Wirkung zeigt, lassen sich aber mit bezahlten Medien Reichweite und Resultate produzieren.

Earned, Paid, Owned, Managed, Shared

Ein Mix aus Outbound- und Inbound-Maßnahmen ist vielfach sinnvoll. Eine Grundabdeckung und kurzfristig notwendige Ergebnisse lassen sich mit bezahlten Formaten unterstützen. Auch dann, wenn der Content auf Ihren Plattformen bereits seine Wirkung entfaltet, können Sie bezahlte Medien nutzen, um einen temporären Bedarf an Leads zu decken, wie etwa bei Produktneueinführungen und für Messen. Oder auch dann, wenn bis zum Quartalsende noch ganz viel Umsatzziel übrig ist.

Die Paid- und die Owned-Touchpoints lassen sich relativ leicht »kontrollieren«. Bei den Managed-Touchpoints hat die Kontrolle allerdings Grenzen, weil der Betreiber der Plattform die dortigen Regeln diktiert. Unangekündigt kann er sie jederzeit ändern. Dies kann sehr viel Arbeit von heute auf morgen zunichtemachen. Zudem kann eine Plattform plötzlich wieder von der Bildfläche verschwinden. Deshalb gehören Kernaktivitäten und kommunikative Kronjuwelen immer auch auf die eigenen Präsenzen.

Seitdem Anbieterwerbung zunehmend blockiert wird, haben die Earned- und die Shared-Touchpoints enorm an Bedeutung gewonnen. Demzufolge müssen Marketingressourcen vor allem dorthin geleitet werden, wo Mundpropaganda und Weiterempfehlungen intensiviert werden können. Doch dabei tappen Unternehmen sehr oft im Dunkeln. Denn Earned- und Shared-Touchpoints lassen sich nicht »kontrollieren«. Man muss sich das, was dort passiert, durch sehr gute Leistungen verdienen. In den Social Networks, über Blogs und in Foren sorgen die Menschen dann für eine umfangreiche Weiterverbreitung.

Dabei ist auch zu beachten, auf welche Weise die Menschen Inhalte teilen. Denn nicht alles wird öffentlich sichtbar. Vielmehr verlagert sich das Social Sharing immer mehr in Richtung »Dark Social«. Die Inhalte werden also nicht öffentlich via *Twitter & Co.*, sondern direkt über Messenger wie *WhatsApp* geteilt. Oder sie landen auf *Snapchat*, wo sie dann gleich wieder verschwinden. Hinzu kommt die mündliche Weitergabe, das Offline-Empfehlen also, das nach wie vor einen sehr hohen Stellenwert hat.

Insofern ist alles, was sich 360-Grad-Rundumblick auf den Kunden nennt, einfach Unsinn. Um nicht zu sagen: unseriös. 360°-Betrachtungen bergen nämlich eine ernste Gefahr: Sie nähren die Illusion, an alles gedacht, ein komplettes Bild und alles im Griff zu haben. Heutzutage ist nichts gefährlicher als das. Denn täglich kommen neue Kontaktpunkte hinzu. Wie Kunden agieren, ändert sich laufend. Was Datentools im Internet tracken und prediktive Analyseprogramme sagen, ist nur die halbe Wahrheit. Das meiste, was die Menschen denken, reden, kaufen und tun, bleibt den Crawlern verborgen. Smarte Konsumenten ducken sich mithilfe passender Tools ganz gezielt weg. Das Kaufverhalten der Kunden ist bei Weitem nicht so gläsern, wie es oft scheint. Mit einer guten Touchpoint-Analyse und einer durchgängigen Online-Offline-Mobile-Customer-Journey kommen wir der Sache immerhin ein ganzes Stück näher.

5.7 Die wichtigsten Touchpoints für das Lead- und Bestandskunden-Management

Die Zahl der Touchpoints, die für einen Kunden und damit auch im Zuge der Marketing-Automation relevant sein können, ist in den letzten Jahren geradezu explodiert. Erfahrungsgemäß kommen bei einer Anbieter-Analyse inzwischen meist mehrere

Hundert Touchpoints zusammen. So hat die Marktforschungsabteilung von *Porsche* mehr als 300 Touchpoints identifiziert, über die der potenzielle oder tatsächliche Kunde mit Hersteller, Händler und Marke in Berührung kommt.

Entscheidend ist hierbei immer die Frage, auf welche Punkte man sich konzentrieren soll, welche sich neu kombinieren lassen, welche vernachlässigt werden können, welche gestrichen werden müssen und welche womöglich noch fehlen. Zudem ändert sich das, was technisch möglich ist und die Kunden dann auch erwarten, ständig. In vielen guten Fachbüchern und auf einschlägigen Webportalen finden Sie dazu Rat.

An dieser Stelle wollen wir Ihnen ein paar Tipps zu solchen Touchpoints geben, die im Kontext des Lead- und Bestandskunden-Managements von Bedeutung sind.

- **Ihre Firmenwebsite:** Sie ist ein extrem wichtiges Element für die Leadgenerierung. Nahezu all Ihre Inhalte gehören dorthin, um von potenziellen Kunden gefunden zu werden, am besten in Form von Seiteninhalten und Download-Angeboten. Normalerweise wissen Sie nur, dass jemand Ihre Website besucht, wenn er Ihnen das erzählt oder sich in einem Formular zu erkennen gibt. Es gibt aber auch Tools, die Ihnen völlig legal verraten, wer Ihre Website besucht hat. Wenn Sie hierdurch erkennen, dass ein Unternehmen sich auf Ihrer Website nach einem bestimmten Produkt oder Thema umgeschaut hat, können Sie *Xing* oder *LinkedIn* nutzen, um dort nach einer wahrscheinlich passenden Person zu suchen. Im Kontext von Bestandskunden-Management kommt Ihrer Webseite eine noch größere Bedeutung zu. Der identifizierte Besuch eines Bestandskunden auf Ihrer Firmenwebseite ist ein Indikator für einen möglichen Wiederkauf, Cross- oder Up-Selling.
- **Ihr Unternehmensblog:** Er kann Ihnen helfen, in den Suchmaschinen schneller gefunden zu werden. Zudem signalisiert er den potenziellen Kunden: Sie sind ein Experte Ihres Fachs, und das mit Substanz. Sie können zum Beispiel in Ihrem Blog 60 % eines Themas behandeln und die kompletten Informationen in Form eines PDF zum Download anbieten. Wenn Sie dieses PDF gegen eine Registrierung tauschen, erhalten Sie eine E-Mail-Adresse und ein Opt-in, eine Erlaubnis also, dem Interessenten Informationen per E-Mail zu senden. Im PDF können Sie dem Interessenten dann weitere Inhalte oder zum Beispiel einen Newsletter anbieten.
- **Social-Media-Plattformen:** Diese können Ihnen helfen, Reichweite für Ihren Content aufzubauen, um potenzielle Kunden zu erreichen. Prüfen Sie dazu aber bitte, ob sich Ihre Buyer-Personas in den jeweiligen Netzwerken bewegen und dort tatsächlich suchen. Nun gäbe es zu den einzelnen Plattformen, wie etwa *Facebook, Twitter, YouTube, LinkedIn* und *Xing,* eine Menge zu sagen. Allerdings ändern sich die Dinge dort auch sehr schnell, weshalb wir auf einschlägige Wissensquellen verweisen.
- **PR/Öffentlichkeitsarbeit:** Wenn Ihre Presseabteilung oder Presseagentur im Strategieprozess nicht involviert war, sollten Sie sie spätestens jetzt ins Boot holen.

Die dort Verantwortlichen werden sich freuen, mit ausgewähltem Content auf die Redaktionen zugehen zu können, um Inhalte zu platzieren oder Medienpartnerschaften einzugehen. Zum Beispiel können Fachartikel-Serien, Studienergebnisse oder ein Interview mit der Geschäftsführung zu einem Trendthema der Branche auf großes Interesse stoßen. Zu beachten ist, derart hochwertig aufbereiteten Content in einem geschützten Bereich nur für die Medien frei zugänglich zu machen. »Normale« Interessenten müssen sich dafür registrieren. Wertvolle Inhalte sollte man nur im Austausch gegen Kontaktdaten weitergeben.

- **E-Mail-Marketing:** Ein E-Mail-Newsletter eignet sich sehr gut, um neue Content-Bausteine individuell auszuspielen und weiteres Nurturing zu betreiben. So können Sie im Bestandskundenbereich auch Up- und Cross-Selling-Potenziale nutzen. Interessenten, die noch nicht abschlussbereit sind, können Sie bis zur Vertriebsreife weiterentwickeln. Zudem können Sie exemplarisch testen, welche Empfänger auf welche Ansprachen und welche Inhalte reagieren.
- **Serienbriefe/Postkarten:** Viele Unternehmen haben Tausende von Alt-Adressen ohne Opt-in. Sie haben also keine rechtssichere Erlaubnis, diese Adressen per E-Mail anzusprechen. Content-Bausteine können helfen, diese Adressen zu reaktivieren. So können Sie Serienbriefe oder Postkarten nutzen, um auf relevante Inhalte hinzuweisen. Idealerweise segmentieren Sie Ihre Adressbestände dazu nach Branchen, Interessen, Buyer-Persona-Zuordnung usw. Dann bieten Sie das jeweils passende Content-Material an und laden den Angeschriebenen ein, dieses auf Ihrer Website oder einer speziellen Landingpage herunterzuladen. Damit erteilt er ein Opt-in und kann in weiteren Schritten elektronisch auf ergänzende Content-Stücke hingewiesen und dann bis zur Vertriebsreife entwickelt werden.
- **Stand-alone-Newsletter:** Wenn Sie Ihre Inhalte schnell einer großen Zahl von potenziellen Interessenten präsentieren möchten, können Sie Stand-alone-Newsletter nutzen. So bietet *Haufe-Media* mit seinen Stand-alone-Newslettern Zugang zu hochwertigen B2B-Zielgruppen. Sie selektieren, wen Sie erreichen möchten, und nutzen entweder Ihr neu erstelltes Content-Material oder bauen auf die Erfahrung des *Haufe*-Redaktionsteams. Ein solcher Newsletter wird in Ihrem Look & Feel gestaltet und bietet den angesprochenen Kontakten einen relevanten, informierenden Inhalt an. Für die verschiedenen Buyer-Persona-Gruppen gibt es auch andere Anbieter, die entsprechende Selektionen und Medien anbieten.
- **Anzeigen/Banner:** Einen Zugang zu potenziellen Kunden bieten auch Anzeigen in Fachmagazinen. Kombinieren Sie dazu Anzeigen mit Ihrem Content-Material. Sie können im Wechsel auch Anzeigen und Banner verwenden, um auf Ihre Content-Bausteine hinzuweisen. Auch hier ist es empfehlenswert, die Buyer-Persona-Profile zu nutzen, um jeweils geeignete Inhalte zu offerieren. Die Angabe Ihrer Website oder einer Landingpage kann dann direkt zur Leadgenerierung führen.
- **Fachportale/Foren:** Dort können Sie Ihre Wunschkunden extrem gut erreichen. Diese nutzen solche Branchentreffpunkte, um sich zu informieren, mit ihresglei-

chen zu diskutieren und interessante Angebote ausfindig zu machen. Als Anbieter tragen Sie sich dort mit Basisdaten ein und hinterlegen Informationen zu Ihrem Portfolio. Der Grundeintrag ist meist kostenlos. Gegen Aufpreis sind vielerlei Optionen möglich. Auf diesem Weg gelingt Ihnen sowohl der Zugang zu neuen Interessenten als auch der regelmäßige Kontakt mit Bestandskunden. Professionelle Portale legen großen Wert darauf, eine gute Platzierung in den Suchmaschinen zu erreichen. Mit einem Eintrag dort generieren Sie also auch einen wertvollen Backlink zu Ihrer Website. Prüfen Sie, in welchen Portalen sich Ihre Wunschkunden bewegen und wo Sie welche Inhalte platzieren können.

Ganz ohne Zweifel: Die Gestaltung einer durchsynchronisierten Kundenbeziehung an allen kaufrelevanten Touchpoints wird eine der wichtigsten Zukunftskompetenzen der Unternehmen sein. Und dabei geht es nicht nur um Funktionen, sondern immer auch um Emotionen.

Enttäuschend? Okay? Oder begeisternd?

Organisationen können auf Dauer nur überleben, wenn die Kunden sie lieben. Gesunder Erfolg und gute Gewinne entstehen vor allem dann, wenn »großartige Unternehmen das Leben der Menschen, die mit ihnen in Berührung kommen, bereichern und Beziehungen aufbauen, die echte Loyalität verdienen«, sagt der Loyalitätsexperte *Fred Reichheld*.

Dazu muss an den Berührungspunkten zwischen Anbieter und Kunde eine Menge Gutes passieren. Wir brauchen Kundenbeziehungskonten im Plus. Und nicht nur das Zahlenwerk, auch die moralische Bilanz muss zukünftig stimmen.

Im Rahmen eines Kaufentscheidungsprozesses ist deshalb nicht nur von Belang, *was* an den einzelnen Touchpoints faktisch passiert, sondern auch, *wie* sich der Kunde dabei fühlt. Und beides ist nicht voneinander zu trennen. Immer geht es sowohl um die funktionalen Transaktionen als auch um die sie begleitenden Emotionen, wie wir schon sahen. In gängigen Schaubildern kommen dabei meist die Bewertungsstufen negativ, neutral und positiv zum Ansatz. Die ganze Gefühlswelt, die einen Kunden befällt, wenn er ein Produkt ersteht oder eine Dienstleistung nutzt, kommt dabei aber zu kurz.

Um diese Emotionalität zum Ausdruck zu bringen, favorisieren wir eine Vorgehensweise, bei der jede Interaktion, ganz egal, ob online oder offline, auf ihre Enttäuschungs-, Okay- und Begeisterungsfaktoren hin analysiert wird. Diese Methode lehnt sich an das *Kano*-Modell des japanischen Universitätsprofessors *Noriaki Kano* an. Dem liegt die Frage zugrunde, was der Kunde im Vorfeld erwartet und was er im Vergleich dazu wirklich erhält.

Quelle: https://www.youtube.com/watch?v=r_2 gqI_W8 mw

Im Rahmen der Bestandskundenpflege und auch im Zuge des Leadmanagements sollten sich die Mitarbeiter regelmäßig zusammensetzen und ihr Vorgehen an den einzelnen Touchpoints untersuchen. Im Vorfeld einer Aktion klingen die Fragen dann so:

- Was ist enttäuschend? (= Was wir keinesfalls tun dürfen.)
- Was ist okay? (= Minimum-Standard, die Null-Linie der Zufriedenheit.)
- Was ist/wäre begeisternd? (= Was wir bestenfalls tun können.)

Im Nachgang einer Aktion werden die gleichen Punkte nochmals betrachtet, und zwar aus der Perspektive des Kunden. Die Fragen klingen dann so:

- »War das wow?« – War es also begeisternd, verblüffend, überraschend, faszinierend?
- »War das okay?« – War es also den Erwartungen entsprechend und damit indifferent?
- »War das gar nichts?« – War es also enttäuschend, empörend, frustrierend, verärgernd?

Mit diesem Vorgehen gewinnen Sie ein eigenes Bild auf das, was Sie für Ihre Kunden tun. Doch ist dieser ganz persönliche Eindruck durch Kundenaussagen validiert? Selbstbild und Fremdbild klaffen ja bekanntlich oft weit auseinander. Deshalb ist die Meinung der Kunden überaus wichtig. Und dazu müssen wir sie befragen.

5.8 Skalierungsfragen: Nur die Kundensicht zählt

Will man schnell und unkompliziert mehr über die Meinung eines Kunden erfahren, tun Skalierungsfragen sehr gute Dienste. Hierzu bietet man dem Befragten eine Skala von null (trifft gar nicht zu) bis zehn (trifft voll und ganz zu). So lässt sich zum Beispiel herausarbeiten, wie zufrieden er mit einem Content-Stück, mit einem Produkt, mit einzelnen Leistungsmerkmalen oder mit dem, was insgesamt an einem Touchpoint passierte, gewesen ist.

Skalierungsfragen können einen gefühlten Zustand sehr gut sichtbar machen, ohne dass er lang und breit erklärt werden muss. Außerdem lassen sich Verallgemeinerungen bzw. Pauschalaussagen auf diese Weise relativieren: Statt eines kategorischen Gut oder Schlecht werden Grauzonen deutlich. Punkte, die aus Kundensicht besonders wichtig sind, um nächste Schritte in der Kaufbeziehung einzuleiten, die sogenannten

»Moments that Matter«, werden herausgearbeitet. Schließlich macht diese Methode es möglich, kleine Verbesserungen in machbaren Schritten anzugehen.

Je nach Situation lassen sich zum Beispiel folgende Fragen stellen:

- Auf dieser Skala von 0 bis 10: Wie wichtig ist dieses ... für Sie?
- Auf dieser Skala von 0 bis 10: Würden Sie unser Produkt ... wieder kaufen?
- Auf dieser Skala von 0 bis 10: Würden Sie unseren Service ... weiterempfehlen?

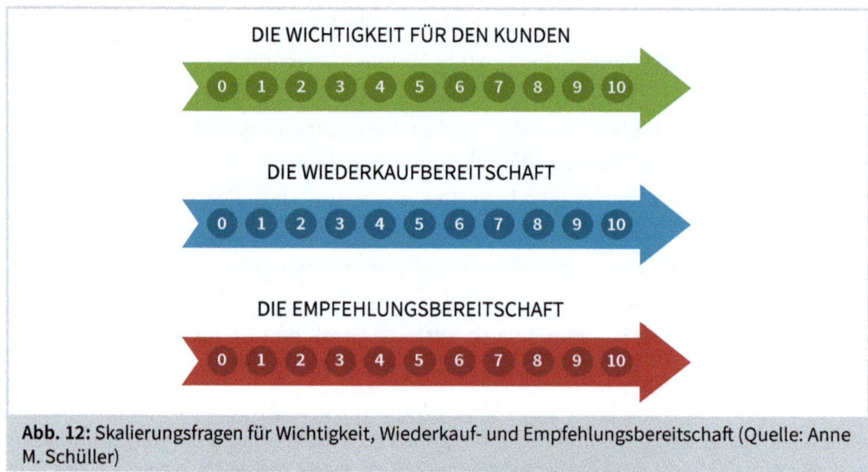

Abb. 12: Skalierungsfragen für Wichtigkeit, Wiederkauf- und Empfehlungsbereitschaft (Quelle: Anne M. Schüller)

Alternativ lässt sich eine Kennzahl namens NPS nutzen, die wir in Kapitel 10.9 erläutern. Hier wie dort: Nach jeder Antwort-Zahl stellen Sie am besten gleich ein paar Zusatzfragen:

- Was ist der Hauptgrund für die Bewertung, die Sie gerade abgegeben haben?
- Was war/lief aus Ihrer Sicht besonders gut?
- Was fehlte ganz konkret, um einen (noch) höheren Wert zu erreichen? Oder: Was hat Sie daran gehindert, uns die Höchstnote zu geben?
- Haben Sie dazu womöglich eine schnell umsetzbare Idee?

Mit solchen Fragen kommen Sie sofort ganz nah an die wichtigsten Kundenmotive heran. Die erforderlichen Aktionspläne ergeben sich, weil die Befragten durch begleitendes Erzählen oft wertvolle Ideen einbringen, dann fast wie von selbst. Dinge, die die Kunden überaus lieben, müssen weiter verstärkt werden. Fahnden Sie ferner nach solchen Highlights, die, als Erfolgsstory verpackt, ein wirkungsvolles Content-Stück abgeben können.

Negative Momente hingegen müssen entschärft werden und Dinge, die die Kunden gar nicht mögen, also Mangelgefühle, Fehlschläge und Missstände müssen schnellstmöglich vom Tisch. Dabei liegt bei Anbietern, die als exzellent gelten, die Messlatte besonders hoch – die Bewertung hängt ja maßgeblich von der Erwartung ab. Zum Beispiel ist sie bei einem Fünf-Sterne-Hotel wesentlich höher als bei einem Zwei-Sterne-Hotel. Das Zwei-Sterne-Hotel hat also mehr Begeisterungsspielraum.

Ist ein Kunde enttäuscht, wird er Sie dafür bestrafen: mit Nörgeleien, verschärften Reklamationen, anspruchsvollen Forderungen, Kaufpreisminderung, Rechnungskürzung, Fahnenflucht, übler Nachrede und/oder Sabotageakten. Dabei kann er eine große Energie entwickeln. Sein Motiv? Rache! Vergeltung für empfundenes Unrecht! Solches Empfinden ist zwar subjektiv – doch es kann eine Menge Energie entfalten. Zunehmend wird dabei *der* »Anwalt« gewählt, der am meisten Druck machen kann: die digitale Öffentlichkeit.

5.9 Wie sich die »Weisheit der Vielen« nutzen lässt

Um in die Begeisterungszone zu gelangen, kann man gar nicht genug außergewöhnliche Ideen haben. Wer an den einzelnen Touchpoints Großes bewirken will, nutzt hierzu am besten die »Weisheit der Vielen«, also die kollektive Intelligenz der eigenen Mitarbeiter. Mithilfe des Arbeitsblattes in Abbildung 13 können Sie sich auf unkomplizierte Weise an die Optimierungsarbeit machen. Aus der Erfahrung von zahlreichen Workshops können wir Ihnen versichern: Auch Ihre Mitarbeiter können so was, wenn man sie inspiriert und ihnen selbstorganisiert den nötigen Spielraum lässt, richtig gut.

Der beste kreative Output kommt eben nicht von Eigenbrödlern im Elfenbeinturm, sondern immer dann, wenn man Gedankenrohlinge mit anderen teilt. Schwarmintelligenz besagt, dass eine Gruppe von Menschen, die frei von Zwängen agiert, meist klüger ist als das einzelne klügste Mitglied dieser Gruppe. Dabei bringen inhomogene Gruppen, in denen erstens die unterschiedlichsten Expertisen und Denkweisen zusammenkommen sowie zweitens mindestens zwei Frauen mitarbeiten und drittens Selbstdarsteller und Egomanen keinen Zutritt haben, die besten Resultate hervor. Das »Machtwort« des Chefs hingegen lässt wertvolle Initiativen oft einfach versanden. Inzwischen ist sogar erwiesen, wie Robotikprofessor *Ken Goldberg* verdeutlicht, dass eine Gruppe lernender Maschinen bessere Entscheidungen trifft als eine Maschine allein.

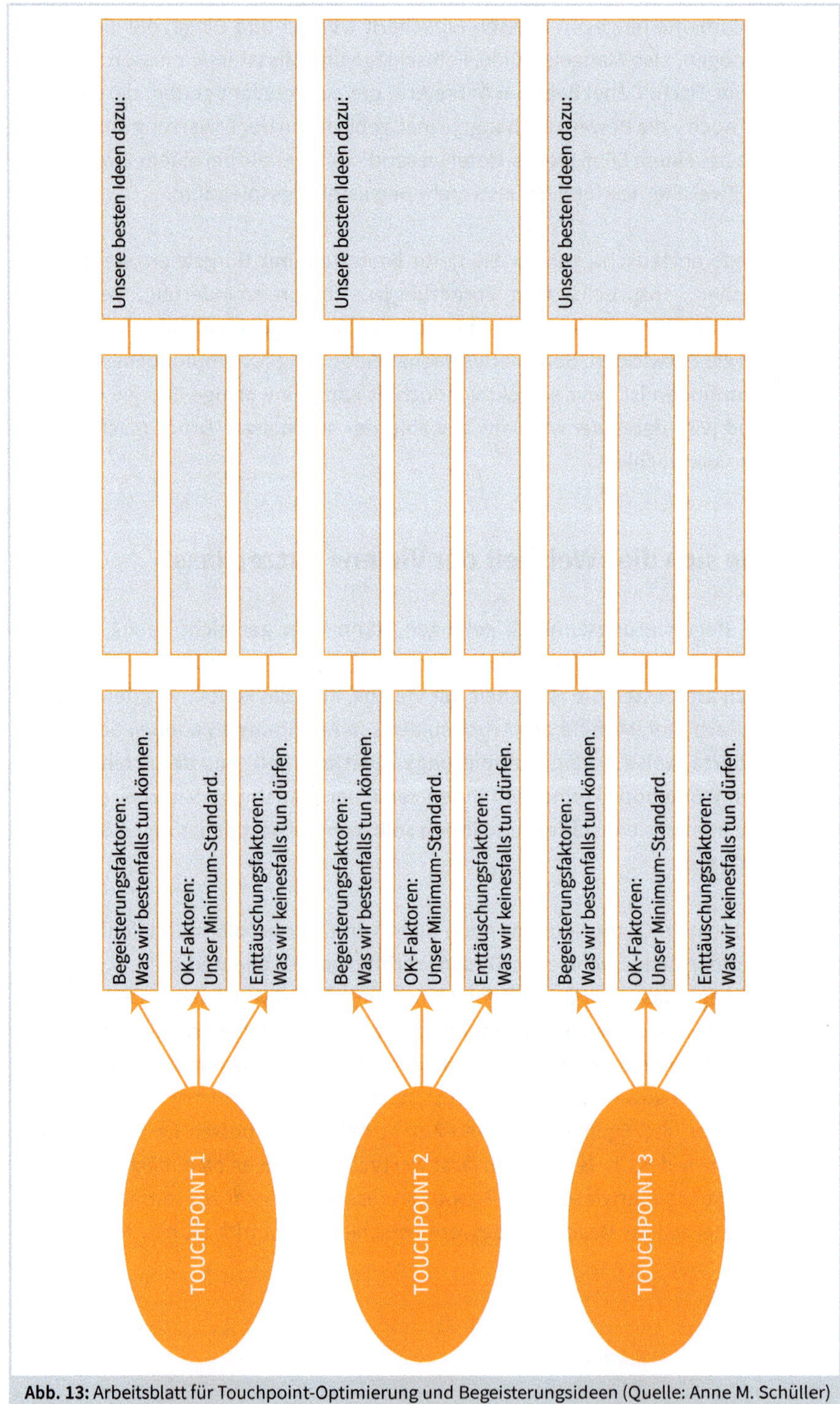

Abb. 13: Arbeitsblatt für Touchpoint-Optimierung und Begeisterungsideen (Quelle: Anne M. Schüller)

Zudem gibt es unglaublich viele Möglichkeiten, mithilfe der »Weisheit der vielen Kunden« besser zu werden.[20]

Quelle: https://www.anneschueller.de/bestseller-touchpoints.html

Auf ganz einfachem Weg geht das mit fokussierenden Fragen wie diesen:

!

Fragen an Ihre Kundinnen und Kunden

- Was ist für Sie *der wichtigste* Grund, uns die Treue zu halten?
- Was ist der Punkt, der Sie bei uns *am meisten* begeistert?
- Was ist *die schönste* Geschichte, die Sie je bei uns erlebt haben?
- Was würden Sie bei uns *schnellstens* verändern/verbessern?
- Was kommt Ihnen bei uns *am überflüssigsten* vor?

So erfahren Sie eine Menge darüber, was Ihre Kunden sich wünschen, was sie vermissen, und was sie wirklich bewegt. Sie wollen keine schlafenden Hunde wecken? Die Hunde schlafen nicht! Sie toben sich nur woanders aus. Zum Beispiel auf Meinungsplattformen und Bewertungsportalen.

Solche Plattformen lassen sich jedoch aktiv nutzen, um die *positiven* Meinungen Ihrer Kunden öffentlich zugänglich zu machen. Lobt Sie ein Kunde in einem Telefonat, einer E-Mail oder einem persönlichen Gespräch, ist das erst der halbe Weg. Früher hieß es: »Tue Gutes und rede darüber.« Heute gilt: »Tue Gutes und sorge dafür, dass andere darüber sprechen.« Auf Portalen wie *ProvenExpert* sammeln Anbieter Bewertungen ihrer Kunden zentral und transparent. So können sich Interessenten dort über die Reputation und Kundenbewertungen auf einen Blick informieren.

Remo Fyda, Geschäftsführer der *Expert Systems AG* beschreibt diesen Effekt so:

> »Heutzutage recherchieren die Verbraucher vor dem Kauf im Internet. Neben allgemeinen Informationen interessieren sich die meisten vor allem für Kundenbewertungen – egal ob es um den neuen Fernseher, einen vertrauensvollen Versicherungsmakler, das beste Steak-Restaurant der Stadt oder ein B2B-Angebot geht. Studien zeigen, dass Bewertungen für mehr

20 In dem Buch »Touchpoints« von Anne M. Schüller finden Sie eine ganze Reihe von Beispielen dazu.

als jeden Zweiten sogar ein wichtigeres Kaufkriterium sind als der Preis oder der Service. Für neun von zehn Konsumenten beginnt die Suche auf *Google*. Hier richten sich die meisten vor allem nach den orangenen Bewertungssternen in den Suchergebnissen. Bereits zu Beginn der Customer Journey spielen Bewertungen demnach eine entscheidende Rolle und sind ein essentieller Wettbewerbsfaktor. Anbieter sollten Kundenbewertungen daher strategisch an allen Touchpoints entlang der Customer Journey einsetzen und zum festen Bestandteil im Online-Marketingmix machen.«

5.10 Wenn einer eine Reise tut ... – die Customer Journey

Nicht nur auf einer Reise in fremde Länder, auch auf einer Reise durch die Kommunikations- und Servicelandschaft eines Unternehmens kann man eine Menge erleben. Und jeder Kontakt hinterlässt Spuren: in den Köpfen und Herzen der Menschen – und oft auch im Web. Denn wie im wahren Leben will man von seiner Reise erzählen. So sammelt der Kunde Eindrücke, macht Nutzungserfahrungen oder hat Anwendererlebnisse, Customer Experiences (CX) bzw. User Experiences (UX) genannt, die sich zu einem Gesamtbild verdichten: Dieser Anbieter ist auf Dauer der richtige für mich – oder auch nicht.

Dabei ist die Meinung des Kunden immer subjektiv, häufig verallgemeinernd, manchmal unfair, vielleicht sogar falsch. Aber es ist *seine* Meinung, die er gefragt und ungefragt weitergibt. Und diese, seine Meinung entscheidet nicht nur darüber, ob neue Kunden kommen und kaufen. Sie entscheidet darüber hinaus, ob all die Maßnahmen, die Sie sich im Zuge Ihrer Marketing-Automation-Strategie ausgedacht haben, überhaupt fruchten.

Ursprünglich stammt die Customer Journey aus dem E-Commerce. Dort beschreibt sie den Weg des Users beim Surfen über Views und Clicks bis zum Ja. Doch in Wahrheit machen es die Kunden ganz anders: In Echtzeit verknüpfen sie zunehmend smart die virtuelle mit der realen Welt. Bevor man am Ende den Kaufen-Knopf klickt, hat man sich zum Beispiel mal schnell mit der besten Freundin ausgetauscht. *Ihr* guter Rat gab den entscheidenden Ausschlag, nicht der Sonderpreis für das Produkt, wie der Online-Anbieter glaubt. Ein Kunde existiert eben nicht nur digital. Die *komplette* Customer Journey der Kunden und ihr durchgehend positiver Verlauf muss also Dreh- und Angelpunkt aller Unternehmensaktivitäten sein.

Hierbei hat sich die Methode des »Touchpoint Journey Mapping« als besonders hilfreich erwiesen. Dazu wird eine typische Kundenreise in Form einer Reiseroute gezeichnet. Eine solche Kundenreise kann zum Beispiel aus folgenden Phasen bestehen: Onlinerecherche → Vorauswahl → Kontaktaufnahme → Beratungsgespräch → Vertragsabschluss → Rechnungsempfang → Bezahlung → Empfang der Ware → Nutzung der Ware → (Reklamation) → (Wiederkauf) → (Weiterempfehlung) → (Absprung). Wie dies optisch aussehen kann? Konsultieren Sie dazu die Suchmaschinen, dort finden Sie eine Menge passender Grafiken.

Hier zunächst in aller Kürze die sieben Schritte, die zur Erstellung einer kompletten Customer Journey mit Phasen und Touchpoints gehören.

- **Schritt 1:** Legen Sie fest, welches Szenario Sie für welchen Kundentyp untersuchen wollen. Zum Beispiel: Eine Familie kauft sich ein neues Auto. Definieren Sie die »Reisenden«, um ein Bild von ihnen zu haben.
- **Schritt 2:** Ordnen Sie die Kundenaktivitäten chronologisch in einzelne Phasen. Dies hilft, den Überblick zu behalten. Ober-Touchpoints wie zum Beispiel der Besuch im Autohaus lassen sich weiter in Unter-Touchpoints untergliedern.
- **Schritt 3:** Stellen Sie die Kundenaktivitäten in ihrer zeitlichen Abfolge dar und bereiten Sie diese grafisch auf. Beobachten und befragen Sie dazu die Kunden. Illustrieren Sie, quasi wie bei einem Reisebericht, was an den einzelnen Touchpoints passiert: durch Videoaufnahmen, Fotos, episodische Begebenheiten oder Sprechblasen-Statements.
- **Schritt 4:** Analysieren Sie das, was aus Sicht des Kunden an den einzelnen Touchpoints passiert, nach den Kriterien »enttäuschend«, »okay« und »begeisternd«. Finden Sie die Lovepoints und die Painpoints, also die Höhen und Tiefen bzw. Lieblings- und Ausstiegspunkte einer Kundenerfahrung, heraus. Befragen Sie auch dazu die Kunden.
- **Schritt 5:** Erarbeiten Sie gemeinsam, was Sie tun können, um die Kundenerlebnisse an jedem Punkt zu verbessern, reibungsloser und unbeschwerter zu machen. Definieren Sie dazu das Soll, wie also eine optimale Touchpoint-Reise tatsächlich aussehen könnte.
- **Schritt 6:** Setzen Sie die verabschiedeten Maßnahmen schnellstmöglich um. Favorisieren Sie dabei die Quick Wins, also Maßnahmen, die schnelle Erfolge erzielen.
- **Schritt 7:** Monitoren Sie Ihre Erfolge. Legen Sie dazu geeignete Kennzahlen fest. An den wichtigen Touchpoints sollten vor allem die Wiederkauf- und Weiterempfehlungsbereitschaft gemessen werden.

In einem eintägigen Workshop mit einer Gruppe von Mitarbeitern, denen der Kunde auf einer solchen Reise begegnet, lassen sich diese Schritte gezielt abarbeiten. Ist die Methodik erst einmal bekannt, lässt sie sich – zum Beispiel mithilfe eines Customer-Touchpoint-Managers – kontinuierlich weiterentwickeln.[21]

21 Zum Berufsbild des Customer-Touchpoint-Managers siehe: https://www.anneschueller.de/ausbildung-touchpoint-manager.html

Quelle: https://www.anneschueller.de/ausbildung-touchpoint-manager.html

In Zusammenhang mit der Marketing-Automation sollte man dabei vor allem die Buyer-Journeys betrachten.

5.11 In sieben Schritten: Die Buyer-Journey der Buyer-Personas

Die Immer-wieder-Kaufentscheidungen erwünschter Kunden sind Dreh- und Angelpunkt unternehmerischen Handelns. Die Mechanismen des konkreten Entscheidungsverhaltens *aus Sicht der Kunden* zu verstehen ist eine Vorbedingung. Den realen Ablauf dann positiv zu beeinflussen ist Kernaufgabe des Lead- und Bestandskunden-Managements. Den Kaufentscheidungsprozess, den neue Kunden bis zu ihrem ersten Kauf durchlaufen, nennen wir Buyer-Journey (BJ). Alle dann folgenden Kaufprozesse sind Bestandskunden-Buyer-Journeys (BBJ).

Nun ist jede Kaufreise, die ein einzelner Kunde zurücklegt, verschieden. Aus diesem Grund sind Buyer-Personas so wichtig. Als Platzhalter für eine unüberschaubare Gruppe von Menschen ermöglichen sie es, Buyer-Journeys prototypisch zu sehen und zu verstehen, um dann im richtigen Moment den jeweils passenden Content genau an *den* Touchpoints auszuspielen, die der Kunde tatsächlich besucht.

Wir betrachten also einen Kaufentscheidungsprozess pro Buyer-Persona. Dieser ist bei Verbrauchsgütern des täglichen Lebens anders als bei komplexen oder teuren Produkten und im B2C (Business to Consumer) anders als im B2B (Business to Business). Und er sieht bei *Ingo IT* anders aus als bei *Peter Produktion*. Manchmal wird ein Ansprechpartner auch nur Teile des Kaufprozesses durchlaufen und dann den »Staffelstab« an ein anderes Mitglied im Buying-Center übergeben. Oder der wahre Entscheider ist in der Findungsphase an keinem Punkt involviert.

Bleiben wir einmal im B2B-Sektor. Die wesentlichen Phasen einer Buyer-Journey sind je nach Branche, Einkaufsprozedere und Kaufgut verschieden. Wer sich dabei – sowohl inhaltlich als auch typbedingt – punktgenau auf die Bedürfnisse seiner Ansprechpartner einstellen kann, hat schnell ein paar Meter Vorsprung vor dem Mitbewerb.

Sagen wir, die Phasen einer typischen Buyer-Journey sähen so aus:

1. Vorrecherche zum Thema
2. Suche nach geeigneten Anbietern

3. Vorauswahl der passenden Anbieter
4. telefonische/persönliche Vorgespräche
5. Anforderung eines jeweiligen Angebots
6. Erstellung der Shortlist (meist zwei oder drei)
7. Entscheidung (auf Basis einer Entscheidungsmatrix)

In Form eines Flussdiagramms stellt sich das aus Kundensicht so dar:

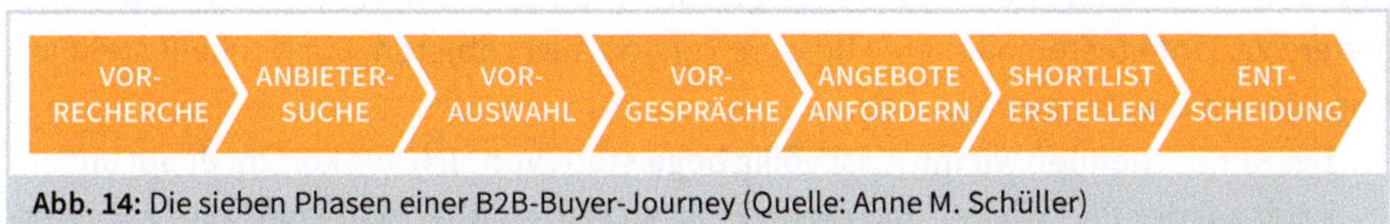

Abb. 14: Die sieben Phasen einer B2B-Buyer-Journey (Quelle: Anne M. Schüller)

Die meisten Unternehmen entwickeln dazu einen Standardprozess. Sie können das besser! Viel besser sogar. Zunächst individualisieren Sie die Buyer-Journey. Dazu erstellen Sie eine spezifische Buyer-Journey für *Ingo IT*. Und eine andere für die Anforderungen von *Peter Produktion*. Wenn eine weitere Persona, nennen wir sie *Egon Einkauf*, im Rahmen des Entscheidungsprozesses eine maßgebliche Rolle spielt, zeichnen wir auch für *Egon* ein Flussdiagramm. Jedes Diagramm erhält zudem einen Zeitstrahl, damit wir sehen, wie lange ein typischer Kaufprozess insgesamt dauert.

Als nächstes geht es nun darum, herauszufinden, wie diese Persona – als Stellvertreterin für wahre Kunden – beim Suchprozess vorgeht. Dann überlegen wir, wie wir mithilfe maßgeschneiderter Inhalte die jeweiligen Phasen einer Entscheidung zu unseren Gunsten beeinflussen können. Überlebenswichtig sind dabei die beiden ersten Phasen, die, wie wir schon gesehen haben, heutzutage vornehmlich im Web stattfinden. Wenn wir da nicht performen, ist bereits jetzt alles verspielt. Zwei elementare Fragen sind deshalb zu stellen:

1. Werden wir zum recherchierten Thema überhaupt gefunden? Und wie weit vorne in den Trefferlisten?
2. Werden wir mit Inhalten gefunden, die so interessant sind, dass wir in die Vorauswahl kommen?

Eine gute Content-Strategie plus Suchmaschinen-Optimierung (SEO) sind für beide Punkte fundamental, wobei der Inhalt natürlich immer Vorrang vor SEO, der Leser also Vorrang vor den Suchmaschinen hat. Die gute Nachricht vorweg: Was Ihren Lesern gefällt, gefällt auch *Google*.

5.12 Die Bestandskunden-Buyer-Journey (BBJ)

Den Kaufentscheidungsprozess, den bestehende Kunden beginnen, wenn sie wiederholt bei uns kaufen, nennen wir Bestandskunden-Buyer-Journey (BBJ). Schauen wir uns dazu exemplarisch einmal an, was nach einem Kauf so alles passiert. Der Kunde verwendet bzw. konsumiert nun das Produkt oder nimmt die Dienstleistung in Anspruch. Er prüft, ob er die richtige Wahl getroffen hat, ob die Anbieterversprechen eingehalten werden und ob er mit der gekauften Lösung arbeiten kann. Das Anbieterunternehmen und dessen Mitarbeiter aus dem Innendienst, der Auftragsabwicklung oder den Servicebereichen stehen ihm mit Rat und Tat zur Seite.

Irgendwann geht das Bestellte zur Neige, man braucht mehr vom Gleichen, will eine andere Variante testen oder eine bessere Version ausprobieren. Ein Neukauf steht an. Nun können drei Dinge passieren:

- Der Kunde, nennen wir ihn A, ist völlig begeistert. Von sich aus kommt er auf uns zu, kauft wieder und wieder und mehr. Er ist so erfreut über seine perfekte Anbieterwahl, dass er der ganzen Welt davon erzählt. Im Social Web ist er aktiv unterwegs, ein großes persönliches Netzwerk hat er auch. Als Experte auf seinem Gebiet ist er hoch angesehen. Man vertraut auf sein Wort. Was er weiterempfiehlt, hat Hand und Fuß. Viele folgen seinem guten Rat. Neue Kunden kommen. Das Verkaufen ist plötzlich ganz leicht. Kunde A ist zu einem wichtigen Fürsprecher geworden. Influencer nennt man eine solche Person.
- Der Kunde, nennen wir ihn B, ist nicht so begeistert. Er geht ins Web. Dort verschafft er sich einen Marktüberblick und Preistransparenz. Er informiert sich darüber, was andere von seinem derzeitigen Anbieter halten, welche Erfahrungen sie mit seinen Produkten machen und ob die Kundenbetreuung was taugt. Was er dort findet, stützt seinen verhaltenen Eindruck. Automatisch laufen ihm auch Mitbewerber über den Weg. Und deren Angebote klingen gar nicht so schlecht. Die Bewertungen sind gut, die Referenzen 1A und ein tolles Welcome-Paket gibt es auch. Aber nur bis Ende der Woche. Wer könnte da widerstehen?
- Der Kunde, nennen wir ihn C, hat den Anbieter längst vergessen. Dieser hält von dem, was wir in Kapitel 2 so ausführlich besprochen haben, nicht all zu viel. Wertschätzungsaktivitäten, um Loyalität zu entfachen, gab es nie. Da er ein C-Kunde ist, gab es auch keine Betreuung. Viel zu teuer sei das, hat er einmal beiläufig von einem Mitarbeiter des Unternehmens gehört. Nun ist eine Neuanschaffung dran. Er begibt sich ins Web, findet dort Interessantes und kauft. Damit ist er für den ursprünglichen Anbieter zunächst einmal verloren. Es sei denn, der zweite Anbieter bringt's auch nicht. Kunde C wäre für einen Rückholversuch offen, zweite Chancen vergibt er recht gern. Doch es passiert einfach nichts.

Nach dem Abschluss ist stets vor dem Abschluss, ein neuer Kaufprozess beginnt. Dazu erstellen wir eine Bestandskunden-Buyer-Journey. Hierbei versorgen wir den Kundenbestand mit regelmäßigen, jeweils passenden Informationen. Stammkunden verwöhnen wir mit loyalisierendem Spezial-Content – nur für sie. Wiederkaufwillige Bestandskunden unterstützen wir in ihrem erneuten Kaufentscheidungsprozess. Dieser kann, wenn es zum Beispiel zu einer erneuten Ausschreibung kommt, wiederum die sieben Phasen der Buyer-Journey durchlaufen. In anderen Fällen wird sich der Phasendurchlauf verkürzen, da der Kunde uns ja inzwischen schon kennt.

Abb. 15: Die fünf Phasen einer Bestandskunden-Buyer-Journey (Quelle: Anne M. Schüller)

Denen, die uns weiterempfehlen wollen, geben wir passendes Material an die Hand. Und für die verlorenen Kunden, die wir zurückhaben wollen, machen wir ein Rückgewinnungsprogramm. Auch solche Maßnahmenpakete lassen sich mit Marketing-Automation unterstützen, wie wir in Kapitel 11 ausführlich darstellen. Zunächst ist nämlich nun der Content an der Reihe.

6 Content-Marketing im Kontext von Marketing-Automation

Erinnern Sie sich? In Kapitel 3.5 haben wir kurz über den Lead-Detektor gesprochen – und Sie noch ein wenig vertröstet. Nun wollen wir sehen, wie er zum Laufen kommt. Der »Treibstoff« für diesen Detektor, für die Interessentengenerierung und die Entwicklung vertriebsreifer Leads (Sales-Ready-Leads) ist relevanter Content. Natürlich ist guter Content für die Unternehmenskommunikation ganz allgemein von Bedeutung – und das war schon immer der Fall. Doch erst im Rahmen einer professionellen Marketing-Automation entfaltet Content seine ganz gewaltige Kraft.

Inhaltsreiche Nutzwert-Kommunikation in Form von Content ist in einer durchdigitalisierten und zugleich werbemüden Welt zwangsläufig der ganz große Renner. Solcher Content wird sowohl auf eigenen Webpräsenzen als auch auf Fremdplattformen platziert und in die sozialen Netzwerke eingestellt. Content kann zudem geteilt werden, um Dritte auf interessante Angebote aufmerksam zu machen. So kommt es zu einem Spiel über Bande, ohne für diese zusätzliche Reichweite bezahlen zu müssen. Auf diese Weise werden weitergeleitete Inhalte schließlich zu einem Mehrwert, der die Kaufentscheidungen anderer maßgeblich beeinflussen kann.

Dabei geht es nicht um Getöse, sondern um Unwiderstehlichkeit. Magnet statt Megaphon heißt der Weg. Das Unternehmen ist zwar präsent, tritt aber nur dezent als Urheber auf. Content soll Interesse wecken, Expertise vermitteln, Vertrauen aufbauen und die anvisierten Zielpersonen an den Anbieter und seine Produkte heranführen. Content-Marketing will außerdem Bestandskunden loyalisieren, eine Themenwelt besetzen, für Gesprächsstoff sorgen und Wettbewerbsvorteile erringen. Somit zielt Content sowohl auf die Direktansprache bestehender und potenzieller Kunden als auch auf eine breite Öffentlichkeit. Da die Zahl der Touchpoints ständig steigt, die Kunden immer verwöhnter und die Methoden der Leadgenerierung immer ausgeklügelter werden, braucht es ständig neuen, frischen Content, um den (potenziellen) Kundenkreis passend zu füttern.

6.1 Content-Marketing: Was ist daran überhaupt neu?

Content ist – ganz banal ausgedrückt – alles außer platter Werbung. Content-Marketing dient dazu, mit relevanten, informativen, nutzwertigen und/oder unterhaltenden Inhalten eine anvisierte Personengruppe zu erreichen. Er wird in aller Regel kostenfrei angeboten. Folgende Ziele stehen dabei im Fokus:

- **Aufmerksamkeit wecken:** Der dargebotene Content soll für reichlich Gesprächsstoff sorgen, Beachtung erzeugen, Vertrauen aufbauen, mehr qualifizierte Interessenten generieren und die Wunschkunden an den Anbieter und seine Produkte, Lösungen und Services heranführen.

- **Reputation aufbauen:** Durch die Darstellung überragender Expertise in seinem Bereich kann der Anbieter eine Themenwelt besetzen, seine Positionierung untermauern und seine Bekanntheit verstärken. Idealerweise wird man zur ersten und besten Informationsquelle in seiner Branche. Authentizität und Glaubwürdigkeit sind dabei ein Muss.
- **Mehrumsatz erzeugen:** Durch Konvertieren, also die Umwandlung von Content-Material in Leads und Kaufakte können neue gute Kunden und/oder lukrative Folgegeschäfte gewonnen werden. Content-Maßnahmen können auch Up- und Cross-Selling-Maßnahmen initiieren. Sie können zudem helfen, verlorene Kunden zurückzuholen.
- **Stammkunden pflegen:** Mit passendem Content können Bestandskunden in ihrer Wahl bestärkt und nachhaltig mit einer Marke verbunden werden. Hierdurch lassen sich höhere Renditen erzielen und Wettbewerbsvorteile erringen. Zudem kann eine Kunden-Community exklusiv damit befüttert werden.
- **Weiterverbreitung sichern:** Content-Maßnahmen können die Empfehlungsbereitschaft der Kunden unterstützen. Dabei geht es auch um eine Reichweitensteigerung mithilfe von Dritten. Shareability, also das leichte Teilen von Inhalten, ist ein maßgeblicher Punkt. Ein gezieltes Content-Seeding, also die Streuung von Content ist dafür die Basis.

Neu am Content-Marketing ist vor allem das Wort. Früher hat man so etwas ganz banal »Inhalt« genannt. Neu sind natürlich auch die vielfältigen online-basierten Einsatzmöglichkeiten. Die Methode selbst wird von erfolgreichen Unternehmen schon sehr lange eingesetzt. Hier gleich drei Geschichten dazu:

- *Dr. Oetker* **und das Backpulver:** 1893 hat das Unternehmen *Dr. August Oetker* mit Backpulver einen der ersten Markenartikel geschaffen und bis heute erfolgreich vermarktet. Zu Beginn hat man Rezepte auf die Rückseite der Backpulver-Tüten gedruckt. 1911 ist dann das erste große Backbuch mit Rezepten erschienen. Es ist eines der meistverkauften Kochbücher geworden. Noch immer wird es regelmäßig aktualisiert. Die Rezepte werden in der unternehmenseigenen Versuchsküche entwickelt. Sie sollen helfen, Grundlagen des Backens zu erlernen. Gleichzeitig werden Erfolgserlebnisse geschaffen. Im Vordergrund steht dabei die Wissensvermittlung und nicht der Verkauf. Der Verkauf ist die logische Folge, weil in jedem der Rezepte Backpulver enthalten ist.
- **Content-Marketing bei** *BlendTec*: Ein sehr unterhaltsames Beispiel für Content-Marketing kommt von *BlendTec*, einem Hersteller von Küchenmaschinen. Um die Leistungsfähigkeit seiner Geräte zu demonstrieren, lässt sich der kauzige Chef *Tom Dickson* in einem weißen Kittel dabei filmen, wie er alle möglichen küchenuntypischen Gegenstände in seinem Mixer schreddert. Hierzu lädt er seine Fan-Gemeinde ein, Vorschläge zu machen. Besonders oft sollen *Apple*-Produkte

zerkleinert werden. Berühmt sind auch die Videospots, in denen er Selfie-Sticks, Schusswaffen und Golfbälle pulverisiert. Die Vorstellung beginnt immer mit der rhetorischen Frage: »Will it blend?« Was so viel heißt wie: »Ob unser Mixer das schafft?« Die Videos werden regelmäßig in den sozialen Netzwerken geteilt und generieren eine riesige Reichweite. So machte er seine Haushaltsgeräte zu Bestsellern. Seinen Umsatz konnte er um 700 % steigern. Bei *YouTube* erreichte allein das Filmchen vom Zerschnitzeln eines iPad weit über 19 Millionen Views.[22]

- **Content-Marketing bei** *John Deere*: Auch *John Deere* hat schon früh auf Content gesetzt. 1885 ist das erste Unternehmensmagazin *The Furrow* erschienen. *The Furrow* setzte von Anfang an nicht auf Werbung oder Verkauf, sondern auf Inhalte, die für Landwirte von Bedeutung sind. So hilft es den Lesern, ihre täglichen Probleme zu meistern und ihren Gewinn zu steigern. Das Magazin erscheint heute in 14 Sprachen und adressiert Landwirte und Experten in vielen Teilen der Welt. Es bietet eine Mischung aus aktuellen Themen der Landwirtschaft, zeigt Best-Practice-Beispiele und Trends. Am Rande bringt es auch exklusive Neuigkeiten von *John Deere*. Inzwischen nutzt *John Deere* nicht nur die gedruckte Variante des Magazins, sondern sehr intensiv auch das Web.

Sie sehen: Content-Marketing funktioniert sowohl im B2C- als auch im B2B-Bereich.

6.2 Warum Content? Die vier wichtigsten Einstiegsfragen

Je komplexer die Angebote, desto eher macht Content-Marketing Sinn. Die Digitalisierung und das Internet forcieren den Trend zum Content ungemein. Wer über eine Suchmaschine etwas Spezifisches sucht, der will keine wummernde Werbung, sondern Informationen, die ihm helfen, schnell und unkompliziert seine Probleme zu lösen. Gerade zu Beginn eines Kaufprozesses möchte sich der Interessent zunächst *nur* informieren. Und dabei sucht er zunächst gar nicht nach *Ihnen*, sondern nach Antworten auf seinen Schmerz. Wer etwa wegen ein paar verlorener Haare die ersten Sorgenfältchen bekommt, der will erst einmal einen Überblick. Deshalb googelt er »Haarausfall – was tun?« und nicht *»Alpecin Liquid«*. Wer gute Antworten auf solche Fragen hat und sich als Freund und Helfer zeigt, ist bei den Suchmaschinentreffern an oberster Stelle. Die Inhalte führen so ganz natürlich zu den passenden Marken. Und die will der User dann auch tatsächlich kaufen. Im B2B funktioniert das allemal nach dem gleichen Prinzip. Dort wird eben nicht nach Haarausfall, sondern nach »schonender thermischer Stofftrennung«, »Analyse von Polymeren im Wareneingang« oder anderen Anforderungen im B2B-Bereich gesucht.

22 https://www.youtube.com/watch?v=lAl28d6tbko (aufgerufen am 25.02.2022).

Um die angepeilten Ziele mit Content-Marketing zu erreichen, gibt es einige Fragen, die zu beantworten sind. Die beiden wichtigsten Fragen lauten:

1. Was möchten wir erreichen – und was nicht?
2. Wen möchten wir erreichen – und wen nicht?

Wenn Sie Ihre Wunschkunden nicht genau definieren, können Sie auch keine passenden Inhalte konzipieren. Vielmehr erzeugen Sie dann Material mit viel Aufwand, das entweder die anvisierten Empfänger nicht erreicht oder, weil irrelevant, das gewünschte Ergebnis nicht bringt. Denn was einen nicht weiterbringt, wird sofort weggeklickt. Aber inzwischen wissen Sie schon genau, wie man Buyer-Personas, also Kundenstellvertreter, gut konstruiert.

Sind Ziele und Zielpersonen bestimmt, ist Frage drei an der Reihe:

3. Worüber können wir schreiben – und worüber nicht?

In den meisten Unternehmen ist sehr viel Fachwissen vorhanden. Sonst hätten sie auch nicht überlebt. Dieses Wissen gilt es zu sammeln, zu sichten, zu ergänzen, für die Wunschkunden aufzubereiten und an den passenden Touchpoints zu offerieren. Ihre Bestandskunden sind eine ergiebige Quelle für die erste Themensammlung. Eine vierte Frage lautet daher so:

4. Was bewegt derzeit unsere Kunden – und was nicht?

Diese Frage ist elementar, denn Content wirkt nur dann, wenn er sowohl für den jeweiligen Zweck als auch für den Adressaten geeignet ist. Content-Bausteine, die im Ego-Posting-Modus erstellt wurden und nur Inhalte über das Unternehmen, seine Produkte und Angebote enthalten, sind für die meisten Anwendungen im Content-Marketing nicht geeignet. Der Interessent möchte keine Selbstdarstellung, sondern hilfreichen, nutzwertigen Stoff.

!

Ist Content-Marketing eigentlich teuer?

Ja und nein. Zwar können Sie eine Menge Geld sparen, das früher in klassische Werbung floss. Allerdings brauchen Sie für die Content-Produktion mehr Ressourcen, um substanzielle Inhalte zu erstellen und zu platzieren. Und auch mehr Geduld. Durchschlagende Ergebnisse stellen sich eben meist erst nach sechs bis neun Monaten ein. In der Praxis ist also, wie wir schon sahen, oft ein Mix aus Inbound- und Outbound-Maßnahmen sinnvoll.

Ein weiterer wichtiger Aspekt ist die Nachhaltigkeit. Eine Anzeige wird, wenn überhaupt, im Schnitt maximal zwei Sekunden lang angeschaut und ist dann sofort wieder vergessen. Ein Banner wird unbesehen weggeklickt, wenn man nicht ohnehin einen

Adblocker hat. Briefkastenwerbung landet, wenn sie überhaupt im Briefkasten landen darf, gleich in Ablage P. Und was die Leute tun, wenn Werbespots im Fernsehen laufen, ist hinlänglich bekannt. Platzieren Sie hingegen Content auf Ihrer Website und/oder anderen eigenen oder fremden Plattformen im Web, entfalten diese ihre Wirkung auf Dauer. Content wirkt 24 Stunden, 365 Tage im Jahr. Online findet ein Interessent Sie auch dann, wenn Sie im Sommerurlaub oder über die Feiertage geschlossen haben.

6.3 Welche Content-Formate gibt es?

Content im weitesten Sinne meint alle Inhalte, die ein Unternehmen über sich produziert, also auch Produktbeschreibungen, Gebrauchsanweisungen, Verpackungstexte, Geschäftsberichte, Stellenausschreibungen, Kundenmagazine, Mitarbeiterzeitungen usw.

Content im engeren Sinne meint vor allem solche Inhalte, die im Internet über einen Anbieter zu finden sind. Neben Website-Texten, fundierten Diskussionsbeiträgen in Foren und Social-Media-Postings sind das zum Beispiel folgende Formate:

• Reportagen über Kundenprojekte • Reportagen über interne Anlässe • Glossare (= Begriffserklärungen) • FAQs (= Frequently Asked Questions) • Whitepapers (= längere Abhandlungen) • Grafisch gestaltete E-Books • Tutorials (= Gebrauchsanleitungen) • Erklärfilme, How-to-Videos • Umfragen • Studien und Analysen • Rankings • Trendreports • Szenario-Papiere • Veranstaltungsberichte • Gewinnspiele • Kalkulatoren • Konfiguratoren • Online-Games • Landingpages • Pressemeldungen • Application Notes (Datenblätter) • Machbarkeitsstudien • Testversionen • Bestellformulare	• Fallstudien (Case Studys) • Anwenderberichte • Erfahrungsberichte • Kundenreferenzen • Testberichte • Ratgeber • Leitfäden • Beipackzettel • Infografiken • Hörbücher • Podcasts • Webcasts • Bilder • Webinare • Blog-Artikel • Checklisten • Kolumnen • Interviews • Newsletter • Präsentationen • Vorträge • Quiz-Spiele • Apps • Angebote

Tab. 3: Die wichtigsten Content-Formate im Überblick

Generell lassen sich Inhalte mehrfach nutzen. Haben Sie zum Beispiel Blogartikel veröffentlicht, weisen Sie darauf auch im Newsletter hin. Sind die Einzelbeiträge einer Themenserie durch, machen Sie daraus ein E-Book. Aus Whitepapers erstellen Sie Micro-Content. Einen Fachbeitrag möbeln Sie mit einem neuen Beispiel, einer aktuellen Studie oder einer ergänzenden Checkliste auf. Am Ende eines Monats, Quartals oder Jahres machen Sie einen Rückblick auf die fünf oder zehn am meisten heruntergeladenen Content-Stücke. Eine vorhandene Checkliste bereiten Sie für verschiedene Zielgruppen auf. Eine Video-Story lässt sich aus dem Blickwinkel unterschiedlicher Protagonisten beleuchten. Von einem Anwenderbericht gibt es eine lange und eine kurze Version.

Da Content-Marketing sich hauptsächlich online tummelt, spielt das Visuelle eine herausragende Rolle. Content-Material, das im wahren Leben eingesetzt wird, darf sich natürlich auch gut anfühlen, klingen und duften. Dazu stattet man es mit haptischen, akustischen und olfaktorischen Merkmalen aus.

»Wenn alle Sinne zeitgleich aktiviert werden, ist die emotionale Wirkung in unserem Gehirn um ein Vielfaches höher als die Summe der Einzelwirkung der Sinne«, bekräftigt der Neuromarketer *Hans-Georg Häusel*.

So steigen durch Multisensorik die Erfolgsaussichten beträchtlich. Zusätzlich kann man sich via Multisensorik viel besser vom Wettbewerb differenzieren.

Der auditive Kanal rückt dabei mehr und mehr in den Fokus. Denn auch gesprochene Worte ermöglichen uns Zugang zum Wissen im Web. Wir reden mit virtuellen Quasselstrippen wie *Siri* & Co. bald fast so als wären es leibhaftige Menschen. Und sobald sie ein wenig trainiert sind, antworten sie vernünftig, höflich und brav. Der Sprachsteuerung wird die Zukunft gehören. Denn die Hände frei zu behalten ist ein sehr nützliches Plus: im Auto, im Büro und auch daheim. Bei den körpernahen digitalen Devices, den Wearables, sind Sprachein- und -ausgaben geradezu unumgänglich. So macht das kleine Display der Smartwatches jede Art von Text äußerst beschwerlich.

Videos und Audios werden vom Trend zur Sprachsteuerung stark profitieren. Wer seinen schriftlichen Content, etwa Fachartikel, Whitepaper oder E-Books, zusätzlich in hörbarer Form anbietet, liegt damit vorn. Podcasts haben sich in vielerlei Varianten längst als Erfolgsmodell etabliert. So verbuchte der im April 2020 gestartete CX-Talks Interview-Podcast von *Peter Pirner* bereits Anfang 2022 mehr als 20.000 Hörer und Hörerinnen.

Auch Chatbot-fähiger Content wird in Zukunft gebraucht. Solche digitalen Sprachprogramme, die uns mit passenden Informationen versorgen, beim Kaufen helfen, als erste Anlaufstelle in Callcentern dienen und den Kundendienst unterstützen, werden immer mehr Usus. Vor allem die junge Generation bringt kaum noch die Geduld auf, händisch via Texteingabe in allen möglichen Apps rumzusuchen. Chatbots sind die

Lösung dafür. Indem sie sich technologisch weiterentwickeln und weil sie durch die Interaktionen immer mehr über uns lernen, werden sie sich zu virtuellen Butlern entwickeln, die uns das zunehmend komplexe Leben erleichtern.

Josef Humbert, Materna Information & Communications SE

!

Chatbots können generell auf sämtlichen Gebieten der Customer Journey sinnvoll eingesetzt werden, um nicht nur das Kundenerlebnis zu optimieren, sondern darüber hinaus auch die Effizienz bei der Bearbeitung von Kundenanfragen maßgeblich zu steigern. Bereits beim Erstkontakt mit dem Kunden kann der Chatbot durch Implementierung auf beliebten Social-Media-Plattformen und anderen digitalen Kommunikationskanälen die Medienpräsenz seines Unternehmens verbessern.
Ihren größten Nutzen haben Chatbots aber natürlich bei der eigentlichen Kundenberatung. Da sie 24 Stunden am Tag, 7 Tage die Woche erreichbar sind und simultan mehrere Gespräche gleichzeitig führen können, verhindern Chatbots Wartezeiten und ermöglichen einen schnellen Service. Intelligent eingesetzt kann ein Chatbot somit Kunden nicht nur das bieten, was sie wollen – eine zügige und zugleich kundenfreundliche Beratung – sondern darüber hinaus auch die menschlichen Mitarbeiter entlasten, die sich stattdessen komplexeren Anfragen widmen können. Dieser Nutzen wird noch verstärkt, indem man einen Bot gestaltet, dessen Funktionalität über das bloße Beantworten von Fragen hinausgeht; der z. B. eigenständig Termine vereinbaren, Produktempfehlungen aussprechen oder Bestellvorgänge einleiten und abschließen kann. Darüber hinaus sammelt der Chatbot Kundendaten zur späteren Auswertung, verfügt im Idealfall über Feedback-Funktionen und hilfreiche Reporting-Tools und dient seinem Unternehmen somit als mächtiges Tool bei der stetigen Optimierung des Kundenservices.

Bei einem klugen Einsatz leistungsfähiger Chatbots wird der direkte Kundenkontakt also oft nicht mehr gebraucht. Doch *wenn* wir ihn brauchen, dann muss er außergewöhnlich werden. »Sie sprechen jetzt mit einem Menschen« sollte ein Qualitätsmerkmal sein. Es ist eine Zumutung, jemanden mit einem kniffligen Problem oder einer grollenden Reklamation an einen Chatbot weiterzuleiten, der stereotype Fragen stellt und automatisierte Standardantworten gibt. Wer seine Mitarbeiter *komplett* durch Digitaltools ersetzt, riskiert, dass er Kunden verliert. Die menschliche Komponente bleibt auch in Zukunft von hoher Bedeutung. Gerade, weil wir immer mehr von Technologie umgeben sind und deren Perfektion zunehmend steigt, verstärkt sich unsere Sehnsucht nach Momenten, in denen es menschelt. Die Serviceexpertin *Sabine Hübner* bezeichnet diese als »Menschmomente«.

6.4 Gute Content-Formate für die Marketing-Automation

Zu den derzeit gängigsten Content-Formaten haben wir hier für Sie einige kurze Erläuterungen in alphabetischer Reihung zusammengestellt:

- **Anwenderberichte:** In einem Anwenderbericht zeigen Sie Ihren Interessenten, wie ein bestehender Kunde Ihr Produkt, Ihre Lösung oder Ihre Dienstleistung einsetzt. Beschreiben Sie dort, warum Ihr Kunde eine Lösung gesucht hat, wie sich die Suche gestaltet hat, welche Herausforderungen er bei der Implementierung zu meistern hatte und welche Erfolge er mit Ihrer Lösung realisieren konnte. Der Anwenderbericht ist eine Referenz für Ihr Unternehmen. Idealerweise haben Sie für jede Buyer-Persona mindestens einen Anwenderbericht. Im Anwenderbericht thematisieren Sie idealerweise die Hinderungsgründe aus Ihrem Buyer-Persona-Profil und liefern dazu die Gegenargumente.

- **Application Notes:** In einer Applikationsschrift (Application Note) zeigt man, wie eine meist technische Lösung in einer Branche oder einem Anwendungsumfeld eingesetzt werden kann. Detailliert wird erläutert, wie zum Beispiel eine Schaltung oder Anlage in einem bestimmten Umfeld oder Anwendungsszenario genutzt wird. Die Application Notes eignen sich auch ideal, um im Nurturing-Prozess eine Weiche einzubauen.
- **E-Books:** Ein E-Book ist ein digitales bzw. elektronisches Buch. Im Kontext von Marketing-Automation wird es meist genutzt, um ein bestimmtes Thema umfangreicher zu beschreiben. Das E-Book kann multimedial aufbereitet und mit Links zu weiteren Content-Angeboten versehen werden.
- **Hörbuch/Podcast:** Mit diesen Ausgabeformaten erreichen Sie bevorzugt die auditiven Typen sowie Menschen, die viel reisen oder Zeit auf dem Weg zur Arbeit haben. Für Hörbücher und Podcasts gibt es eigene Vermarktungsplattformen wie *Amazon*, *Audible*, *Spotify* und *iTunes*. Ein Hörbuch auf CD eignet sich gut, um zum Beispiel einem Entscheider ein Thema nahezubringen. Denn zum Lesen haben Topführungskräfte sehr wenig Zeit. Beiträge über Leadmanagement und Marketing-Automation finden Sie im Podcast »Marketing Master Minds« (siehe: https://www.online-erfolgreicher.de/podcast-marketing-masterminds/).
- **Infografiken:** Eine Infografik ist eine gute Wahl, wenn es darum geht, Informationen übersichtlich auf einer Seite zu präsentieren. Besonders prädestiniert sind sie, um Zahlen und Fakten zu einem Themenbereich visuell darzustellen.
- **Leitfaden/Ratgeber:** Leitfäden oder Ratgeber eignen sich sehr gut, um das erste Interesse eines Leads zu gewinnen. Sprechen Sie damit die Schmerzpunkte Ihrer Buyer-Persona an, versprechen Sie ein entsprechendes »Schmerzmittel« und führen Sie den Interessenten damit in Ihren Leadentwicklungsprozess.
- **Szenario-Papiere:** Wenn Sie von Ihren Kunden keinen Anwenderbericht bekommen können oder die Generierung wegen der Freigabeprozesse zu aufwendig ist, erstellen Sie Szenario-Papiere. Darin nennen Sie keine Namen oder Zusammenhänge, die auf einen bestimmten Kunden schließen lassen. Schreiben Sie das anonymisiert in etwa so: »Ein Unternehmen aus dem Maschinenbau-Bereich ...« Niemand will sein Problem unabgestimmt im Web wiederfinden.
- **Videos:** Video-Content ist stark auf dem Vormarsch. In der jungen Generation sind kurze Erklärfilme längst das Informationsmedium Nummer eins. Videos eignen sich vor allem immer dann, wenn komplexe Zusammenhänge verdeutlicht werden sollen. Im B2B-Bereich sind professionell produzierte Videos in Form von

Anwenderberichten und Referenzstorys bestens geeignet. Auch gut gemachte Livestreams, etwa von Messen und Events oder aus Produktionshallen und Forschungsabteilungen, stellen interessantes Content-Material dar. Der Trend geht dabei ins Hochformat.

- **Online-Seminar: Online-Seminare** eignen sich im Marketing-Automation-Kontext sehr gut, um Interessenten Inhalte oder Lösungen online zu präsentieren und Fragen der Teilnehmer zu beantworten. Sie finden zu einem definierten Zeitpunkt statt und die Teilnehmer müssen sich dafür anmelden. Wenn Sie Ihre **Online-Seminare** aufzeichnen, können Sie diese auch als Webcast anbieten.
- **Webcast:** In einem Webcast bieten Sie vorproduzierte Inhalte wie ein Video, ein Interview oder eine **Online-Seminar**-Aufzeichnung an, die ein Interessent anschauen kann, wann er möchte. Webcasts sind daher einfacher zu skalieren, bieten aber keine Möglichkeit zur direkten Kommunikation.
- **Whitepaper:** Whitepaper waren ursprünglich »Positionspapiere«, die in der Politik genutzt wurden, um Zahlen, Daten und Hintergründe zusammenzufassen und zu transportieren. Im Kontext von Marketing-Automation werden sie eingesetzt, um auf etwa fünf bis zehn Seiten komplexe Zusammenhänge deutlich zu machen.

Darüber hinaus gibt es verschiedene Content-Spielarten:

- **»Klassischer Dreisprung«:** Eine typische Content-Darreichungsform ist der »klassische Dreisprung«. Im ersten Kapitel thematisieren Sie die Schmerzpunkte Ihrer Buyer-Persona. Idealerweise fragt sich der Interessent beim Lesen, woher Sie so genau über seine Schmerzpunkte und Herausforderungen Bescheid wissen. Im zweiten Kapitel bieten Sie das »Schmerzmittel« in Form der methodischen Lösung. Präsentieren Sie dort aber noch nicht Ihr Produkt oder Angebot, sondern zeigen erst einmal die methodische Lösung der beschriebenen Herausforderung. Im dritten Kapitel können Sie jetzt Ihr Angebot präsentieren. Ergehen Sie sich dort aber bitte nicht in plumper Werbung, sondern zeigen Sie die Lösung mit Ihrem Angebot in der Praxis. Verkaufen Sie zum Beispiel eine Software oder eine Internetlösung, können Sie hier Screenshots zeigen.
- **Villarriba und Villabajo:** Kennen Sie die Werbung für ein Spülmittel in den zwei fiktiven spanischen Dörfern *Villarriba* und *Villabajo*? Beide Dörfer kochen Paella für ihre Feier in riesigen Pfannen. Nach der Feier geht es an die Reinigung der Pfannen. Ein Dorf spült mit einem klassischen Spülmittel und muss bis tief in die Nacht schrubben. Das andere Dorf nutzt das leistungsfähigere beworbene Produkt des Herstellers und kann dank des besseren Spülmittels schnell weiterfeiern. Diese Gegenüberstellung einer einfachen und einer leistungsfähigeren Lösung kann quasi für alle Produkte oder Dienstleistungen eingesetzt werden.
- **Buyer-Persona als Akteur im Content-Baustein:** Wenn Sie Buyer-Personas definiert haben, können Sie diese auch in einem Content-Baustein zu Wort kommen lassen. *Haufe-Media* bietet seinen Interessenten zum Beispiel ein Whitepaper mit dem Titel »Dopamin in der B2B-Vermarktung« an. In diesem Whitepaper unterhal-

ten sich die beiden Buyer-Personas *Lea* und *Robert* über Ihre Herausforderungen in der B2B-Vermarktung. Mit dieser Content-Spielart können Sie Ihre Interessenten emotional ansprechen und anschaulich zeigen, wie gut Sie die Schmerzpunkte kennen und wie gut Ihr Angebot hilft, sie zu meistern.

6.5 Welcher Content passt zum jeweiligen Touchpoint?

Nicht jeder Content ist für jede Kaufphase und jeden Touchpoint geeignet – und auch nicht für jede Person. Vielmehr muss penibel darauf geachtet werden, dass alles zusammenpasst. Dazu nutzen wir die Buyer-Journey:

Phase 1: Vorrecherche
In dieser Phase sucht jemand nach Informationen, die ihm helfen, sein Thema vollumfänglich zu erfassen, Pro und Contra zu sondieren und erste Lösungsansätze auszumachen. Er fragt sich zum Beispiel: Gibt es eine (bezahlbare) Antwort auf mein Problem? Dabei stößt er auch auf Fachbegriffe, Methoden und Ansätze, die er (noch) nicht kennt. Wer ihm an dieser Stelle hilft, heil durch den Dschungel der Möglichkeiten zu kommen und auch bei den Fachtermini Land zu sehen, hat gute Karten. Hierbei geht es vor allem darum, den Interessenten zu befähigen, sich an ein erstes Anbieter-Screening zu wagen. Die Frage, die sich daraus ergibt: Welcher Content ist für diese Phase besonders geeignet?

Phase 2: Anbietersuche
Für den Suchenden stehen folgende Fragen im Raum. Welche Anbieter gibt es für mein Problem? Wirken sie kompetent? Wirken sie seriös? Und sind das Profis? Wer hier im Web hat Erfahrungsberichte dazu? Was ist die Meinung anderer Leute? Wie kann ich mir eine möglichst umfassende erste Meinung zu den gefundenen Anbietern bilden? An Ihnen ist es zu überlegen: Welcher Content ist für diese Phase besonders passend?

Phase 3: Vorauswahl
Hat der Interessent eine Anzahl von Anbietern gefunden, die womöglich passen, beginnt er, diese zu bewerten. Dazu erstellt er eine Kriterienliste: Produkte, Funktionen, Services, Umsetzungskompetenz, Reputation am Markt, Preis, Verfügbarkeit, Standort usw. Seine Frage ist: Welche Lösungsansätze und Anbieter sind passend für mich? Ihre Überlegung lautet: Welcher Content ist für diese Phase besonders hilfreich?

Phase 4: Vorgespräche
Die auf der Vorauswahl-Liste stehenden Anbieter werden nun kontaktiert. Der Interessent möchte sie näher kennenlernen. Man vereinbart Telefontermine und/oder Gespräche vor Ort. Hierbei kommt nicht nur die fachliche Expertise ins Spiel, im Raum stehen auch atmosphärische Fragen: Kann ich mit denen oder nicht? Wie kann sich

eine Zusammenarbeit nach dem Kauf oder Abschluss fruchtbar entwickeln? Wirken die verlässlich und woran zeigt sich das? Kann ich wirklich brauchen, was die anzubieten haben? Also: Welcher Content hat in dieser Kennenlernphase Hand und Fuß?

Phase 5: Angebote anfordern

Von denen, die in die engere Wahl kommen, werden nun Angebote angefordert. Wie sehen diese aus? Kamen sie pünktlich? Findet sich das Besprochene darin wieder? Wie ist die Beweisführung, die zeigt, dass dieser Anbieter genau der richtige ist? Gibt es Erfolgsberichte? Referenzen? Medienpräsenz? Was spricht dafür, genau diesen Anbieter auf die Shortlist zu nehmen? Content zur Entscheidungshilfe ist in dieser Phase elementar.

Phase 6: Shortlist erstellen

Auf die Shortlist kommen so um die drei Anbieter, die nach einem konkreten Kriterienkatalog und/oder Bewertungsschlüssel durchgescannt werden. Hierzu werden meist Präsentationstermine anberaumt. Der Interessent stellt sich die Frage: Bei wem von denen soll ich jetzt tatsächlich kaufen? Warum gerade der? Oder der? Was spricht dafür? Und was dagegen. Warum genau jetzt? Oder noch warten? Wie kann ich das unseren Top-Entscheidern vermitteln? Ihre überlebenswichtige Frage: Welchen Content haben Sie für die Entscheidungsphase parat?

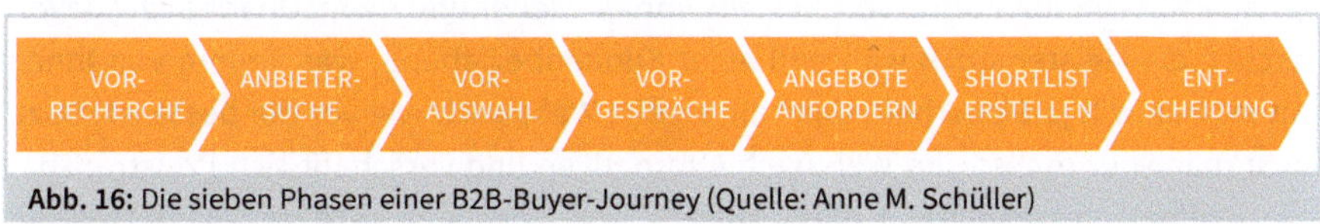

Abb. 16: Die sieben Phasen einer B2B-Buyer-Journey (Quelle: Anne M. Schüller)

Phase 7: Entscheidung

Sie haben alles getan, perfektes Content-Material ins Spiel gebracht, der Vertrieb hat sein Bestes gegeben. Jetzt heißt es nur noch: warten. Dann kommt die Entscheidung. Und sie heißt: Ja! Jetzt fliegen erst mal die Korken. Es wird gefeiert. So viel Zeit muss sein. Und dann? Bekräftigen Sie den Kunden in seiner Entscheidung, das ist wichtig. Denn vielfach macht sich gleich nach einem Kaufakt Kaufreue breit. Das Geld ist weg und die Zweifel sind da: »Hoffentlich ...« – »Hätte ich nicht besser ...?« – »Das andere ... war gar nicht so übel.« Was tun Sie also, damit »das erste Mal« für Ihren Kunden eine angenehme, in Erinnerung bleibende Erfahrung wird, die er gerne wiederholt? Vertrauensaufbau und das Zelebrieren einer Willkommenskultur sind gerade beim Erstkauf fundamental. Er ist der Startpunkt für eine zweite Journey: die Bestandskunden-Buyer-Journey (BBJ), die wir in Kapitel 5.12 schon kennengelernt haben. Sie dient der Kundenloyalisierung, soll Wiederholungskäufe initiieren und Empfehlungsaktivitäten stimulieren. Für all diese Zwecke braucht es Content. Vieles ist sicher schon vorhanden. Aber ist das auch gut genug?

Bestandskundenpflege

Der frisch gebackene Kunde wird an den Innendienst übergeben. Aus Ihrem Lead ist ein Bestandskunde geworden. Doch läuft alles rund? Am Anfang wird man besonders kritisch beäugt. Versprochenes muss eingehalten, ja sogar überboten werden, damit sich Vertrauen einstellt. Dann kommt der Kunde (hoffentlich) von sich aus wieder, kauft mehr. Hierfür wird die ganze Palette der Bestandskundenpflegemaßnahmen eingesetzt. Und dazu gehört auch Loyalisierungscontent. Machen die Unternehmen das gut? Content, der explizit für die Bestandskundenpflege eingesetzt wird, ist selten. Sie wissen schon: Ist man erst mal Kunde … Content-Spezialistin *Doris Eichmeier* sagt auf zielbar.de: »Ich bin mittlerweile der Überzeugung: Unternehmen, die Content-Marketing richtig verstanden haben, erkennt man an der Qualität ihrer Gebrauchsanweisungen.«[23] Die Serviceexperten *Sabine Hübner* und *Carsten K. Rath* erzählen von einem Vertreiber komplizierter technischer Geräte, der in seiner Kantine einmal Speisekarten auf Japanisch verteilen ließ. »Genauso fühlen sich unsere Kunden mit unseren Bedienungsanleitungen«, ließ er seine erstaunten Mitarbeiter wissen.[24] Auch wenn es nicht gleich so plakativ sein muss: Kümmern Sie sich zügig um die Optimierung solcher Inhalte, die Ihre Kunden davon überzeugen sollen, Kunde zu bleiben.

Der Wiederholungskaufprozess

Beim Wiederholungskaufprozess gibt es eine ganze Reihe von Varianten. Im günstigsten Fall kauft der Kunde von sich aus immer wieder und mehr. Unabhängig davon checken die Meisten auch während einer Kundenbeziehung, was andere von Ihnen halten. Man will ja Sicherheit, dass die eigene Wahl nach wie vor die beste ist. Dazu sucht man »nur mal so« im Web nach Alternativen und verschafft sich Preistransparenz. Hoffentlich kommen Sie dabei gut weg. Außerdem gibt es immerzu Interesse an Neuentwicklungen. In Branchen mit Ausschreibungspflicht wird es von Zeit zu Zeit zu einer erneuten Ausschreibung kommen. Dazu werden wiederum die sieben Phasen der Buyer-Journey durchlaufen. Sorgen Sie in jedem dieser Fälle mit gutem Content für die Pool-Position.

Unterstützung des Empfehlungsmarketings

Mundpropaganda und Weiterempfehlungen brauchen nicht dem Zufall überlassen zu bleiben. Beides kann, soll und muss systematisch unterstützt werden. Denn selbst dann, wenn ein Kunde hochzufrieden ist, wird er Sie nicht vollautomatisch weiterempfehlen. Zudem gilt es, dafür zu sorgen, dass sich Ihre Content-Stücke mithilfe Dritter im Web verbreiten. »Würden die Menschen so etwas gerne teilen?«, so lautet die neue Anforderung an jeden Content. Social Shareability ist das Stichwort dazu. In Kapitel 10 hören wir darüber sehr viel mehr.

23 Doris Eichmeier: Rückwärts in die Content-Zukunft, http://www.zielbar.de/content-zukunft-9715/ (aufgerufen am 25.02.2022).

24 Sabine Hübner und Carsten K. Rath: *Das beste Anderssein ist Bessersein.*

Rückgewinnung verlorener Kunden

In der fünften Phase der Bestandskunden-Buyer-Journey geht es um solche Kunden, die Sie aus welchen Gründen auch immer verloren haben (vgl. Abb. 17). Diese haben entweder aktiv gekündigt – oder ganz einfach nie mehr gekauft. Nachdem Sie sondiert haben, wen Sie überhaupt zurückhaben wollen, kann passender Content dabei helfen, die Rückgewinnung in Angriff zu nehmen. In Kapitel 11 erläutern wir ganz genau, wie das funktioniert.

Abb. 17: Die fünf Phasen einer Bestandskunden-Buyer-Journey (Quelle: Anne M. Schüller)

Nachdem wir also jetzt wissen, für welche vielfältigen Zwecke Content benötigt wird, machen wir uns nun an die Analyse des Content-Bestands. Content-Audit wird das genannt.

6.6 Das Content-Audit: Den Bestandsfundus sichten

Viele Unternehmen wissen gar nicht, welche Content-Schätze sich in ihren Archiven, Schränken, Schubladen und Dateiordnern verbergen. Manches ließe man wohl auch besser dort. Viel Interessantes gelangt allerdings nur deswegen nicht an die Öffentlichkeit, weil irgendwelche Altvorderen immer noch glauben, Wissen sei Macht. »Wir können doch unsere Expertise nicht einfach so im Markt verbreiten«, hören wir oft. »Am Ende füttern wir damit doch nur die Konkurrenz.« Gegen diese Bedenken hilft es, sich klarzumachen, dass in einer Sharing-Economy alles Wissen der Welt jederzeit und für jeden verfügbar ist. Was man nicht auf Ihrer Website findet, findet man anderswo. Und ist man erst mal dort, dann ist man erst mal fort.

»Verschenken, was man weiß, um zu verkaufen, was man kann«, dazu rät die Kommunikationsexpertin *Kerstin Hoffmann*. Natürlich gilt dies nicht für die Kronjuwelen einer Firma: Erfolgsstrategien, Fertigungsverfahren, Geheimrezepte, Unternehmenspatente. Doch es gilt für Ratgeberartikel, in denen man sein Know-how präsentiert. Dann kann es auch nicht passieren, dass jemand anderes solches Wissen erstmals ins Netz stellt und dann für sich reklamiert. Immer mehr Anbieter nutzen Content-Strategien, um Interessentenströme gezielt in ihre Richtung zu lenken.

Wer nichts zu sagen hat, gerät schnell in Vergessenheit. Nur der, der sich immer wieder neu im Bewusstsein des Kunden verankert, bleibt in Erinnerung. Legen Sie sich deshalb einen regelrechten Content-Fundus zu, aus dem Sie planmäßig schöpfen können.

Dazu wird am besten zunächst eine Bestandsaufnahme gemacht:
- Was haben wir an Content?
- Welchen Content setzen wir wo bereits ein?
- Was muss schleunigst weg?
- Was wird an der falschen Stelle platziert?
- Was wird zu oft oder zu selten platziert?
- Was fehlt an welchen Stellen?
- Was ist doppelt vorhanden?

Ist die quantitative Analyse erstellt, ist die Content-Qualität dran:
- Ergibt sich ein stimmiges Gesamtbild, das zu Produkt, Anbieter und Marke passt?
- Was ist veraltet oder enthält überholte Informationen?
- Was muss überarbeitet werden, weil es an den eingesetzten Stellen nicht funktioniert?
- Was kannibalisiert sich?
- Was kann an welcher Stelle wiederverwertet werden?

Ist die Bestandsaufnahme gemacht, stellen sich folgende Fragen:
- Was muss auf möglichst einzigartige Weise fundiert und hochwertig entwickelt werden, weil es für die User wichtig ist und als Unique Content auch *Google* gefällt?
- Mit welchen Inhalten lässt sich eine Vorreiterrolle oder Themenführerschaft erlangen?
- Wo bringen wir bereits vorhandene oder noch zu schaffende Storys zukünftig unter?
- Welche externen Stellen sollten prioritär mit Content bespielt werden?
- Wer im Unternehmen hat die passenden Inputs dazu?

Auf diese Weise prüfen Sie im Rahmen eines Content-Audits Ihren Content-Bestand und stellen fest, was für die angedachten Maßnahmen geeignet ist. Dies erfolgt in zwei Schritten. Zunächst tragen Sie Bestehendes in die linke Spalte einer Tabelle ein (vgl. Tab. 4). In die Kopfzeile schreiben Sie die Namen Ihrer Buyer-Personas. Markieren Sie dann mit einem X, für welche Buyer-Persona welcher Content-Baustein geeignet ist.

	Persona 1	**Persona 2**	**Persona 3**	**Persona 4**
Content-Baustein 1				
Content-Baustein 2				
Content-Baustein 3				
Content-Baustein 4				
…				

Tab. 4: Matrix Content-Baustein/Persona

Im nächsten Schritt erstellen Sie eine Tabelle für jede Persona. In die linke Spalte schreiben Sie die Namen der Content-Bausteine, die zu dieser Persona passen. In der Kopfzeile notieren Sie die Phasen der Buyer-Journey (vgl. Tab. 5). Markieren Sie dann mit einem X, für welche Phase der Buyer-Journey der jeweilige Baustein gut passt.

Buyer-Persona 1	Vorre-cherche	Anbieter-suche	Voraus-wahl	Vorge-spräche	Ange-bote	Shortlist
Content-Baustein 1						
Content-Baustein 2						
Content-Baustein 3						
Content-Baustein 4						
...						

Tab. 5: Matrix Content-Baustein/Stufe im Kaufprozess

Mit dieser Methode stellen Sie auch sehr schnell fest, für welche Buyer-Persona und/oder für welche Phase im Kaufprozess Sie noch Lücken in Ihrem Content-Fundus haben.

6.7 So erstellen Sie neues Content-Material

Wer systematisches Content-Marketing betreibt, benötigt einen ständigen Fluss von Content-Material. Dabei stellt sich schnell die Frage nach der Themenfindung. Beginnen Sie zunächst mit einer Themensammlung. Damit erfassen Sie alle Themen und Überschriften, die Ihre Buyer-Personas interessieren könnten. Hierzu lassen sich verschiedene Methoden nutzen:

- **Brainstorming:** Stellen Sie eine Gruppe von Vertretern aus Marketing, Vertrieb und Service zusammen. Dann starten Sie einen Ideenfindungsprozess nach den bekannten Brainstorming-Regeln. Die Themen Ihrer Brainstorming-Sessions können Sie in Listenform oder mithilfe einer Mindmap sammeln.
- **Brainwriting:** Wenn Sie keine Möglichkeit haben, sich zu treffen, können Sie auch schriftlich vorankommen. Schreiben Sie dazu eine Liste Ihrer Ideen und senden Sie diese Liste an einen ersten Kollegen. Dieser ergänzt die Liste und findet, angeregt durch Ihre Ideen, vielleicht noch ein paar neue. Die nun erweiterte Liste schickt er an einen dritten Kollegen. Ein solches Brainwriting können Sie quasi beliebig fortsetzen, bis Sie ausreichend Themen gefunden haben.
- **Die A-Z-Technik:** Auch die A-Z-Technik kann helfen, neue Ideen zu finden. Erstellen Sie dazu einfach eine Liste mit den Buchstaben von A bis Z und versuchen Sie, zu jedem Buchstaben eine Idee zu generieren. Zum Beispiel so:

A – Wie man Aggregate richtig dimensioniert.

...

H – Wie man für Anwendung xy die passende Hydraulikpumpe findet.

...

L – Wie man Lebensmittel kennzeichnen kann.

...

P – Wie man Polymere im Wareneingang prüfen kann.

...

S – Wie man Stoffgemische schonend thermisch trennen kann.

Ist die Themenliste erstellt, werden die Vorschläge zunächst geclustert und dann bewertet. Bewertungskriterien sind zum Beispiel die Relevanz für die Buyer-Persona, die Eignung für einzelne Phasen in der Buyer-Journey, der Aufwand bei der Umsetzung. Die Bewertungskriterien bestimmen, welche Themen in welcher Reihenfolge zum Einsatz kommen.

Lassen Sie sich aber bitte nicht nur von Ihrer eigenen Einschätzung lenken. Damit liegt man schnell falsch. Checken Sie vielmehr die Bedeutung der Themen aus Kundensicht. Ein klassischer Helfer dafür ist *Google Trends.*

Mithilfe von *Google Trends* lässt sich die Popularität von Themen und Begriffen im Zeitverlauf analysieren, was auch Rückschlüsse auf sich entwickelnde Strömungen in der Gesellschaft erlaubt. Zudem können Synonyme gegeneinander gestellt werden. So lässt sich zum Beispiel feststellen, ob die Menschen eher nach einem Haartrockner oder nach einem Fön suchen. Und ob sie Häkeldeckchen lieber kaufen oder selbermachen wollen. Das Ergebnis derartiger Recherchen kann enorme Auswirkungen darauf haben, wie gut Ihr Content performt. Ein toller Nebeneffekt: Sie beginnen, in der Sprache der Kunden zu reden. Unternehmensinterne Fachtermini, die draußen keiner versteht, sind nämlich höchst gefährlich. Was die Menschen nicht verstehen, das kaufen sie nicht.

In vielen Fällen braucht man natürlich viel tiefergehende Analysen, um kontinuierlich zu durchleuchten, welche Themen in der Branche, unter Kunden, in der Gesellschaft und im Ökosystem Internet gerade diskutiert werden oder vor dem Durchbruch stehen. Lesen Sie dazu unbedingt die Fachzeitschriften und frequentieren Sie die wichtigsten Fachportale und -foren Ihrer Zielpersonen. Idealerweise nehmen Sie diese in die Persona-Beschreibung mit auf.

Zudem müssen auch die Inhalte der Mitbewerber gecheckt werden, um sich von ihnen abzugrenzen oder besser noch, um diese zu toppen. Dazu bieten Sie am besten Content-Material an, das die Konkurrenz so noch nicht hat. Ferner muss der Content-Verantwortliche auf tagesaktuelle Ereignisse oder plötzliche Zwischenfälle sofort reagieren. Denn Content braucht auch Aktualitätsbezug. Und er muss immer vortrefflich sein. 08/15-Inhalte und nichtssagend Zusammengestöpseltes gehen in der heutigen Content-Schwemme gnadenlos unter.

Doch leider gehen viele Unternehmen mit Content noch immer sehr stiefmütterlich um. Über einen Flyer, der am Ende ungelesen im Papierkorb landet, haben in einem langwierigen Entscheidungsprozess zig Augen gewacht. Für Content hingegen, der im Internet ewig steht, soll ein unerfahrener Praktikant sorgen? Und während in eine Anzeigenkampagne, die kein Mensch beachtet, mal schnell 100.000 Euro fließen, soll die Content-Produktion möglichst kostenlos sein? Diese Logik erschließt sich uns nicht.

Sprachverwirrung, Klartext oder »Buzzword-Geblubber«?

Jeder Content braucht eine Analyse von Sprachstil und Tonalität: Sind die Texte überhaupt nützlich? Informierend und emotionalisierend zugleich? Ist die Sprache kundenfreundlich, kurzweilig und konkret? Oder kommunizieren Sie steif und distanziert, akademisch und unfassbar kryptisch? Gerade in Texten neigen wir dazu, uns behäbig und gestelzt auszudrücken, und das am liebsten in epischer Länge. Aufgeblähter, floskelhafter und fremdwortgespickter Management-Slang kommt im Business überall vor. »Buzzword-Geblubber« nennen wir das. Doch damit kommt man nicht weit.

Nebulöses Geschwafel entschlüsseln will niemand. Schlechte Kommunikation erzeugt allgemeine Verwirrung und Rückzug. Oder sie verursacht Missverständnisse, die zu falschen Schlüssen und schließlich zu fatalen Fehlentscheidungen führen können. »Die Sprache im Unternehmen sagt die Wahrheit über dessen Charakter«, schreibt die Autorin *Gabriele Borgmann* in ihrem Handbuch über *Business-Texte* (siehe Literaturverzeichnis).

Beim schon bestehenden Content ist also eine Sprachstil-Inventur fällig. Entrümpeln und entstauben Sie. Und misten Sie gnadenlos aus. Alles Geschwafel kommt weg. Und Klartext kommt rein. Geben Sie Ihren Texten einen leichten, frischen, lebendigen Anstrich und der Optik einen modernen Look. Grundsätzlich ist die Textverarbeitung –

im Vergleich zu Bildern – Schwerstarbeit für unser Gehirn. Deshalb: Lassen Sie die Worte dabei ruhig ein wenig tanzen.

Entwickeln Sie einen ganz persönlichen Schreibstil, der für Ihr Unternehmen typisch und im Idealfall auch wiedererkennbar ist. Am besten erstellen Sie dazu ein Textmanual, das grundsätzliche Regeln für die Ausdrucks- und Schreibweisen umfasst. Auch die vorgegebenen Schriftarten und Farben sowie Richtlinien für die Suchmaschinen-Optimierung gehören da hinein.

Danach geht es um die fachkundige Aufbereitung der ausgewählten Themen auf Ihrer Prioritätenliste. Ausprägungen, die besonders gut funktionieren:

- »Dos und Don'ts« für … (jeweiliger Themenbereich)
- (Check-)Listen wie: »In 10 Schritten zum erfolgreichen …«
- Fragen, die unserem Service immer wieder gestellt werden
- gesetzliche Aspekte, Auflagen und Vorschriften
- Berichte und Referenzen von Anwendern
- technische Hintergründe unserer Angebote
- Tipps für den Start eines Projektes
- Informationen über Methoden und Werkzeuge
- Trends aus der Branche
- Analysen, Reports, Forschungsergebnisse

Neben Einzelbeiträgen und Listen funktionieren Content-Reihen sehr gut. Teilen Sie dazu ein Thema in kleinere Teilbereiche und führen Sie Ihre Leser dann durch den Themenkomplex. Content-Reihen haben mehrere Vorteile:

- Die Experten, die Inhalte oder Texte beisteuern, wissen genau, wann ihr Input geliefert werden muss, und können sich darauf vorbereiten.
- Der Leser kann sich schrittweise mit »verdaubaren« Portionen in das Thema einlesen.
- Die Content-Reihe baut einen Spannungsbogen auf und die Leser freuen sich (hoffentlich) schon auf den nächsten Teil.
- Springt ein Leser mitten in die Content-Reihe hinein, kann er durch die Verlinkung zu den anderen Teilen gelangen.

Im B2B-Bereich sind die Inhalte oft sehr komplex. Bei der jeweiligen Aufbereitung kann man sich von erfahrenen Wirtschaftsjournalisten helfen lassen. Viele von ihnen sind als Freelancer tätig. Sie machen aus den drögesten Anwenderberichten professionelle Erfolgsreportagen. Ein großes Plus: Weil sie nicht vom Unternehmen selbst, sondern von einem neutralen Dritten geschrieben wurden, fehlt in solchen Arbeiten die übliche Selbstbeweihräucherung, es kommt zu einer sprachlichen Schärfung, die Außensicht wird besser rübergebracht und, ganz wichtig: Die Geschichte erscheint weniger werblich.

6.8 Sprachstil und Tonalität: Wie guter Content wirkt

Content-Texter sind »Verkäufer in der Online-Welt«, meint die Content-Expertin *Miriam Löffler*. »Sie müssen ein Thema, ein Produkt oder einen Artikel in einem aktiven und aktivierenden Schreibstil an die Internetnutzer bringen und mit ihnen ab dem ersten Wort in einen Verkaufsdialog einsteigen. Letztlich geht es stets darum, den User zu einer Handlung zu animieren: zum Kaufen, zum Klicken, zum Verweilen, zum Empfehlen, zum Kommentieren, zum Herunterladen, zum Teilen«, erläutert sie in ihrem sehr empfehlenswerten Buch *Think Content!*.

Gute Content-Texter beherrschen die Sprache und das Geschichtenerzählen. Sie können sich in die Welt des Lesers hineindenken. Speziell im B2B-Bereich benötigen sie ein grundlegendes Verständnis für technologische und/oder betriebswirtschaftliche Zusammenhänge. Wissen über SEO brauchen sie auch. Wenngleich die produzierten Inhalte natürlich vor allem dem User gefallen sollen, bedanken sich *Google* & Co. sowohl für Substanz als auch für Suchmaschinenfreundlichkeit mit vorderen Plätzen auf der Trefferliste. Darüber finden Sie am Ende dieses Kapitels vertiefende Informationen.

Zudem müssen Texter wissen, was auf den verschiedenen Social-Media-Plattformen gut funktioniert. Selbst die besten Inhalte nutzen nichts, wenn niemand von ihnen erfährt. Deshalb gehört zu jeder guten Content-Strategie sowohl eine Social-Media-Strategie als auch ein Plan, welcher Content wo eingestellt wird. Jedes Medium hat nicht nur formale Anforderungen, sondern benötigt auch einen eigenen Sprach- und Schreibstil. Nur was die jeweiligen User sowohl inhaltlich als auch optisch anspricht, wird gelesen, gelikt, kommentiert und weitergeleitet – und zahlt so auf die Content-Ziele ein.

Schließlich muss sich ein Texter mit dem Leseverhalten im Web auseinandersetzen, damit er die Nutzer erreicht. In einem Buch wird der Text horizontal gelesen, auf einer Website wird er vertikal, also von oben nach unten gescannt. Untersuchungen mit Augenkameras haben gezeigt: Der Blickverlauf folgt einem F. Das heißt: Man überfliegt die Navigationszeile am oberen Rand und beschäftigt sich dann vor allem mit dem, was auf der linken Seite steht. Sie erhält 70 % der Aufmerksamkeit, die rechte Seite nur 30 %. Wir haben gelernt, dass dort auch sehr oft die werblichen Elemente stehen. Interessante Impulse lassen einen aber immer mal wieder nach rechts ausbrechen.

Acht von zehn Usern scrollen nicht nach unten, sie sehen also nur das, was der Screen zeigt. Ebenfalls acht von zehn Usern lesen nur die Überschriften. Sie sind für den Einstieg elementar. Zieht die Überschrift nicht, war die ganze Arbeit an einem Content-Stück umsonst. Lediglich jeder fünfte beschäftigt sich intensiv mit einem Text. Ergo lautet die wichtigste gestalterische Regel: oben vor unten und links vor rechts. Die wichtigsten Schlagworte eines Textes, die Keywords, sollten in den oberen Überschriften stehen, und dort am besten am Anfang. Die Doppelpunkt-Taktik ist dafür optimal. Beispiel: »Wie guter Content entsteht: 5 Tipps zu Sprachstil und Tonalität«.

Immer sollte man sich die drei wesentlichen Fragen eines Lesers vor Augen halten:

- Mit welcher Absicht wurde das geschrieben?
- Was habe ich davon, wenn ich das alles jetzt lese?
- Was soll ich nach dem Lesen dann tun?

Wie können Sie also sicherstellen, dass die Botschaft in Ihrem Text erstens richtig verstanden wird und zweitens das gewünschte Handeln bewirkt? Der Trick: Schreiben Sie nicht, reden Sie! Am besten sagen Sie das, was Sie einem leibhaftigen Menschen face-to-face sagen würden, zunächst einem Diktiergerät. Danach ändern Sie nicht mehr viel. Schreiben Sie gesprochene Sprache. Dann macht es auch Spaß, Ihre Texte zu lesen.

Sorgen Sie mit kurzen Sätzen und verständlichen Worten für ein gutes Gefühl. Wecken Sie mit anschaulichen Bildern und ein wenig Humor die Neugier des Lesers. Hat er das Gefühl, Sie schreiben ihm ganz persönlich? Stellen Sie sich also die Person vor, der Sie etwas sagen wollen! Hierbei können Personas sehr gute Dienste leisten. Schreiben Sie an sie. Nutzen Sie dabei auch Worte aus dem Sprachschatz Ihrer Zielgruppe – und der Empfänger fühlt sich verstanden.

6.9 Die Heldenreise: Wie Content-Storys aufgebaut werden

In jedem Unternehmen schlummern unerzählte Geschichten. Sie müssen aus ihrem Dornröschenschlaf wachgeküsst, schön hergerichtet und dann in die Welt geschickt werden. Storylistening, Storymaking und Storytelling nennt man das im Marketingsprech. Facts tell, storys sell, heißt es auch. Gerade im B2B-Bereich sind Erfolgsgeschichten unverzichtbar, um die unternehmerischen Leistungen greifbar zu machen. Dazu eignen sich Reportagen, Fallstudien, Anwenderberichte, Videos und Podcasts besonders gut. Wirkungsvolle Geschichten, die weitererzählt werden können, entstehen aber nicht einfach so. Auf der Basis von wahren Begebenheiten werden sie nach allen Regeln der Kunst komponiert. Und dann gezielt weiterverbreitet. Hierbei gilt: Je emotionaler, desto viraler. Auch die Medien springen dann darauf an.

Übrigens hat der US-amerikanische Wissenschaftler und Nobelpreisträger *Daniel Kahneman* experimentell nachgewiesen, dass nicht derjenige die Deutungshoheit erlangt, der die besten Argumente zusammenträgt, sondern derjenige, der die stimmigste Story erzählt. Zudem machen Geschichten die Unternehmen und ihre Mitarbeiter menschlicher und sorgen für Nähe.

Gut gemachte Geschichten sind Kino für unseren Denkapparat. Sie werden aus der Perspektive des Helden erzählt. Das ist in aller Regel ein erfolgreicher Kunde. Menschen lieben Helden über die Maßen, wenn diese ein hehres Ziel verfolgen und nach anfänglichem Zögern über sich hinauswachsen. Idealerweise folgt der Erzählstrang einer sogenannten Heldenreise. Diese führt entlang eines Spannungsbogens von einer suboptimalen Ausgangslange über Hindernisse und Blockaden, Irrwege und Beinahe-Abstürze zu einem glorreichen Ende. Heldenreisen sind niemals einfach. Sie faszinieren uns vor allem dann, wenn sie das für gewöhnlich Mögliche weit überwinden.

Unternehmen, Produkte und Mitarbeiter fungieren dabei als Helfershelfer, als treue Gefährten oder nützliche Geister, die zwar im Hintergrund bleiben, ohne die die Transformation allerdings nicht gelingt. Und wie in einem guten Film zieht sich der Konflikt hin. Die Lösung kommt dann plötzlich und schnell.

Das Grundmodell einer typischen Heldenreise, das der amerikanische Mythenforscher *Joseph Campbell* entwickelt hat, umfasst zwölf Etappen in zwei Akten:

- **Der erste Akt: die alte Welt**
  Eine Situation, die suboptimal ist. Die Ahnung, dass es da draußen etwas Besseres gibt. Schwellenhüter versuchen, den Aufbruch zu verhindern. Begegnung mit einem Mentor, der Mut macht und Wege aufzeigt. Überschreiten der Schwelle ins Neuland.
- **Der zweite Akt: die neue Welt**
  Prüfungen, Gegenspieler und Verbündete tauchen auf. Der Tag des Showdowns rückt näher. Der Entscheidungskampf findet statt. Der Sieg wird errungen. Der Rückweg wird angetreten. Die Verwandlung zeigt erste Früchte. Das Ziel ist erreicht.

Moderne Content-Storys werden inzwischen transmedial, also über verschiedene Medien hinweg erzählt. Von Digital Storytelling spricht man in diesem Fall. Zuhörer und Zuschauer sind dabei nicht länger auf die Funktion des passiven Konsumenten beschränkt, sie können sich vielmehr interaktiv und schöpferisch einbringen: indem sie in virtuellen Welten nach Belieben navigieren, sich angebotenes Hintergrundmaterial beschaffen, Erzählstränge im Web selbst weiterentwickeln oder zumindest kommentieren und voten.

> »Wenn es demnach Werbung und PR gelingt, die Zielgruppe für eine transmediale Story zu begeistern, so wird dies durch eine gesteigerte Verweildauer, höhere Loyalität gegenüber der Marke sowie durch eine höhere Weiterempfehlungsrate belohnt«, schreibt *Petra Sammer* in ihrem Buch *Storytelling*.

Erzählende Bilder und Videoclips spielen in diesem Kontext eine zunehmend wichtige Rolle. Von Visual Storytelling spricht man in diesem Fall.

Die ausgewählten Geschichten müssen mediengerecht aufbereitet werden: Auf der eigenen Website wird die Langversion der Story erzählt. Auf *Facebook* wird sie verkürzt oder in Häppchen verteilt. Auf *Instagram* wird sie reichlich mit Bildern garniert. Und als Bewegtbild kommt sie bei *YouTube* & Co. fast wie ein Thriller daher. Der digitale Storykosmos ist insgesamt groß. Dazu gehören die Zugangsgeräte ins Web und die virtuellen Plattformen jeder Couleur, mit deren Hilfe man Geschichten durch den Cyberspace schickt, damit Interessenten sie finden. Dazu gehören auch digitale Plakate, Stelen und Screens sowie Augmented- und Virtual-Reality-Tools, mit denen digital aufbereitete Storys wieder zurück in die Offline-Welt kommen.

Bei all dem sollten je nach Zielgruppe unterschiedliche Facetten einer Geschichte hervorgehoben werden: Der Einkäufer einer Maschine braucht eine andere Geschichte als der Fertigungsleiter. Ein Junggeselle interessiert sich für andere Details als ein stolzer Familienvater. Und einen Kenner faszinieren andere Finessen als einen Neuling.

6.10 Content-Plan: Wo und wie Content eingesetzt wird

Bis hierhin haben Sie eine Übersicht möglicher Content-Formate erstellt, Ihren Content-Fundus analysiert, ausgemistet und fehlenden Content ergänzt. Nun gilt es zu planen, wann und wie Sie welche Inhalte einsetzen und vermarkten. Dazu brauchen Sie eine Kampagnenplanung und einen Redaktionsplan. Denn man kann unmöglich überall gleichzeitig loslegen.

Zum Beispiel beginnen Sie mit Ihrer wichtigsten Persona. Dahinter verbergen sich ja Kunden, die auf Ihrer Wunschliste ganz oben stehen. Bereiten Sie das erste Content-Stück passgenau für sie auf. Entscheiden Sie, in welcher Phase der Buyer-Journey und an welchen Kontaktpunkten sie es einsetzen wollen. Diese beiden Entscheidungen bestimmen das Content-Format, den Inhalt und die Tonalität. Dann planen Sie, beispielsweise in einem 14-Tages-Rhythmus, weitere Content-Stücke vor. Für die zweitwichtigste Persona machen Sie es danach genauso. Was die Frequenz betrifft, ist Fingerspitzengefühl gefragt. Zwischen zu viel und zu wenig liegt oft nur ein schmaler Grat. Keinesfalls darf sich ein Kunde belästigt fühlen, weil Sie dann für immer im Spamordner landen. Allerdings soll man Sie auch nicht vergessen.

Die eigene Website ist der Heimathafen und das Herzstück jeder Content-Strategie. Auf ihr läuft nahezu alles zusammen. Und genau deswegen sieht es dort vielfach aus wie Kraut und Rüben. Erschreckt entdeckt man einen zusammengewürfelten Haufen von Einzelstücken, die wer auch immer dort warum auch immer eingestellt und danach nie mehr aktualisiert hat. Doch wer entscheidet darüber, was weg muss und was bleibt? Final ist es der User. Was seit Jahren noch nie angeklickt wurde, hat null Relevanz. Damit hat es auf einer Website auch nichts verloren.

In einem gut gepflegten Content-Bereich, oft Content Hub genannt, lässt sich passender Content, also Fachartikel, Fallstudien, E-Books, Infografiken, Tutorials, Ratgeber, Bilder, Checklisten, Präsentationen, Videos und so fort übersichtlich und, zusammen mit den jeweils dazugehörigen Landingpages, geordnet präsentieren. Zudem können Sie dort auch fremden Content, also Interviews, Gastbeiträge, Erfahrungsberichte, Studienergebnisse, Umfragen, neueste Branchenmeldungen usw., unterbringen. So werden Sie zu einem Kompetenzzentrum Ihrer Branche. Ihre Wissensplattform verbessert nicht nur das *Google*-Ranking, es bringt auch deutlich mehr Traffic.

Menschen suchen in der Recherchephase ja eher ganz selten nach einem konkreten Produkt und dessen Hersteller oder Anbieter. Sie haben vielmehr allgemeinen Informationsbedarf, spezifische Fragen oder ein aktuelles Problem. Hierzu geben sie Schlagworte in eine Suchmaschine ein. Auf Ihrer Webpräsenz finden sie dann die passenden Antworten. Zudem zeigen Suchmaschinen diese weit oben auf den Trefferlisten an, weil sie hochwertigen Qualitätscontent den minderwertigen Inhalten (Thin Content) vorziehen. Und: Wer sich erst einmal auf Ihrer Seite aufhält, weil er dort viele nützliche Dinge findet, der kauft dann auch dort. Oder er initiiert einen ersten Kontakt. Oder er lädt sich zumindest ein Content-Stück herunter und startet so den Dialog.

Kundenerfahrungen beginnen heute am Smartphone. Die meisten Suchanfragen startet inzwischen mobil. Deshalb müssen Website und Content Smartphone-optimiert sein. Am PC schauen sich die meisten User nur die Treffer bis zum »Bruch«, also der Unterkante des Bildschirms an. Auf dem Smartphone sind es im Schnitt die ersten drei Treffer – oder man benutzt gleich eine App. Das Smartphone-Display ist also das strategische Nadelöhr zu Ihrer Zukunft. Deshalb: Mobile first. Immer mehr Anbieter kreieren ihre Websites zunächst für die wichtigsten Smartphone-Modelle. Für den Computer wird erst im zweiten Schritt optimiert.

Je größer das Unternehmen, desto professioneller muss dann das Content-Marketing aufgestellt sein. Dazu gehören folgende Planungspunkte:

- **Redaktionsplan:** Welche Inhalte sollen wen, wann und wo erreichen?
- **Content-Produktion:** Wer schreibt was bis wann für welchen Zweck?
- **Technische Unterstützung:** Welche Tools und Programme sind nötig?
- **Monitoring:** Wie werden die Ergebnisse gemessen und dokumentiert?
- **Mittel und Kosten:** Welche Ressourcen/Budgets stehen zur Verfügung?
- **Ansprechpartner:** Wer ist für das gesamte Thema hauptverantwortlich?

Wer zu diesen Punkten weiter in die Tiefe gehen will, wird in *Die Content-Revolution in Unternehmen* von *Klaus Eck* und *Doris Eichmeier* fündig (siehe Literaturverzeichnis).

Bevor Sie sich dann tatsächlich an die Umsetzung machen, sind folgende Fragen fundamental: Lassen sich die vollmundigen Aussagen Ihrer Content-Kampagnen tatsächlich erfüllen? Können Sie jeden Tag und bei jedem Kunden sicherstellen, dass Ihre abgegebenen Leistungsversprechen vollumfänglich eingehalten werden? Lassen sie sich einfordern? Gibt es für den Kunden eine Garantie, auf die er sich verlassen darf? Minderleistungen können selbst durch die süßeste Content-Prosa nicht glattgebügelt werden. Wenn ein Anbieter seine Versprechen bricht, ist es aus mit der Kundentreue. Deshalb muss im Vorfeld einer Kampagne zwingend mit den Mitarbeitern gemeinsam erarbeitet werden, wie sie den aufkommenden Kundenerwartungen begegnen können, wollen und sollen.

6.11 Content-Distribution: Wie Sie Content aktiv in Umlauf bringen

Die besten Stücke Ihres Content-Materials halten Sie natürlich exklusiv für solche Interessenten und Kunden bereit, die Sie im Zuge des Marketing-Automation-Prozesses entwickeln wollen. Dazu sollen diese auf Ihre Website oder eine Landingpage kommen, sich dort registrieren und zum Beispiel das gewünschte Content-Stück herunterladen. Wären all Ihre Content-Schätze offen zugänglich, würde das Ihr Ziel konterkarieren.

Andererseits ist es manchmal auch angebracht, Content breit zu streuen. Es gibt eine Fülle von Techniken und Tools, um bei Bedarf die Erfolgsaussichten einer Content-Kampagne zu erhöhen. Native Advertising, Advertorials und Sponsored Posts gehören dazu. Passender Content kann auch über Influencer sowie über Seeding-Partner und andere professionelle Weiterverbreiter in Umlauf gebracht werden. Oder Sie teasern fundierten Content durch einen substanziellen Fachartikel öffentlich an und verweisen auf ein viel ausführlicheres E-Book, dass man bei Ihnen herunterladen kann. Oder Sie laden Ihre Leser ein, Ihren Content aktiv zu teilen. Besonders wichtig sind dabei die vielen eigenen und fremden virtuellen Außenposten im Social Web: die Blogs, die Fach- und Themenportale, die Netzwerke und Communities.

Veröffentlichen Sie Ihre Content-Stücke am besten als Erstes auf Ihren eigenen Präsenzen. So erhalten die Suchmaschinen die Möglichkeit, zunächst die Originalquelle zu indexieren. Danach beginnen Sie mit dem Weiterverbreiten, zum Beispiel an folgenden Stellen:

- Teilen Sie Ihren Content auf allen geeigneten Social-Media-Präsenzen. Benutzen Sie verschiedene Überschriften je nach Kanal.
- Berichten Sie in den Statusmeldungen von *Xing* und *LinkedIn* sowie in Branchenforen oder *Xing*- und *Facebook*-Gruppen darüber.
- Suchen Sie nach Portalen wie *SlideShare, Scribd, Issuu, Medium,* die *Competence Site, LinkedIn Pulse* oder die *Marketingbörse*, in die man Content selbstständig einstellen kann.

- Bieten Sie Portalbetreibern und reichweitenstarken Bloggern passende Inhalte aktiv und exklusiv an.
- Auch die Medien sind dankbare Abnehmer für qualifizierten Content. Suchen Sie nach geeigneten Fachzeitschriften mit Online-Plattformen. Oder stellen Sie Meldungen zu neuem Content-Material auf Presseportalen ein.

Installieren Sie rechtskonforme Social-Media-Plugins, also Share- und Like-Klickfelder direkt beim jeweiligen Content, damit es für Dritte so einfach wie möglich ist, passende Inhalte mit deren Netzwerk zu teilen. Solche Plugins verbinden Ihre Website, Ihren Newsletter, Ihren Blog oder Ihre App mit sozialen Netzwerken wie *Facebook*, *Xing*, *Twitter* und *LinkedIn*. So können neue Interessenten gewonnen und in den Leadkreislauf eingespeist werden.

Content nur auf der eigenen Website »auszusetzen« – in der Hoffnung, dass er von den richtigen Leuten gefunden wird –, ist wenig sinnvoll. Vielmehr sollten die User animiert werden, die Botschaft aktiv zu verbreiten. Denn Content, der nur von wenigen gesehen wird, kann nicht von vielen geteilt werden. Zudem ist die 90-9-1-Regel von Usability-Berater *Jakob Nielsen* zu beachten. Demnach sind nur 1 % der Menschen in den Web-Communitys Superaktive, 9 % sind punktuell Beitragende und 90 % folgen dem digitalen Austausch ganz und gar passiv.

Es lassen sich vier Grundmotive unterscheiden, die erklären, warum Menschen Content weiterverbreiten:

- **Hilfsbereitschaft und Altruismus:** Man will sich nützlich machen und anderen mit den weitergeleiteten Inhalten helfen, sie vor Schaden bewahren oder ihr Wohlwollen erlangen.
- **Profilierung und Statusaufbau:** Man will zeigen, zu welch exklusiven, hochwertigen Inhalten man Zugang hat und hierdurch auch sein Selbstbild nähren.
- **Kontaktpflege und Zugehörigkeit:** Man leitet Inhalte weiter, um Kontakte nicht abreißen zu lassen oder Diskussionen in eigenen Netzwerken anzuregen.
- **Gestaltungswille und Sinnhaftigkeit:** Man möchte mit seinem Tun die Dinge, die einem am Herzen liegen, mitgestalten, verändern oder verbessern.

Untersuchungen des Wissenschaftlers *Matthew Lieberman* von der *University of California (UCLA)* haben gezeigt: Ob etwas geteilt wird oder auch nicht, hängt von seinem »Belohnungswert« ab. Zwei maßgebliche Kriterien gibt es dabei: Ist es erstens wertvoll für mich? Und könnte es zweitens wertvoll für andere sein? Sich also Dritten gegenüber als Übermittler neuer, reizvoller oder nützlicher Inhalte zu präsentieren, ist für viele Menschen eine Form der Belohnung. Dies bietet auch die Möglichkeit, Sozialkapital aufzubauen. Jeder Mensch hat somit eine Grundveranlagung, Inhalte zu teilen. Inwieweit er das dann tatsächlich tut, hat auch mit seiner Intro- oder Extravertiertheit zu tun.

Sie wollen zusätzliche Anreize schaffen und die Multiplikatoren für ihre Arbeit belohnen? Dann wählen Sie weise! Ferner ist der Rechtslage Beachtung zu schenken. Gutscheine und Prämien sind zwar attraktive Köder, doch sie laden auch zum Missbrauch ein. Geld konterkariert eine gute Sache sehr oft. Deshalb gibt es Anbieter, die fürs Teilen stattdessen Karmapunkte verleihen. Sie können auch eine »Hall of Fame« für Ihre fleißigsten Weiterverbreiter ins Leben rufen. Entwickeln Sie dafür Sterne oder Abzeichen (Badges), und verschenken Sie ab einem bestimmten Level Supercontent.

6.12 Die Bedeutung der Suchmaschinenoptimierung

Wir rekapitulieren: Die Themensuche startet heutzutage fast immer im Web. Meist beginnt dieser Prozess mit der Eingabe eines Wortes, einer Wortkombination oder einer Frage im Eingabefeld einer Suchmaschine. Aber eben nicht nur so. Der Sprachsteuerung gehört die Zukunft. Die Suchmaschinen werden infolge der zunehmend verbalen Suchanfragen (Voice Search) neue Wege einschlagen. Vor allem bei der mobilen Suche rücken W-Wort-Abfragen nach vorn: Wo finde ich Informationen über ...? Wer hat schon Erfahrungen mit ...? Wann setzt man Produkt ... am besten ein? Solche Fragesätze ersetzen die klassische Keyword-Eingabe. Wer auf den Trefferlisten ganz weit oben sein will, muss seine Suchmaschinen-Optimierung (SEO) und sein Suchmaschinen-Marketing (SEA) entsprechend justieren.

Doch egal, ob Klick oder Swipe oder Voice, entscheidend ist am Ende die Frage, welche Begriffe eine Person eingibt, wenn sie nach einer Lösung für ihr Problem sucht. Haben Sie jemanden im Unternehmen oder arbeiten Sie mit einer Agentur zusammen, die sich um die Suchmaschinen-Optimierung kümmert, dann sollte diese über Ihre Persona-Profile informiert sein. Oft bieten solche Profile einem SEO-Spezialisten neues Potenzial für die Keyword-Strategie und bessere Ergebnisse bei der organischen Suche. Sie können nun herausfinden, wie oft nach passenden Suchbegriffen (Keywords) gesucht wird (Suchvolumen) und wie hoch der Schwierigkeitsgrad ist, um etwa bei *Google* eine gute Position zu erreichen. Denn die ganze Arbeit rund um guten Content ist am Ende umsonst, wenn er nicht gefunden wird.

SEO-Spezialisten können Ihnen viele interessante Erkenntnisse bescheren. Dabei geht es zum einen um Ihre eigene Positionierung zu spezifischen Themen und Begriffen. Zum anderen geht es um die Positionierung Ihrer Konkurrenz zu diesen Begriffen: Wo wirbt sie? Wie wirbt sie? Welche Touchpoints bespielt sie? Und welche nicht? Welche SEO-Strategie verfolgt sie? Macht sie das besser oder schlechter als Sie?

Wie kriegsentscheidend SEO sein kann, zeigen die folgenden Zahlen: Fast 60 % der organischen Klicks gehen, einer *Sistrix*-Untersuchung zufolge, auf die erste Position des Suchmaschinenrankings. Die zweite Position erhält knapp 16 %, die dritte nur noch 8 % der Klicks. Insgesamt entfallen 99 % aller organischen Klicks auf die erste Trefferseite.[25] Natürlich können dies keine allgemeingültigen Zahlen sein, denn die unterschiedlichsten Faktoren haben einen Einfluss auf die Klickwahrscheinlichkeit: die Suchintention, der Informationsbedarf, das Device und vieles mehr. Zudem bekommt jeder eine andere Trefferliste gezeigt. Sie ist das Ergebnis der persönlichen Suchhistorie.

SEO ist in jedem Fall ein breites Betätigungsfeld. Und die Dinge ändern sich laufend, weil die Suchmaschinen sich ständig weiterentwickeln. Faule Tricks werden abgestraft. Und Erfolgsgarantien, mit denen windige Agenturen ahnungslose Anbieter zu ködern versuchen, gibt es nicht. Fundierte Sachkenntnis ist unumgänglich. Vertiefende Informationen zum Thema Suchmaschinenoptimierung würden den Rahmen dieses Buches sprengen. Deshalb unser Tipp: Machen Sie sich mit den Publikationen von *Google* und deren Webmaster-Tools zum Thema SEO vertraut. Und/oder konsultieren Sie bei Bedarf einen sachkundigen, vertrauenswürdigen SEO-Experten.

25 https://www.sistrix.de/news/klickwahrscheinlichkeiten-in-den-google-serps/ (aufgerufen am 28.02.2022).

7 Das moderne Leadmanagement

Im alten Leadmanagement werden Leads auf welche Weise auch immer vom Marketing beschafft und ohne weitere Qualifizierung an das Vertriebsteam übergeben. Aussagen wie diese sind dann gar nicht so selten: »Eure Leads sind Mist, mit denen kann man nichts anfangen.« Was folgt, sind müßige Diskussionen über die Qualität der jeweiligen Arbeit. Das Marketing ist sauer, weil die neuen Leads mit viel Aufwand generiert wurden und diese Leistung vom Vertrieb »mal wieder« nicht gewürdigt wird. Sogleich wird vermutet, dass der Vertrieb sich gar nicht »richtig« um die Leads kümmert und wohl am liebsten fertige Abschlüsse auf dem Silbertablett serviert bekommt. So fliegen Vorurteile und Unterstellungen hin und her. Anstatt sich um die Kunden zu kümmern, verpufft viel Zeit mit internem Gedöns.

Wer ein unqualifiziertes Lead direkt an den Vertrieb weitergibt, braucht sich nicht zu wundern, wenn der Vertriebserfolg ausbleibt. Aber nicht nur, dass die Ergebnisse zu wünschen übrig lassen, dieses Vorgehen hinterlässt noch andere Spuren. Der Vertrieb ist frustriert und verweigert nicht selten komplett die Bearbeitung weiterer Leads. Der Eindruck, der bei Interessenten durch die (viel) zu frühe Kontaktaufnahme entsteht, ist selten positiv. Im schlimmsten Fall fühlt man sich an die AUA-Zeit des berüchtigten Hardselling-Verkaufs erinnert: anhauen, umhauen, abhauen. Doch wer sich bedrängt, manipuliert oder über den Tisch gezogen fühlt, zieht sich zurück.

Im neuen Leadmanagement ist all das ganz anders. Die Vorqualifizierung eines Leads und der Zeitpunkt der Übergabe sind wesentliche Kernpunkte in diesem Prozess. Denn das ist ja wohl logisch: Jemand, der sich bereits konkret mit einer Sache befasst hat und nun detaillierte Informationen oder gar schon ein erstes Angebot will, wird für eine verkäuferische Kontaktaufnahme viel empfänglicher sein als jemand, der gerade erst mit der Themenrecherche beginnt. Der erste Interessent ist »reif« für den Vertrieb, der zweite hingegen noch nicht. Das ist der Grüne-Bananen-Effekt, den wir eingangs erwähnten.

Der Grüne-Bananen-Effekt® !

Wenn Sie in eine außen noch grüne Banane beißen, wird sie Ihnen wahrscheinlich nicht schmecken. Die Banane ist aber doch nicht schuld an der Misere. Sie haben sie einfach zu früh gegessen. Eine Banane braucht die Reisezeit von der Plantage bis ins Geschäft, um zu reifen. Vergleichbar verhält es sich auch mit Interessenten. Leads sollten reifen, bevor sie von einem Vertriebsmitarbeiter kontaktiert werden. Dieser Reifungsprozess entsteht durch »Lead-Nurturing«.

Quelle: https://fromcoldtoclose.de/der-gruene-bananen-effekt-in-marketing-und-vertrieb/

Doch schauen wir uns zunächst den kompletten Ablauf eines modernen Leadmanagements, das das Bestandskundengeschäft integriert, einmal ganz genau an.

7.1 Der Lead-Funnel im modernen Leadmanagement

Die Phasen im Leadprozess eines modernen Leadmanagements sehen wir in Abbildung 18. Idealerweise definieren Marketing und Vertrieb zusammen einen durchgängigen Lead-Trichter, auch Lead-Funnel genannt, der von der Leadgenerierung über den Abschluss (Cold to Close) bis zum erneuten Kauf und der Empfehlungsgenerierung, gegebenenfalls sogar bis zur Kundenrückgewinnung reicht.

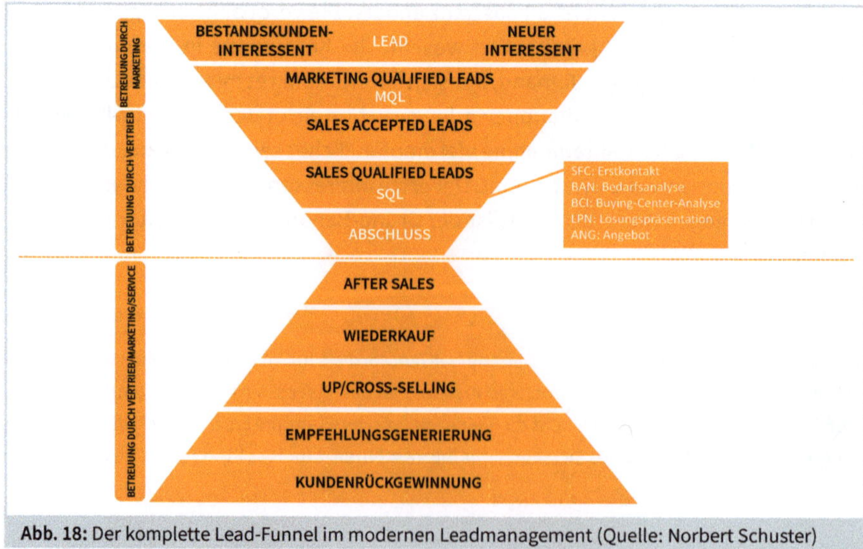

Abb. 18: Der komplette Lead-Funnel im modernen Leadmanagement (Quelle: Norbert Schuster)

Hier die Erklärungen zu den einzelnen Begriffen und der Vorgehensweise:

- **Lead:** Ein Lead ist entweder ein ganz neuer Interessent oder ein Bestandskunde, der Interesse an einem neuen Angebot hat.
- **MQL – Marketing Qualified Lead:** Der Lead wird durch das Marketing solange betreut und mit Content-Angeboten »gefüttert«, bis er die Vertriebsreife und damit den Status MQL (Marketing Qualified Lead) erreicht. Dann wird er an das Vertriebsteam übergeben. Vor allem im B2C-Bereich kann diese Übergabe auch an den Webshop erfolgen. In dem Fall kauft der Interessent ohne menschlichen Kontakt direkt online.
- **SAL – Sales Accepted Lead:** Der Vertrieb kann den Lead annehmen oder ablehnen. Das geht aber natürlich nur mit einem guten Grund. Dies ist bei einem Neukunden zum Beispiel dann der Fall, wenn ein Vertriebsmitarbeiter bereits mit dem Kundenunternehmen in Kontakt ist und in Erfahrung gebracht hat, dass dieses beispielsweise kein Budget hat, nur ein Vergleichsangebot will oder die Lösung für den Kunden nicht passt. Entspricht der Lead den gemeinsam von Marketing und Vertrieb definierten Parametern und akzeptiert der Vertrieb den Lead, ändert sich der Status zu SAL (Sales Accepted Lead).
- **SQL – Sales Qualified Lead:** Nun beginnt der Vertrieb, diesen Lead zu qualifizieren. So ändert sich sein Status zum SQL (Sales Qualified Lead). Dabei geht der Vertriebsmitarbeiter durch seinen Vertriebsprozess, um den Interessenten bis zum Kauf bzw. Abschluss zu führen.

In komplexen Kauf-/Verkaufssituationen, bei stark erklärungsbedürftigen Produkten und vor allem dann, wenn man es im B2B mit Buying-Centern zu tun hat, macht eine Ausdifferenzierung der SQL-Phase Sinn.

- **SFC (Sales First Contact):** Der erste Vertriebskontakt zum Interessenten bzw. der Vertriebskontakt zum Bestandskunden im erneuten Kaufprozess.
- **BAN (Bedarfsanalyse/Bedarf verifizieren):** In dieser Phase analysiert der Vertrieb den Bedarf des Interessenten. Da der Interessent im Marketing-Automation-Prozess schon viele Signale durch seine Entscheidungen für Content und durch die Beantwortung von direkten Fragen hinterlassen hat, muss der Vertrieb hier nicht bei null anfangen. Dazu muss er die Kontakthistorie kennen, also wissen, welche Content-Stücke und damit welche Informationen der Interessent bereits hat. Auf diese Historie kann er aufsetzen und nun den konkreten Bedarf verifizieren bzw. spezifizieren.
- **BCI (Buying-Center identifizieren):** Speziell im B2B-Bereich entscheidet oft nicht nur eine Person, sondern ein Buying-Team. Daher ist es in dieser Phase für den Vertrieb wichtig, herauszufinden, wie sich das Buying-Center zusammensetzt und welche Personen an einer Entscheidung beteiligt sind.
- **LPN (Lösung präsentieren):** Je nach Umfeld und Thema erfolgt in dieser Phase eine Vorstellung der erarbeiteten Lösung, zum Beispiel im Rahmen einer Präsentation.
- **ANG (Angebot/Forecast):** In dieser Phase wird dem Kaufinteressenten ein spezifisches Angebot unterbreitet und ein Forecast erstellt.

Egal, ob bei der SQL-Kurzversion oder der erweiterten SQL-Fassung, nun wird es spannend. Wir warten auf das Kunden-Ja.

- **Abschluss/Verkauf:** Ziel aller Aktivitäten ist natürlich der Kauf oder Abschluss. Das Ergebnis des Kaufprozesses muss in jedem Fall an das Marketing zurückgemeldet werden. Nur so können die Aktivitäten richtig bewertet und in der Folge optimiert werden. Danach wird der (Wieder-)Kunde in die Bestandskundenbetreuung oder Auftragsabwicklung, also in den After-Sales-Bereich (zurück)übergeben. Von hier aus werden passende Maßnahmen im Rahmen der Bestandskunden-Buyer-Journey, die wir schon kennen, initiiert.

Nach dem Abschluss darf der Prozess ja keinesfalls enden. Hier beginnt die weitere Entwicklung der Kunden:

- **After-Sales:** Nach dem Abschluss ist es nicht nur wichtig, dem Kunden eine Nachverkaufsbestätigung zu geben und mit einem Willkommenspaket zu empfangen. Je nach Situation sind ihm zum Beispiel auch Schulung, Training, Wartung und Verbrauchsmaterialien aktiv anzubieten.
- **Wiederkauf:** Hat ein Kunde einmal gekauft, hat er in den allermeisten Fällen Bedarf, mehr vom selben Angebot zu kaufen. Dies gilt es in dieser Phase proaktiv abzuprüfen.
- **Up/Cross-Selling:** Der Kunde kann auch Bedarf an höherwertigen oder zusätzlichen anderen Angeboten haben. Das ist in dieser Phase in Erfahrung zu bringen und mit entsprechenden Maßnahmen einzuleiten.
- **Empfehlungsgenerierung:** Nach dem (Wieder-)Kauf gilt es, den Kunden (weiterhin) so gut zu betreuen und aktiv zu ermuntern, dass er den Anbieter weiterempfiehlt und somit zum Markenbotschafter und Vorverkäufer für neue Interessenten wird.
- **Kundenrückgewinnung:** Wurde der Kunden verloren, kommt diese Phase systematisch zum Einsatz, um den Kunden zurückzugewinnen.

Mit diesem Modell erhalten Sie einen transparenten Überblick, wie viele Leads/Bestandskunden sich gerade in welchem Stadium befinden und können entsprechende Maßnahmen auf den Weg bringen.

Je nachdem, mit welcher Vertriebsmethode gearbeitet wird, können Aufgaben, die klassischerweise dem Vertrieb obliegen, bereits im Rahmen der MQL-Phase erledigt werden. Informationen, die in Vertriebsmodellen wie zum Beispiel »Miller Heiman«, »SpinSelling« oder »Challenger Sales« der Vertriebsmitarbeiter in Erfahrung bringen muss, erledigt im modernen Leadentwicklungsprozess (Lead-Nurturing) das Marketing. Dies verkürzt nicht nur die vertriebliche Akquisitionsphase, sondern erhöht auch die Erfolgsaussichten.

Die Daten, die während der MQL-Phase entstehen, fließen in die Marketing-Automation-Plattform. Für den Lead wird ein Profil angelegt, das mit jeder weiteren Aktion des Leads erweitert wird. Wie eingangs beschrieben, funktionieren Marketing-Automation-Plattformen nach dem »Wenn-Dann-Prinzip«. Eine neue Aktion schreibt ein

Merkmal in das Leadprofil und löst damit eine nächstfolgende Aktion aus, wie etwa den Abruf eines weiterführenden Content-Angebots. Mit diesem Mechanismus bauen Sie auch »Weichen« auf, wie wir gleich sehen. Eine Weiche können Sie in Form von Content-Angeboten oder spezifischen Fragen realisieren.

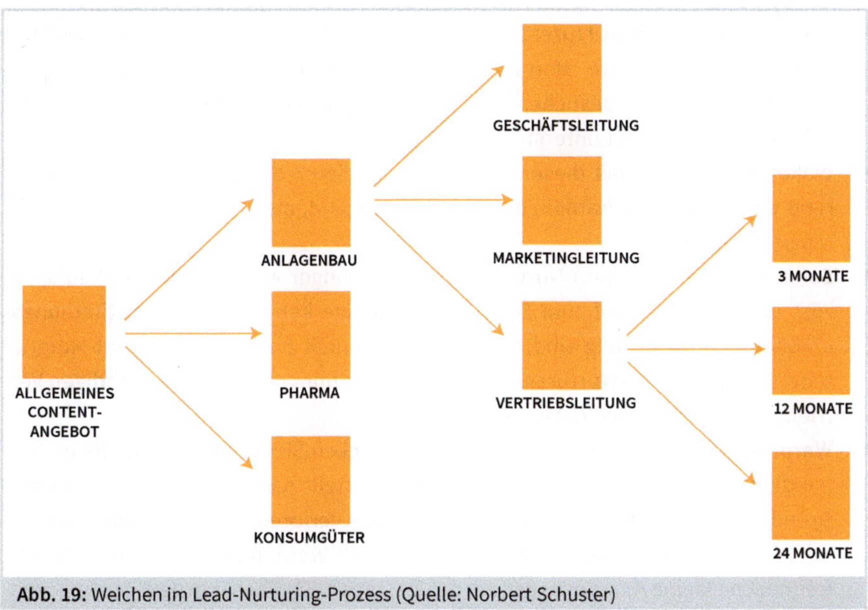

Abb. 19: Weichen im Lead-Nurturing-Prozess (Quelle: Norbert Schuster)

7.2 Den »Grüne-Bananen-Effekt®« vermeiden: Das Lead-Nurturing

Lead-Nurturing-Prozesse entwickeln Interessenten vom Erstkontakt bis zur Vertriebsreife. Das englische Wort »to nurture« heißt so viel wie »nähren« oder »anreichern«. Man versorgt also einen Interessenten an der richtigen Stelle und zum richtigen Zeitpunkt mit relevanten, aufeinander aufbauenden Informationen, um ihn auf diese Weise Schritt für Schritt an die Kaufentscheidung heranzuführen.

Nurturing-Prozesse können Sie zum Beispiel hier einsetzen:

- **Welcome-Nurture 1:** Mit diesem Nurture begrüßen und empfangen Sie neue Interessenten, die dann durch einen mehrstufigen, aufeinander aufbauenden Ablauf bis zur Vertriebsreife geführt werden.
- **Themen-Nurtures:** Sie führen den Interessenten in die Themenwelt des Unternehmens ein. Dazu bieten Sie am Anfang allgemeine Informationen, die im Verlauf der Kampagne immer spezifischer werden und sich in unterschiedliche Bereiche verzweigen können.

- **Produkt-Nurtures:** Interessiert sich jemand für ein spezifisches Produkt, eine Serviceleistung oder eine Lösung aus Ihrer Angebotspalette, kommt eine Produkt-Nurturing-Strecke zum Einsatz. Auch hier gibt es am Anfang allgemeine Informationen, die im Verlauf immer spezifischer werden. Achtung! Ego-Postings vermeiden.
- **Event- oder Messe-Nurtures:** Hauptaufgabe solcher Nurtures ist die Nachbearbeitung der Kontakte. Man kann passende Nurtures aber auch weiter vorne einsetzen, etwa, um Besucher über pfiffige Aktionen einzuladen. So lassen sich Offline-Aktivitäten gut unterstützen.
- **Wake-up-Nurtures:** Mit diesem Nurture reaktivieren Sie Interessenten, die während einer Nurturing-Kampagne ausgestiegen sind, also irgendwann nicht mehr reagiert haben.
- **Sales-Nurtures:** Das sind Nurtures, die einen länger andauernden Verkaufsprozess unterstützen, weil zum Beispiel langwierige kundeninterne Abstimmungsmaßnahmen notwendig sind. Das lässt sich durch passendes Content-Material unterstützen. Solche Nurtures dürfen allerdings nur vom jeweils zuständigen Vertriebsmitarbeiter ausgelöst werden.
- **Warm-up-Nurtures:** Mit diesem Nurture erwecken Sie Interessenten, die im Verhandlungsverlauf eine Entscheidung zurückgestellt haben oder die aus anderen Gründen während des Entscheidungsprozesses verloren wurden, wieder zum Leben. Sie sollten mit niedriger Frequenz versandt werden und dem Interessenten freundliche kleine Anstupser geben, das besprochene Thema erneut anzupacken.

Wie Sie sehen, lassen sich Nurtures für viele Anwendungsfälle verwenden. Um weitere Informationen über den Interessenten zu gewinnen, stellen Sie in jeder Stufe Fragen und bauen mit verschiedenen Informationsangeboten »Weichen« auf. Das können Themen-, Branchen-, Anwendungs- oder Produktweichen sein, die Ihnen weitere Informationen über den Interessenten liefern.

Bieten Sie beispielsweise einen Leitfaden für den Einsatz eines Software-Tools an, dann kann der Interessent einen der folgenden Bereiche anklicken – und sogleich wissen Sie mehr über ihn:

- im Anlagenbau
- in der Pharmabranche
- im Konsumgüterbereich

Lädt der Interessent sich ein erstes Dokument herunter, dann fragen Sie ihn nach weiteren Themen, die ihn interessieren könnten:

- IT-Security
- Cloud-Technologie
- Digitalisierung
- IoT – Internet of Things

Im Verlauf des Nurturings können Sie dem Interessenten oder Bestandskunden im passenden Moment zum Beispiel auch folgende Frage stellen:

Welche Position haben Sie im Unternehmen?
- Geschäftsführung
- Marketingleitung
- Vertriebsleitung

Konkretisiert sich ein Vorhaben, wäre eine Beantwortung der folgenden Frage für alle Beteiligten sicher sehr hilfreich:

Wann möchten Sie das Projekt realisieren?
- Innerhalb von 3 Monaten
- Innerhalb von 12 Monaten
- Innerhalb von 24 Monaten

Damit Ihnen kein »heißer« Interessent verloren geht und womöglich beim Wettbewerb kauft, wird eine »Sales Fast Lane« installiert. Sie ist die Überholspur direkt zum Vertrieb.

7.3 Für ganz »heiße« Interessenten: Die Sales Fast Lane

Die »Sales Fast Lane« wird realisiert, indem Sie dem Interessenten in jeder Automatisierungsstufe solche Optionen vorschlagen, die seine grundsätzliche Kaufbereitschaft – und damit die Vertriebsreife – testen. Bieten Sie dazu in jeder Nurturing-Stufe Beratungsgespräche oder eine Preisindikation bzw. ein Angebot an. So steuert der Interessent selbst, wann er einen ersten direkten Kontakt zum Vertriebsteam haben will.

Welche Content-Bausteine lassen auf die Vertriebsreife schließen? Das kann zum Beispiel ein Umsetzungs-Online-Seminar oder eine detaillierte Checkliste für die Auswahl einer Lösung sein. Reagiert der Interessent nicht auf dieses Angebot, dann ist er noch nicht bereit. In dem Fall wird er auch nicht sonderlich begeistert sein, wenn sich plötzlich ein Vertriebsmitarbeiter meldet, um mit ihm zu verhandeln.

Oft gibt es innerbetriebliche Diskussionen darüber, wie viele Informationen bei der allerersten Anforderung von Content-Material auf einer dazugehörigen Landingpage abgefragt werden sollen. Mal ganz abgesehen vom gebotenen Sparsamkeitsprinzip bei der Erfassung von Kundendaten sollten Sie jeweils nur solche Interessenten-Daten erfassen, die Sie in dieser Stufe tatsächlich benötigen.

Wenn Sie in der ersten Stufe zum Beispiel einen PDF-Leitfaden anbieten, benötigen Sie die postalischen Daten des Interessenten noch nicht. Wenn der Interessent Ihr Angebot der »Sales Fast Lane« nicht gleich annimmt, ist auch die Telefonnummer noch nicht wichtig. Bedenken Sie unbedingt: Je mehr Informationen Sie gleich zu Beginn abfragen, desto schlechter wird Ihre Umwandlungsrate (Conversion) sein. Das heißt: Wer sofort viel von einem Menschen wissen will und ihn neugierig ausfragt, verscheucht diesen womöglich. Lädt der Interessent also das PDF unter diesen Umständen nicht herunter, ist er für die kompletten weiteren Ansprachen verloren.

Quelle: https://fromcoldtoclose.de/die-sales-fast-lane-im-digitalen-vertriebsprozess/

Am besten erfragen Sie in der ersten Kontaktphase nur die E-Mail-Adresse und das Opt-in. Natürlich wollen Sie mehr über den Interessenten erfahren. Diese zusätzlichen Informationen erfassen Sie aber erst in einem zweiten oder dritten Schritt des Nurturing-Prozesses. Dann haben Sie das Opt-in, und die Person hat Ihre Datenschutzerklärung akzeptiert.

Die Erfahrung zeigt, dass die meisten Interessenten mehr Informationen preisgeben, wenn sie sich weiter in den Vorkaufprozess hineinbewegt haben. Je besser die Erfahrungen des Interessenten mit Ihren (hoffentlich) substanziellen Content-Bausteinen sind, desto mehr Vertrauen entsteht. Und dieses Vertrauen fördert die Bereitschaft, Daten anzugeben. Sie »verdienen« sich quasi Schritt für Schritt Ihre Wunschinformationen.

7.4 Mehr und mehr Daten: Das Progressive Profiling

Dem ersten Content-Baustein kommt eine ganz besondere Bedeutung zu. Wenn einer der ihm folgenden Bausteine nicht gut funktioniert, können Sie Alternativen anbieten oder in späteren Phasen des Kaufprozesses den Interessenten anrufen. Funktioniert hingegen der erste Content-Baustein nicht, bleibt der Angesprochene in der »Deckung«. Er gibt sich nicht zu erkennen, denn er gibt seine Daten nicht preis. Von daher bleibt er unerreichbar. Überlegen Sie also gut, welche Content-Perle Sie in der ersten Stufe zur Schau stellen. Hierbei macht sich ein detailliertes Buyer-Persona-Profil bezahlt. Dort sollten Sie ausreichend Information gesammelt haben, um punktgenau passende Inhalte zu präsentieren.

Das stufenweise Ergänzen des Profils nennt man »Progressive Profiling«. Um die Konvertierungsrate in der ersten Stufe nicht zu gefährden, erfragen Sie zunächst also nur die E-Mail-Adresse und das Opt-in. In den weiteren Stufen des Nurturing-Prozesses bringen Sie weitere Daten des Interessenten in Erfahrung. Dazu können Sie jeweils passende Fragen stellen, die sich aus einer zuvor erarbeiteten Gesamtauswahl selektieren lassen:

- Position im Unternehmen
- Firmengröße
- Branche
- Themeninteresse
- Budgetrahmen
- Produktbereiche
- spezifische Anforderungen
- Umfang der geplanten Realisierung
- Lösungsszenarien
- Anwendungsbereiche
- Realisierungszeitraum
- usw.

Hier das Beispiel einer Profilanreicherung im Laufe des Nurtures:

1. Stufe

- E-Mail-Adresse
- Opt-in
- Auswahl Content-Baustein Nr. 1

2. Stufe

- Firma
- Vor- und Zuname
- Position
- Je nachdem, wie stark vertriebsorientiert das Unternehmen ist, wird in dieser Stufe manchmal auch schon die Telefonnummer abgefragt.
- Auswahl Content-Baustein Nr. 2

3. Stufe

- Branche
- Anzahl Mitarbeiter
- Auswahl Content-Baustein Nr. 3

4. Stufe

- Budget
- Rolle im Kaufprozess
- spezifische Anforderungen
- Realisierungszeitraum
- Auswahl Content-Baustein Nr. 4

Neben den expliziten Daten, die durch die Beantwortung von Fragen entstehen, sammeln Sie auch Informationen über das Verhalten des Interessenten. Wenn Sie entsprechende Dokumente erstellen und anbieten, gibt Ihnen die Anforderung dieser Dokumente oder die Teilnahme an einem Webinar auch Aufschluss über die Interessen dieser Person.

Achtung! Im Rahmen des Progressive Profiling muss zuverlässig abgespeichert werden, welche Fragen der Interessent bereits beantwortet hat und welche Content-Bausteine schon heruntergeladen oder angefordert worden sind. Das ist wichtig, damit man dem Interessenten keine Fragen erneut stellt, die er schon beantwortet hat. Darüber hinaus sollte er auch keinen Content mehr angeboten bekommen, den er nun schon besitzt. Einige Marketing-Automation-Plattformen unterstützen dieses überaus sinnvolle Vorgehen mit entsprechenden Funktionen. Dort können zu den jeweiligen Fragen und Content-Bausteinen auch Alternativen definiert werden.

7.5 Der sukzessive Aufbau von Nurturing-Prozessen

Ihre Nurturing-Prozesse sollten auf die Phasen einer Buyer-Journey abgestimmt sein und an den jeweils passenden Touchpoints relevante Content-Stücke anbieten. Die Buyer-Persona-Profile helfen Ihnen bei der Auswahl und somit auch dabei, erfolgreiche Nurturing-Prozesse aufzubauen. Stellen Sie für jede Prozessphase folgende Überlegungen an:

- **Motivation:** Welche Motivation und welches Ziel hat eine Person in dieser Phase?
- **Fragen:** Welche Fragen stellt sich die Person in dieser Phase? Welche Sorgen, Ängste, Nöte hat sie womöglich?
- **Schlüsselnachricht:** Welches ist Ihre Schlüsselbotschaft an diese Person in dieser Phase? Welchen Eindruck soll sie von Ihnen erhalten?
- **Angebot:** Welche Content-Angebote bieten Sie einem Interessenten in dieser Phase daraufhin an?

Die technische Basis für Nurturing-Prozesse sind Marketing-Automation-Plattformen. Bei der ersten Anfrage des Interessenten werden seine Daten in diese Plattform übertragen. Zudem wird für ihn ein Profil angelegt.

Dann startet ein Lead-Nurturing-Prozess und versendet auf Knopfdruck die angeforderten Informationen. Nach einer vordefinierten Zeit erhält der Interessent ein weiteres, darauf aufbauendes Content-Stück auf einer Landingpage angeboten. Nimmt er dieses Angebot an und gibt dabei weitere Daten in ein Formular an, wird sein Profil entsprechend vervollständigt.

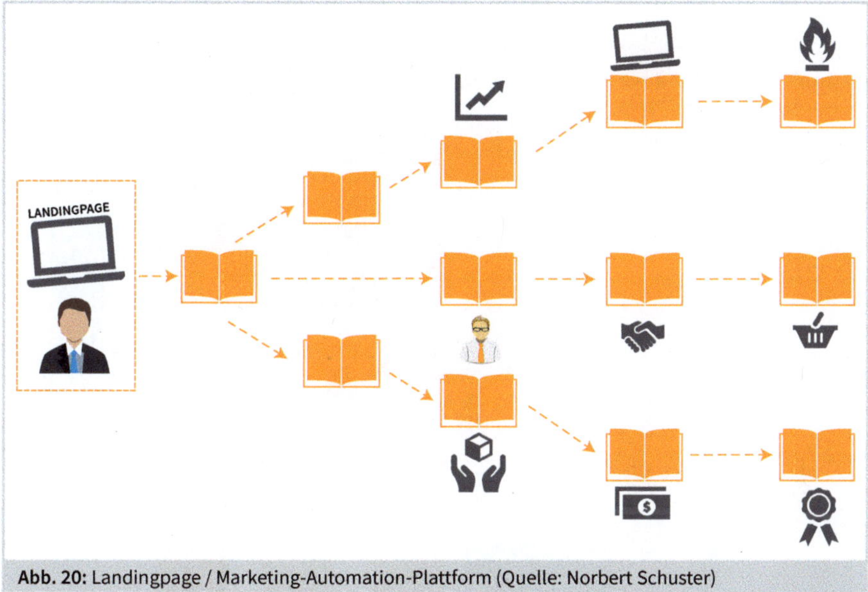

Abb. 20: Landingpage / Marketing-Automation-Plattform (Quelle: Norbert Schuster)

Basierend auf dem angeforderten Material und den Angaben zu seiner Person können dann weitere Angebote ausgelöst werden. In jedem Fall definieren Sie den Übergabepunkt an den Vertrieb am besten über einen Scoring-Prozess, den wir in Kapitel 7.7 beschreiben. Erreicht der Interessent diesen Übergabepunkt, wird er automatisiert per E-Mail oder Schnittstelle zum CRM-System an den Vertrieb übergeben.

Darüber hinaus können Sie auch für den Vertrieb Nurturing-Prozesse aufbauen. Im Vertrieb gibt es immer wieder Phasen, in denen der Vertriebler auf eine Aktion des potenziellen Kunden warten muss, zum Beispiel auf die Erstellung eines Anforderungskatalogs. In dieser Phase ist es wenig zielführend, den Kunden mit Anrufen zu nerven. Sie können dem Interessenten aber wichtige Informationen für die Erledigung dieser Aktion wie etwa einen »Leitfaden für die Erstellung eines Anforderungskatalogs« via Nurturing zukommen lassen. Diesen Prozess löst der Vertrieb bei Bedarf aus. Hier sprechen wir dann von Sales-Automation. Prinzipiell können Sie solche Prozesse auch manuell per E-Mail realisieren. Je nach Anzahl der zu bearbeitenden Kontakte wird das aber sehr schnell mühsam.

7.6 Lead-Nurturing – ein Praxisbeispiel

Nun ist es an der Zeit, alles Gesagte einmal in einem kompletten Prozess durchzuspielen. Als Beispielbranche nehmen wir das technische Industrieumfeld. Dabei geht es um einen kompletten Lead-Nurturing-Prozess für *Peter Produktion*, also einen Produktionsleiter.

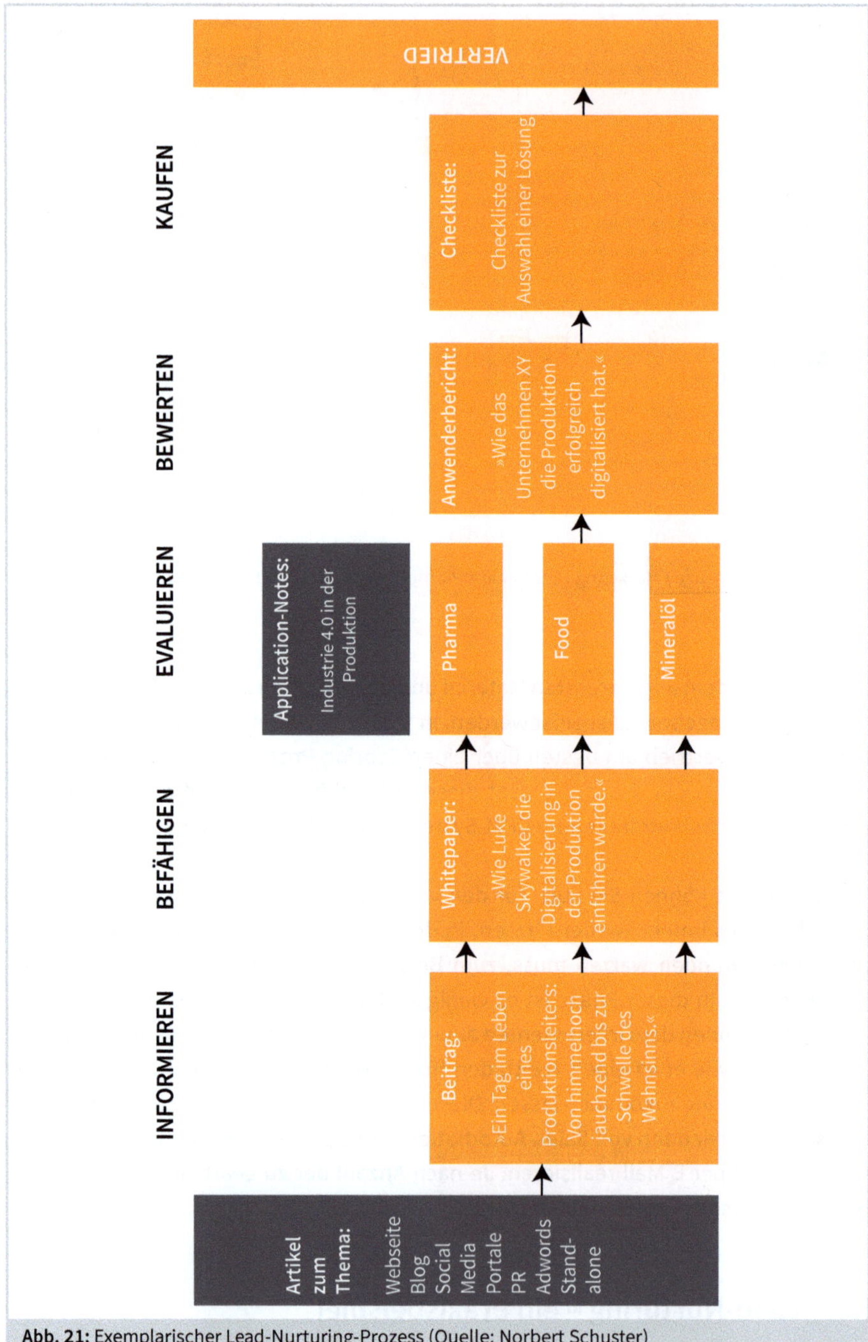

Abb. 21: Exemplarischer Lead-Nurturing-Prozess (Quelle: Norbert Schuster)

Content-Baustein Nr. 1
In unserem Beispiel ist der erste Content-Baustein ein Beitrag mit dem Titel: »Ein Tag im Leben eines Produktionsleiters: Von himmelhoch jauchzend bis zur Schwelle des Wahnsinns.« Sie finden das zu provokant, fast schon unseriös? Ja, vielleicht, aber: Mit dem ersten Content-Baustein müssen Sie die Neugierde des Produktionsleiters wecken. Was haben Sie also davon, wenn Ihr »gar so seriöser«, aber völlig langweiliger Titel unbeachtet bleibt? Seien Sie mutig beim Texten einer klickstarken Überschrift – und kreativ beim Inhalt. Jede Branche verträgt ein bisschen Menschlichkeit. Im Beitrag könnte der typische Arbeitstag eines Produktionsleiters mit seinen täglichen Herausforderungen humorvoll und zugleich anerkennend dargestellt werden. Nota bene: Jeder mag Anerkennung, auch und gerade Experten und Techniker.

Eine dieser Herausforderungen müsste natürlich zu Ihrem Angebot passen. Idealerweise transportiert das Dokument neue Erkenntnisse und die damit verbundene Dringlichkeit, sich mit dem Thema näher zu befassen. Ferner weckt es, ohne Ego-Postings, das Interesse, mehr erfahren zu wollen. Am Ende des Papiers sollten Sie jedoch zwei bis drei Handlungsaufforderungen (Call-to-actions) platzieren:

- Call-to-action 1: Hinweis und Link auf den nächsten Content-Baustein
- Call-to-action 2: Angebot für ein Beratungsgespräch (Sales Fast Lane)
- Call-to-action 3: Hinweis und Link auf Content-Baustein »Checkliste zur Auswahl einer Lösung« (Sales Fast Lane)

Content-Promotion zu Content Baustein Nr. 1
Wie sorgen Sie nun dafür, dass Ihre Bestandskunden auf dieses Dokument aufmerksam werden? Gibt es auf Ihrer Website überhaupt Angebote, die das Interesse von Bestandskunden wecken könnten? Ändern Sie das! Dazu platzieren Sie an prominenter Stelle einen Hinweis auf den bereits beschriebenen »Himmelhoch«-Beitrag:

- auf der Startseite
- als ein Element in Ihrem Slider, wenn Sie einen haben
- in der Sidebar (die rechte Leiste, wenn sie eine haben)
- auf passenden Unterseiten

So haben Sie gute Chancen, dass sich die Besucher, die auf Ihre Website kommen, zu erkennen geben und in Ihren Leadprozess einsteigen.

Content-Baustein Nr. 2
Im ersten Content-Baustein haben wir das Interesse des Produktionsleiters geweckt, ihn für das Thema sensibilisiert oder sogar schon einen Nerv bei ihm getroffen. Wenn er jetzt tiefer in das Thema einsteigen und sich mit Wissen versorgen will, ist ein Whitepaper genau das richtige Format. In diesem Fall könnte sich das Whitepaper zum Beispiel mit folgenden Themen befassen:

- Digitalisierung in der Produktion
- Kontrolle von Polymeren im Wareneingang
- schonende thermische Stofftrennung
- effiziente und gesetzeskonforme Produktkennzeichnung

Der Titel könnte sein: »Wie Luke Skywalker die Digitalisierung in der Produktion einführen würde.«

Dieses exemplarische Whitepaper ist wie folgt strukturiert:
- Einleitung in das Thema (eventuell mit Bezug auf den ersten Content-Baustein)
- Kapitel 1: Herausforderungen
  Gehen Sie in diesem Kapitel intensiv auf die Herausforderungen, Probleme und Fallstricke des Themas ein. Idealerweise fragt sich der Interessent, ob Sie eine Webcam in seiner Produktion installiert haben, da Sie seine Lage so genau beschreiben.
- Kapitel 2: Methodische Lösung
  Beschreiben Sie in diesem Kapitel die methodische Lösung für das Problem, nur den Lösungsweg, noch nicht Ihr Produkt.
- Kapitel 3: Umsetzung in der Praxis
  In diesem Kapitel zeigen Sie die Umsetzung mit Ihrer Lösung in der Praxis. Aber auch das sollte keine Werbeveranstaltung sein. Zeigen Sie einfach auf, wie die jeweiligen Herausforderungen mit Ihrer Hilfe gelöst werden können. Ihr potenzieller Kunde kann sich durchaus vorstellen, dass er Ihr Produkt kaufen kann. Gute Vermarktung ist nicht die Wiederholung von »Wir sind die Besten«, sondern
  - das Verstehen der Herausforderungen,
  - das Aufzeigen einer passenden Lösung,
  - die Präsentation der Umsetzung in der Praxis.

Natürlich können Sie hier Ihre Lösung zeigen und die Funktionen präsentieren, die zur Lösung hilfreich sind. Bei Software- oder Internet-Angeboten sind das zum Beispiel Screenshots.

Content-Baustein Nr. 3

Auf dem bisherigen Weg hat der Interessent verstanden, dass er sich mit Ihrem Thema beschäftigen sollte. Im Whitepaper hat er sich mit Hintergrundinformationen versorgt und ist nun befähigt, die Lösungsansätze zu verstehen. An dieser Stelle fragt er sich vielleicht, ob und wie die Umsetzung der Lösung in seinem Betrieb oder seinen spezifischen Anwendungsumfeldern funktionieren kann. Für diesen Zweck eignen sich »Application notes« sehr gut. So bieten wir dem Interessenten mehrere Application Notes an und realisieren damit eine Weiche. Zum Beispiel:
- schonende thermische Stofftrennung im Pharmabereich
- schonende thermische Stofftrennung im Food-Bereich
- schonende thermische Stofftrennung in der Mineralöl-Industrie

Durch eine solche Auswahl erfahren Sie mehr über den Interessenten, in diesem Fall über seine Branche. Danach erhält er weitere Angebote, die seiner Branchenauswahl entsprechen.

Content-Baustein Nr. 4

Ist der Interessent den Weg soweit mit Ihnen gegangen, hat er den Lösungsansatz »gekauft«. Das heißt aber noch nicht, dass er auch tatsächlich bei Ihnen kauft. Hierzu fehlt noch ein kleines Stück. Hat er auf die »Sales Fast Lane« reagiert, ist er schon im Vertrieb gelandet. Hat er darauf nicht reagiert, interessiert ihn vielleicht, wie andere Firmen die Lösung einsetzen. Hierfür finden Sie in unserem Beispielprozess die Anwenderberichte. Sie zeigen dem Interessenten, wie andere Unternehmen in einer ähnlichen Lage und/oder Größe zu einer Lösung gefunden haben. Die Struktur der Anwenderberichte kann sich zum Beispiel so gestalten:

- Kapitel 1: Vorstellung und Ausgangssituation
  - Vorstellung des Kundenunternehmens
  - Branche und Struktur des Unternehmens
- Kapitel 2: Herausforderung
  - Ausgangssituation
  - Herausforderungen und Schmerzpunkte
  - Aspekte der Herausforderung (Technik, Recht, Umfeld)
  - Anforderungen an die Lösung
  - Ziele, die damit erreicht werden sollen
- Kapitel 3: Entscheidungsfindung
  - Suche nach Lösungsansätzen
  - Wer an der Entscheidung beteiligt war
  - Auswahlkriterien für die Entscheidung/Anforderungsliste
  - mögliche Hinderungsgründe für die Entscheidung
  - Auswahlliste (ohne Nennung der Wettbewerber)
  - Beschreibung des Auswahlverfahrens
  - Erkenntnisse bei der Suche/Auswahl
  - Begründung für die Entscheidung
- Kapitel 4: Implementierung/Inbetriebnahme
  - Vorgehen und Prozesse
  - Herausforderungen/Erkenntnisse bei der Implementierung
  - Hilfestellung: Schulung, Beratung usw.
- Kapitel 5: Ergebnis
  - Darstellung des Nutzens der Implementierung
  - Zahlen, Daten, Fakten und ROI (Return on Investment)
  - weiche Faktoren des Erfolgs (Reputation usw.)
  - Pläne für Erweiterungen
  - Abschluss-Statement des Entscheiders

Je nach Umfeld können Sie den Anwenderbericht sachlich oder als Geschichte in Form einer Heldenreise verfassen. Das Konzept der Heldenreise wurde in Kapitel 6.9 schon beschrieben.

Content-Baustein Nr. 5
Nach dem Anwenderbericht ist es an der Zeit zu prüfen, ob der Interessent vertriebsreif ist. Dazu bieten wir ihm eine Checkliste zur Auswahl einer favorisierten Lösung an. Geht der Interessent darauf ein, erreicht er den Schwellwert, der die Übergabe an den Vertrieb und das CRM-System auslöst.

Natürlich ist dieser ausführlich beschriebene Lead-Nurturing-Prozess nur ein Beispiel. Für Ihren Bereich können sich Lead-Nurturing-Prozesse ganz anders darstellen. Sie können weniger oder auch deutlich mehr Stufen beinhalten. Im Industriebereich kann ein Akquisitionsprozess mehrere Monate oder Jahre dauern. Dort werden Sie den Interessenten sicher nicht in drei Schritten bis zur Vertriebsreife entwickeln. Eine kleinere Anschaffung im B2C-Bereich hingegen benötigt sicher weniger Stufen und Content-Angebote.

In unserer Beschreibung sind wir immer davon ausgegangen, dass der Interessent jedes Content-Angebot annimmt und sich durch den Lead-Nurturing-Prozess führen lässt. Leider wird das nicht immer so reibungslos laufen. Einige Interessenten werden nicht auf jedes Angebot reagieren. Das kann daran liegen, dass das Interesse generell nicht so groß ist, wie wir uns das erhoffen. Es kann aber auch sein, dass die dargebotenen Content-Angebote für diesen Interessenten nicht optimal passen. Für solche Fälle können Sie alternative Angebote definieren. Möchte ein Interessent zum Beispiel die schriftlichen Anwenderberichte nicht lesen, können Sie ihm alternativ auch Videos mit kurzen Kundeninterviews vorschlagen.

7.7 Lead-Scoring ist Interessenten-Qualifizierung

Je mehr Leads Sie generieren, desto schwieriger wird es, die Qualifizierung Ihrer Interessenten manuell durchführen. Viel besser ist es, den Qualifizierungsprozess in der Marketing-Automation-Plattform zu realisieren. Sie misst automatisiert und in Echtzeit, in welchem Stadium sich der Interessent befindet und wie sich sein Reifegrad und damit sein Kaufinteresse entwickelt.

Grob kann man Leads in drei Kategorien einteilen:

- **Hot Leads:** Es gibt Personen, die haben sich schon intensiv mit Ihrem Angebot beschäftigt und sind schon kurz vor dem Abschluss. Diese Leads werden über die »Sales Fast Lane« erkannt und schnellstmöglich an den Vertrieb übergeben, damit nichts anbrennt.

- **»Erst-mal-nur ...«-Leads:** Viele Menschen möchten sich zunächst nur informieren. Sie befinden sich somit noch ganz am Anfang des Entscheidungsprozesses. Die Einstiegsschwelle, zunächst nur einen Download anzufordern, ist viel leichter zu überwinden. Über eine Lead-Nurturing-Strecke werden sie bis zur Vertriebsreife entwickelt.
- **Pseudo-Leads:** Manche Leads sind gar keine Leads, sondern:
  - Marktbegleiter
  - Studierende, die eine Arbeit über Ihr Thema schreiben
  - potenzielle Bewerber
  - Analysten
  - Berater
  - Journalisten

Pseudo-Leads sollten schnellstmöglich erkannt und auf passende Weise behandelt werden. Da Sie nur qualifizierte Interessenten an Ihren Vertrieb übergeben möchten, müssen Sie Ihrer Marketing-Automation-Plattform die entsprechenden »Messkriterien« vorgeben.

Viele Unternehmen steuern die Qualifizierung ihrer Leads nur über den Firmennamen. Ein Lead ist aber nicht automatisch ein guter Lead, nur weil er von einem Dax-Unternehmen kommt. Natürlich könnte das ein »Hot Lead« sein. Genauso könnte es aber auch ein »Erst-mal-nur ...«-Lead oder gar ein Pseudo-Lead sein. In anderen Unternehmen werden Leads mit anonymen E-Mail-Adressen sofort als »Schrott« aussortiert. Das ist wenig smart! Viele Entscheider im B2B-Bereich nutzen eine anonyme E-Mail-Adresse, weil sie nach dem Anfordern von Informationen nicht sofort vom Vertrieb kontaktiert oder belästigt werden möchten. Weder der Firmenname noch die E-Mail-Adresse sind per se gute Parameter für die Bewertung von Interessenten.

Modell der Lead-Qualifizierung

In der Marketing-Automation-Praxis haben sich viel bessere Methoden der Lead-Qualifizierung bewährt. Wir beschreiben nun zunächst ein einfaches und dann im nächsten Kapitel ein komplexeres Modell. Beide Modelle können Sie in den gängigen Marketing-Automation-Plattformen umsetzen.

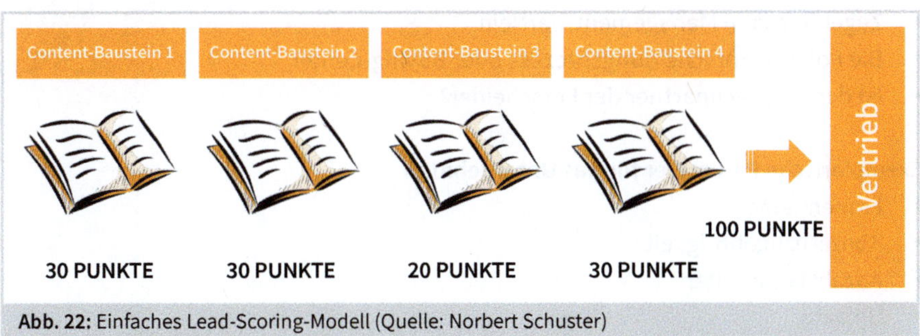

Abb. 22: Einfaches Lead-Scoring-Modell (Quelle: Norbert Schuster)

Beim einfachen Lead-Scoring-Modell bewerten Sie ausschließlich, ob der Interessent Ihre Content-Angebote akzeptiert hat. Dazu weisen Sie jedem Content-Baustein im jeweiligen Nurturing-Prozess einen Wert zu, wie Abbildung 22 zeigt. Wir empfehlen, für den Anfang 100 Punkte als Schwellwert für die Vertriebsreife anzusetzen. Sind also 100 Punkte erreicht, wird der jeweilige Lead als Marketing Qualified Lead (MQL) an das Vertriebsteam übergeben. Dort wird entschieden, ob man den Lead akzeptiert. Wird es zu einem Sales Accepted Lead (SAL), dann beginnt der vorgesehene Verkaufsprozess.

7.8 Explizites und implizites Lead-Scoring

Das zweidimensionale Modell des expliziten und impliziten Lead-Scorings ist komplexer als das einfache Scoring-Modell und demzufolge auch von einer feineren Sensorik. Dabei mixen wir Profildaten (explizites Scoring) mit Verhaltensdaten (implizites Scoring).

Das explizite Scoring
Sprechen wir zunächst vom **expliziten Scoring**. Dabei wird die »Struktur« des Interessenten bewertet. Grundlage sind die Daten über das Unternehmen und die Person. Dieses Scoring kommt zum Einsatz, wenn man Interessenten filtern möchte. Damit können Sie zum Beispiel die »Pseudo-Leads« oder Leads aus Ländern, die Sie nicht beliefern möchten, herausfiltern. Sie können Leads aber auch in bestimmte Kategorien einteilen, um die jeweilige Vertriebsreife zu bemessen. Solche Kategorien können Sie ebenfalls nutzen, um die Leads unterschiedlichen Vertriebsbereichen oder Vertriebsmitarbeitern zuzuordnen. Dazu mehr in Kapitel 8.1.

Das explizite Lead-Scoring nutzt Parameter für die Person und für das Unternehmen.

Exemplarische Parameter für die Person
- Position
- Abteilung
- Interessen, die die Person zeigt
- Zugehörig zum Management: Ja/Nein
- Die Rolle im Entscheidungsprozess oder Buying-Center
- Ist der Ansprechpartner der Entscheider?

Exemplarische Parameter für das Unternehmen
- Firmenname
- Konzernzugehörigkeit
- Anzahl Mitarbeiter
- Umsatz

- Branchenzugehörigkeit
- Land
- Budget vorhanden
- Zeitpunkt der geplanten Realisierung
- Lösungsszenarien

Diese Parameter sind natürlich nur Beispiele. Definieren Sie in dieser Phase, welche Merkmale der Person und des Unternehmens Sie bewerten möchten. Passen die Merkmale eines Interessenten nicht zu Ihren expliziten Parametern, kann sein Verhalten (Download von Content-Bausteinen, Website-Besuche usw.) normalerweise nicht dazu führen, dass er an den Vertrieb übergeben wird. Die expliziten Scoring-Parameter sind also Kriterien, die Leads herausfiltern. Wenn es Ihnen schwerfällt, explizite Filterkriterien zu definieren, benutzen Sie besser das schon vorgestellte einfachere Modell.

Wenn Sie mit den expliziten Scoring-Parametern arbeiten möchten, übertragen Sie diese in ein Bewertungsschema, wie Tabelle 6 zeigt. In diesem Beispiel kommt der ideale Lead aus der Geschäfts- oder Marketingleitung eines großen mittelständischen Unternehmens aus dem Maschinen- oder Anlagenbau.

Einstufung	A	B	C	D
Position	Geschäfts- oder Marketingleitung	Bereichsleiter	Marketing-Assistent(in)	Keine
Firmengröße (Mitarbeiter)	> 5.000	> 2.500	> 1.000	> 500
Branche	Maschinen-Anlagenbau	ITK	Dienstleistung	Handel B2C Konsumgüter

Tab. 6: Einstufungsmatrix im expliziten Lead-Scoring

Das implizite Scoring

Das **implizite Scoring** bewertet das Verhalten des Interessenten. Auch wenn ein Interessent die Bewertung »A« im expliziten Scoring erhält, wird er nicht direkt an den Vertrieb übergeben. Nur weil er oder sie vielleicht einen Leitfaden in der ersten Stufe des Lead-Nurturing-Prozesses angefordert hat, heißt das noch nicht, dass der Interessent schon reif für den Vertrieb ist.

Die Vertriebsreife wird erst erreicht, wenn der Interessent weiteres Engagement in Form von weiteren Aktionen zeigt. Diese Aktionen werden mit dem impliziten Lead-Scoring bewertet. Theoretisch können viele Aktivitäten des Interessenten schon vor der Eingabe seiner Daten, dem Akzeptieren der Datenschutzerklärung und dem Opt-in erfolgen. Diese Daten könnten nach dem Opt-in im Profil des Interessenten ergänzt werden. Diese Anreicherung des Profils mit Daten vor dem Opt-in ist in Deutschland nicht erlaubt. Einige Marketing-Automation-Plattformen bieten dies aber trotzdem an.

Aktivitäten der Interessenten werden also in aller Regel nach dem Opt-in erfasst. Zum Beispiel:

- Der Erstkontakt, also das Anfordern eines Content-Angebotes
- Klick auf einen Link in einer Lead-Nurturing-Mail
- Ausfüllen eines Formulars
- Anzahl Besuche einer Website
- Reaktion auf weitere Content-Angebote
- Teilnahme an Webinaren
- Messebesuch
- Anmeldung für den Newsletter
- Anfordern zusätzlicher Informationen

Die einzelnen Aktivitäten bewerten Sie im impliziten Lead-Scoring-Modell mit Punkten. Hier finden Sie ein Beispiel:

Aktivität	**Punkte**
Der Erstkontakt, Anfordern eines Content-Angebots	30
Klick auf einen Link in einer Lead-Nurturing-Mail	10
Ausfüllen eines Formulars	10
Besuche einer Website, Themen- oder Produkt-Website	5
Reaktion auf Content-Angebot Whitepaper A	20
Reaktion auf Content-Angebot Whitepaper B	35
Reaktion auf Content-Angebot Whitepaper C	25
Teilnahme an Webinar	40
Messebesuch	45
Newsletter-Abonnement	10
…	

Tab. 7: Punktevergabe im impliziten Lead-Scoring

Auch für das implizite Lead-Scoring erstellen Sie im nächsten Schritt eine Bewertungsskala. Diese kann zum Beispiel so aussehen:

Einstufung	**4**	**3**	**2**	**1**
Punkte	0–25	26–50	51–75	76–100

Tab. 8: Bewertungsskala für das implizite Lead-Scoring

In Ihrem Lead-Nurturing-Prozess kann ein Interessent in der ersten Stufe nur seine E-Mail-Adresse und sein Opt-in angeben. Er startet also mit einer expliziten Bewertung von »D« und den Punkten, die Sie für diese Aktion (im Beispiel 30) vergeben haben. Gibt er in weiteren Schritten Daten ein oder entscheidet er sich für spezielle Content-Angebote (zum Beispiel: »Leitfaden für Marketingleiter« → Position = Marketingleiter = A), verändert das sein explizites Lead-Scoring. Mit jeder Aktivität sammelt er weitere Punkte und verändert auf diese Weise auch sein implizites Lead-Scoring. Trägt man die beiden Werte in einer Lead-Scoring-Matrix ein, erkennt man nun die Vertriebsreife der Interessenten sehr gut.

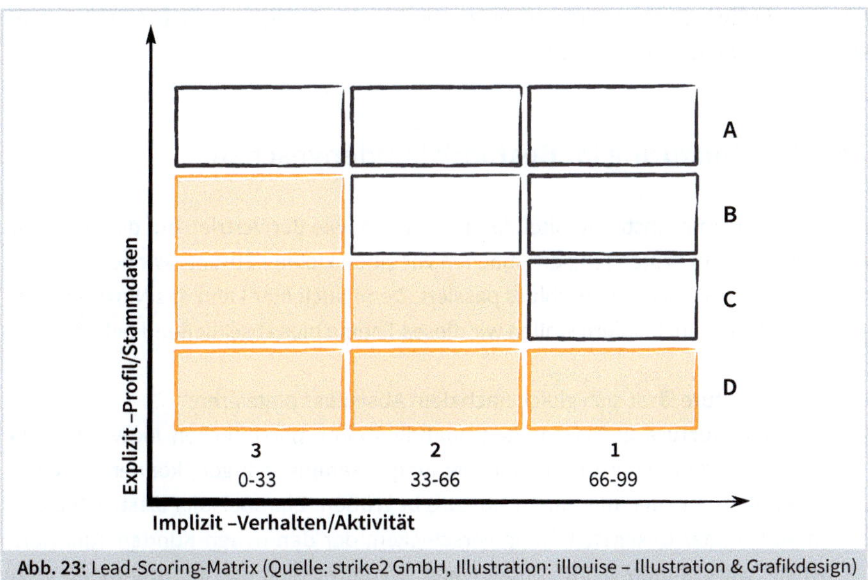

Abb. 23: Lead-Scoring-Matrix (Quelle: strike2 GmbH, Illustration: illouise – Illustration & Grafikdesign)

Und was bedeutet die jeweilige Position in der Lead-Scoring-Matrix?

- **Lead-Qualifizierung A3:** Die explizite Einstufung eines Leads in der Stufe A3 passt perfekt zu den Anforderungen an einen idealen Lead. Solche Unternehmen und Personen sind optimal für einen guten Verkaufsabschluss geeignet. Leider hat der Interessent noch kein hohes Engagement gezeigt. Wahrscheinlich hat er bisher nur den ersten Content-Baustein angefordert. Leads in diesem Stadium sind noch nicht reif für den Vertriebskontakt. Sie müssen mit Content-Angeboten weiter im Lead-Nurturing-Prozess entwickelt werden.
- **Lead-Qualifizierung D1:** Ein Lead in der Stufe D1 hat viel Engagement gezeigt. Er hat viele Content-Angebote angenommen und wahrscheinlich oft relevante Webunterseiten besucht. Leider passt die explizite Einstufung gar nicht. Das Unternehmen und/oder die Person passen nicht zu den definierten expliziten Kriterien. Entweder haben Sie Unternehmens- und Personenkonstellationen übersehen, die für einen Verkaufsabschluss relevant sein könnten, oder es handelt sich um ein »Pseudo-Lead«.

- **Lead-Qualifizierung A1:** Erreicht ein Lead die Einstufung A1, wurden alle Parameter für die Vertriebsreife und die Übergabe an den Vertrieb erfüllt. Damit wurde der Status MQL (Marketing Qualified Lead) erreicht. Der Vertrieb kann sich wahrscheinlich schon bald über einen Abschluss freuen.

Ob einfach oder komplex: Welches der beiden vorgestellten Scoring-Modelle Sie letztlich für die Lead-Qualifizierung einsetzen, hängt zum einen von der Interessentenstruktur und zum anderen von den Filterkriterien ab, die Sie anwenden möchten. Am besten sprechen Sie hierzu mit den Anbietern von Marketing-Automation-Plattformen, die Sie in Betracht ziehen, um zu sondieren, wie Sie Ihr Modell dort umsetzen können oder ob Adaptionen notwendig sind.

7.9 Das Nurturing im Bestandskundengeschäft

Bevor wir uns im nächsten Kapitel damit befassen, wie der Vertrieb auf die ihm zugespielten Leads am besten reagiert, machen wir einen kleinen Sprung. Wir befassen uns mit dem, was nach einem Abschluss passiert. Denn auch hier kann das Nurturing sehr gute Dienste leisten. Insofern wollen wir dieses Thema hier abschließend behandeln.

Folgendes Nurture lässt sich gleich nach dem Abschluss platzieren:

- **Welcome-Nurture 2:** Neben allen unabdingbaren persönlichen Aktivitäten, die mit dem Beginn einer Geschäftsbeziehung zusammenhängen, können Sie einen neuen Kunden auch mit einem Nurture begrüßen. Zum Beispiel lässt sich dieser im Auftrag der Geschäftsleitung verschicken, der den neuen Kunden aufs Herzlichste willkommen heißt. Zudem können bereitgestellte Informationen dazu dienen, den gemeinsamen Start so reibungslos wie möglich zu machen und den Beginn einer hoffentlich langanhaltenden Freundschaft zu besiegeln.

Sollte es trotz aller Bemühungen nicht zu einem Abschluss gekommen sein, lassen sich dennoch diese Nurtures versenden:

- **Abschieds-Nurture:** Neben allen notwendigen persönlichen Maßnahmen, die ein Kunden-Nein nach sich zieht, kann ein freundliches Bye-Bye einen letzten positiven Eindruck hinterlassen. Zudem kann Vorfreude auf ein womöglich späteres Zusammenkommen ausgedrückt werden. Ein bereitgestellter Nurture, der allgemeine Ratschläge über die Schritte nach einem Abschluss gibt (auch wenn der nicht bei Ihnen stattgefunden hat), kann einen wichtigen Anker setzen. Denn wer weiß, vielleicht klappt es mit dem auserwählten Anbieter nicht wie versprochen oder erhofft. Und bekanntlich sieht man sich sehr oft zweimal im Leben.
- **Erinnerungs-Nurtures:** Hierbei werden Kunden, die sich nicht für Sie entschieden haben, von Zeit zu Zeit daran erinnert, was Sie alles Gutes für sie tun könnten. Dies kann den Beginn einer neuen Nurturing-Kampagne markieren.

Wenn sich ein Kunde für die Zusammenarbeit mit Ihnen entschieden hat, ist er ein Bestandskunde. Vieles, was in Kapitel 2 zur Beziehungspflege gesagt worden ist, lässt sich durch passende Nurtures unterstützen. Zum Beispiel:

- **Wertschätzungs-Nurtures:** Mit diesem Nurture pflegen Sie Ihre Bestandskunden und drücken Freude und/oder Dankbarkeit über diese Kundenbeziehung aus. Stellen Sie dazu ein tolles Goodie zum Abrufen bereit. Damit zeigen Sie, dass es Ihnen nicht immer nur um Umsatz geht.
- **Up- und Cross-Selling-Nurtures:** Passende Bestandskunden sprechen Sie mit diesem Nurturing-Prozess an, um ihnen weitere oder auch höherwertigere Produkte und Serviceleistungen näherzubringen. Zudem sorgen Sie so dafür, dass die Kunden über Ihre Produktneuheiten auf dem Laufenden bleiben und nicht am Ende anderswo fündig werden.
- **Wiederkauf-Nurtures:** Mit diesem Prozess entwickeln Sie Bestandskunden zum Wiederkauf des ursprünglichen Abschlusses. Die gleiche Maschine kann beispielsweise in einem weiteren Produktionsprozess zum Einsatz kommen.
- **Churn Nurtures:** Mit einem Churn Nurture verhindern Sie die Abwanderung von Bestandskunden.
- **Empfehlungs-Nurtures:** Mit diesen Nurtures stimulieren Sie die Bereitschaft Ihrer Kunden, Sie bei Dritten ins Gespräch zu bringen. Hierzu kreieren Sie zum Beispiel nützliches oder unterhaltsames Content-Material, das sich gut und gerne weiterverbreiten lässt.

Bleiben noch all die Kunden, die Sie aus welchen Gründen auch immer verlassen haben. Damit die Sie nicht vergessen, lässt sich was tun.

- **Rückhol-Nurtures:** Mit diesen Nurtures sprechen Sie verlorene Kunden an, die Sie zurückhaben wollen. Auch hier macht eine aufeinander aufbauende Nurturing-Strecke sehr viel Sinn.

Neben der Nützlichkeit, den loyalisierenden und umsatzsteigernden Effekten ist das Gute an all diesen Nurtures auch dies: Sobald sie einmal definiert sind, können sie bei jedem passenden Anlass auf Knopfdruck und vollautomatisch ausgespielt werden. Hierdurch spart man sich sehr viel Handarbeit.

Um Bestandskunden-Nurturing-Kampagnen durchführen zu können, segmentieren Sie diese im CRM-System und markieren sie. Mithilfe einer iPaaS-Integrationsplattform fließen diese Kontakte in die Marketing-Automation-Plattform. Mit einer E-Mail starten Sie die jeweilige Content-Promotion und weisen die Bestandskunden auf ein entsprechendes Angebot hin. Bestandskunden-Pflegeaktionen, die offline stattfinden und synchronisiert durch Marketing-Automation-Maßnahmen ergänzt werden, sind die ganz hohe Schule der Kundenbeziehungspflege.

7.10 So sieht eine Landingpage aus

Die Landingpage ist ein Schlüsselelement im Marketing-Automation-Prozess. Alle Anstrengungen sind für die Katz, wenn ein Interessent diese zwar besucht, sich aber nicht registriert, um den Dialog mit Ihnen zu starten. Insofern ist die Landingpage Nadelöhr und Türöffner zugleich. Sie muss optimal funktionieren. Wenn die Tür klemmt, wird der Besucher draußen bleiben.

Doch beginnen wir erst einmal mit einer Definition. Denn gerade der Begriff »Landingpage« sorgt immer wieder für Verwirrung und Missverständnisse. Agenturen verstehen unter einer Landingpage zum Beispiel meist etwas anderes als wir im Marketing-Automation-Prozess.

! **Die Aufgabe der Landingpage**

Im Kontext von Leadmanagement und Marketing-Automation hat eine Landingpage nur eine einzige Aufgabe: Wenn Sie mit Ihrem Content-Material das erste Interesse eines Interessenten geweckt haben, muss die Landingpage die Transformation vom anonymen Besucher zum »bekannten Interessenten« einleiten.

Diese Konvertierung ist die einzige Aufgabe einer Landingpage. Sie soll den Interessenten nicht weiter informieren oder Optionen anbieten. Je mehr eine Landingpage den potenziellen Interessenten ablenkt und je mehr Informationen sie anbietet, desto schlechter wird die Konvertierungsrate sein. Nach der Konvertierung können Sie dem Interessenten viele weitere Informationen und Optionen anbieten. Eine Landingpage hat aber immer nur die *eine* Aufgabe, den Austausch der Daten des Interessenten gegen einen relevanten, hilfreichen Content abzuwickeln.

So sieht der Ablauf einer Konvertierung aus:

- Sie definieren den Content, den Sie Ihrer Buyer-Persona anbieten möchten. Zum Beispiel: Leitfaden, Application Note, Whitepaper, E-Book, Checkliste usw.
- Sie bewerben diesen Content an den relevanten Touchpoints und verlinken auf die entsprechende Landingpage.
- Auf der Landingpage sagen Sie dem potenziellen Interessenten klar und deutlich, was er tun muss, um den Inhalt zu bekommen. Zum Beispiel: »Klicken Sie hier, um den kostenlosen Leitfaden zu laden, mit dem Sie Ihre Wareneingangsprüfung effizienter gestalten.« Diese Handlungsaufforderung nennt man »Call-to-action«.
- Auf der Landingpage gibt der Interessent seine Daten in ein Formular ein. Auf der ersten Landingpage sollte das nur seine E-Mail-Adresse sein. Dort akzeptiert der Interessent auch Ihre Datenschutzbestimmungen und erlaubt Ihnen die Zusendung von E-Mails per Opt-in. Mit einem Klick auf den Anforderungsbutton bestätigt er seine Eingaben.

Das Formular der Landingpage ist mit der Marketing-Automation verbunden und transferiert die Daten in die Marketing-Automation-Plattform. Dort wird dann der Versand der angeforderten Inhalte initiiert.

Die Elemente einer Landingpage sind recht überschaubar. Sie benötigt eine Überschrift, eine Beschreibung des angebotenen Contents, ein Bild wie zum Beispiel ein Cover-Shot des Content-Bausteins, das Formular für die Dateneingabe und den Anforderungsbutton.

Je deutlicher Sie Ihren potenziellen Interessenten sagen, was sie tun sollen, desto besser werden Ihre Konvertierungsquoten sein. Eine Handlungsaufforderung sollte

- wie der Name schon sagt, eine klare Aufforderung enthalten: »Fordern Sie hier Ihren Leitfaden an ...«,
- deutlich aufzeigen, was Sie anbieten: »... den kostenfreien Ratgeber ...«,
- dem Interessenten den Nutzen aufzeigen, den er von Ihrem Content erwarten kann: »... der Ihnen zeigt, wie Sie Ihre Produktion ...«,
- auffallen, auch wenn die Gestaltung von Ihrer CI abweicht.

Hier sind weitere Tipps für eine erfolgreiche Landingpage:

Tipps für eine erfolgreiche Landingpage !

- Relevanter Content entscheidet über den Erfolg Ihrer Landingpage.
- Definieren Sie das Ziel Ihrer Landingpage.
- Der Inhalt der Landingpage muss zum angebotenen Inhalt passen.
- Schreiben Sie für Ihre Buyer-Persona und beziehen Sie sich auf deren Schmerzpunkte und Herausforderungen. Bieten Sie Ihren Content als »Schmerzmittel« und Lösung der Herausforderung an.
- Verkneifen Sie sich weitere Angebote oder Links auf der Landingpage.
- Erfragen Sie nur die Daten, die Sie im aktuellen Stadium des Kaufprozesses benötigen. Wie im Abschnitt »Progressive Profiling« erwähnt, können Sie weitere Daten in den nächsten Schritten erfragen.
- Nach dem Ausfüllen der Landingpage bedanken Sie sich für das Interesse auf einer Danke-Seite. Dort können Sie dem Interessenten weitere Fragen stellen oder Content-Angebote unterbreiten.
- Optimieren Sie Ihre Landingpages, bevor Sie weiteren Aufwand in die Bewerbung Ihres Contents investieren.
- Nutzen Sie den »Multivariaten-Test« (A/B-Testing) , um die optimalen Inhalte herauszufinden. Moderne Marketing-Automation-Plattformen bieten Ihnen dazu Funktionen an.

8 Die Vertriebseffizienz verstärken

Zunächst eine grundsätzliche Frage: Wird bei aller Automatisierung der Vertrieb denn überhaupt noch gebraucht? Natürlich werden Software und das Kaufen im Web eine Menge Arbeitsplätze unnötig machen, wie das bei jedem Technologiesprung auch in der Vergangenheit auf ähnliche Weise der Fall war. Dennoch wird gerade der Vertrieb auch in Zukunft benötigt.

Wohlwollen braucht physische Nähe und Komplexes lässt sich in einem Gespräch am besten entwirren. Menschen kaufen am liebsten von Menschen – wenn die das gut können. Allerdings sind Menschen kein bürokratischer Vorgang. Und ganz gewiss sind sie keine Datenpakete aus Nullen und Einsen. Sie wollen als das angesprochen werden, was sie in Wirklichkeit sind: Einzigartige Individuen, am liebsten eingebettet in eine Gemeinschaft. Technologische Intelligenz muss sich also mit sozialer Intelligenz, Menschenkenntnis und Menschlichkeit paaren.

So können das Leadmanagement und die Marketing-Automation im Einklang mit der Vertriebsmannschaft dabei helfen, den einzelnen Menschen ganz individuell anzusprechen, um passende Lösungen für ihn und mit ihm gemeinsam zu finden. Dabei stellen sich folgende Kernfragen:

- Was kann Software besser als Menschen?
- Was können Menschen besser als Software?
- Wie kann es gelingen, das Beste von Beidem so miteinander zu verknüpfen, dass daraus ein perfektes Ergebnis entsteht?

Im Vergleich zur IT können Menschen vor allem mit Humor, mit Fantasie, mit Einfühlungsvermögen und gesundem Menschenverstand sowie mit dem Erfassen von Kontext, dem adaptiven Bewältigen vielfältiger Aufgaben, mit Improvisationstalent, Verhandlungsgeschick und dem vernetzten Einsatz der Sinne punkten. Wer darin gut ist, sich ständig weiterentwickelt und für Routinen auf die Hilfe smarter Software setzt, der ist im Digitalzeitalter vorn.

Mit einem automationsgestützten Leadmanagement gehen wir genau in diese Richtung. Dabei werden die Interessenten zunächst mit solchen Informationen »genurtured«, die sie selbst haben wollen. So werden sie vorqualifiziert und »vertriebsreif« gemacht. Ist der im Lead-Scoring definierte Schwellwert dann erreicht, werden sie vom Marketing an das Vertriebsteam übergeben. Dieser Prozess wird Lead-Routing genannt. Schauen wir uns den nun an.

8.1 Lead-Routing: An wen wird der Lead übergeben?

Im Lead-Routing wird zunächst definiert, welche Interessenten an welche Stelle im Vertrieb übergeben werden. Im Einzelnen hängt das von der Arbeitsweise einer Vertriebsorganisation ab. So kann zum Beispiel eine Stelle im Verkaufsinnendienst dazu ausgewählt werden, alle Leads per E-Mail oder Telefon zu kontaktieren und eine Nachqualifizierung durchzuführen. Erst danach werden sie an die entsprechenden Vertriebsmitarbeiter zur weiteren Bearbeitung übergeben.

Für diese Nachqualifizierung können Sie die BANT-Kriterien nutzen. Sie sind der Klassiker im Leadmanagement. Die Buchstaben stehen für:

- **B = Budget:** Hat der Interessent das notwendige Budget?
- **A = Authority:** Kann die angesprochene Person entscheiden?
- **N = Need:** Passt der Bedarf zur angebotenen Lösung?
- **T = Timeline:** Ist der Zeitpunkt der Entscheidung absehbar?

Diese Parameter können auch verändert oder ergänzt werden, etwa so:

- **C = Competitor:** Hat der Interessent auch bei einem Wettbewerber angefragt? Und wenn ja, welche Marktbegleiter-Unternehmen sind das und wie ist unsere Position im Auswahlprozess des Interessenten?
- **U = Unique:** Gibt es Besonderheiten wie zum Beispiel gesetzliche Regelungen oder vorangegangene Ereignisse, die eine Entscheidung, einen Abschluss oder einen Kauf beeinflussen könnten?

Wenn Sie die Interessenten nicht an eine zentrale Stelle, sondern direkt an betreuende Vertriebsmitarbeiter übergeben wollen, müssen Sie die Parameter für eine passende Zuordnung definieren. Solche Parameter sind:

- die Branchenzugehörigkeit
- die Konzernzugehörigkeit
- das Entscheider-Level
- die Firmengröße
- der Produktbereich
- der Themenbereich
- das Land oder die Region

Neben diesen »harten« Faktoren spielt auch das Zwischenmenschliche eine wichtige Rolle. Verhandlungen scheitern oftmals nicht an der fachlichen Passung, sondern an der »Chemie«. Hier kann das Buyer-Persona-Konzept helfen, die richtigen Partner zusammenzubringen.

Geht es um Bestandskunden-Neuinteressenten, sollte der Lead, sofern nichts Persönliches oder Fachliches dagegenspricht, an denjenigen Vertriebsmitarbeiter übergeben werden, der das Unternehmen oder die Person bisher betreut hat. Wie wir beim Thema Kundenloyalität bereits festgestellt haben, zählen ständig wechselnde Ansprechpartner zu den schlimmsten Loyalitätskillern.

Je nach Größe, Struktur und Arbeitsweise einer Vertriebsmannschaft lassen sich auch beide Routing-Methoden miteinander kombinieren. Wenn das bis hierher beschriebene Vorgehen im Leadmanagement für Sie neu ist, kann es sinnvoll sein, mit einer zentralen Nachqualifizierung zu beginnen. Sobald Sie ausreichend Erfahrungen gesammelt haben und in Ihren Routing-Entscheidungen sicher sind, können Sie zu einer direkten Lead-Übergabe wechseln.

Für die Übergabe des Interessenten gibt es im Wesentlichen zwei Methoden:

- **Per E-Mail:** Die Marketing-Automation-Plattform sendet beim Erreichen des Schwellwertes eine E-Mail an die definierte Person oder Stelle im Vertrieb. Diese E-Mail sollte möglichst viele Informationen über den Lead und seine Historie enthalten.
- **Per Schnittstelle:** Die klassische Variante für die Übergabe des Leads ist eine Schnittstelle vom Marketing-Automation- zum CRM-System. Da der Übergabeprozess sehr dynamisch ist und sich zu Optimierungszwecken ständig ändert (neue Felder, andere Zuordnungen), ist eine Schnittstelle heute nicht mehr »state of the art«. Die Entwicklung ist aufwendig und teuer. Eine Schnittstelle wird für ein spezifisches Integrationsschema entwickelt. Ändert sich etwas an den Einstellungen des Routings, soll ein Feld dazugenommen werden oder soll ein neues System angebunden werden, muss der Sourcecode der Schnittstelle angefasst oder eine neue entwickelt werden.
- **Per iPaaS-Integrationsplattform:** iPaaS-Lösungen sind Plattformen zur Integration von Cloud- und On-Premises-Systemen. Diese Plattformen gibt es in unterschiedlichen Ausprägungen. Zum einen mit der schwerpunktmäßigen Ausprägung für die Bedienung durch Entwickler. Zum anderen mit dem Schwerpunkt auf die einfache, unkomplizierte Bedienung durch Anwender ohne Entwicklerkenntnisse. Wir empfehlen an dieser Stelle die unkomplizierte Variante, da sie einfach, schnell und ohne Programmieraufwand an jede Anforderung angepasst werden kann. Mit einer iPaaS-Lösung wählen Sie die Adapter der Systeme, die Sie integrieren möchten. Eine exemplarische Auswahl finden Sie hier:

Quelle: https://hubengine.marini.systems/public/plans

In einem Plan definieren Sie

- den Zugang zu den Systemen ein.
- welche Felder verbunden werden sollen (Feld Matching).
- wann – im Sinne von Bedingungen – sollen die Daten übertragen werden? Konkret: Welches Datenfeld muss welchen Zustand/Eintrag aufweisen und was soll dann passieren?
- welche Aktionen bei einer Synchronisation ausgeführt werden sollen.

Wichtig ist natürlich, dass die iPaaS Integrationsplattform DSGVO-konform ist. Über diese Integrationsplattform werden die Leads, die den Status MQL (Marketing Qualified Leads) in der Marketing-Automation erreicht haben, automatisiert an das CRM-System übertragen. Der betreuende Vertriebsmitarbeiter findet den Lead dann in seinem Arbeitsbereich im CRM-System. Die Parameter dafür müssen inhaltlich von Marketing und Vertrieb gemeinsam definiert werden. Für das Bestandskunden-Management und Prozesse für beispielsweise Cross- und Up-Selling steuert ein weiterer Plan die Übertragung der Daten vom CRM-System zurück an die Marketing-Automation. Dazu markiert der Vertrieb einen einzelnen Kontakt oder eine Selektion von Kontakten zur Übergabe an die Marketing-Automation-Plattform. Basis für jede iPaaS-Lösung oder Plattform sind die APIs der zu integrierenden Systeme.

Was ist eine API?[26]

Eine API (Application Programming Interface) besteht aus einem Satz von Befehlen und Protokollen, die man nutzen kann, um mit einem anderen System zu interagieren. Sie erlaubt es also Systemen und Plattformen, miteinander zu kommunizieren. iPaaS-Lösungen synchronisieren Daten zwischen den APIs. Hat ein System keine (geeignete) API, können manche iPaaS-Lösungen auch direkt auf die Datenbank zugreifen.

26 Quelle: Schuster, Norbert: Digitalisierung in Marketing und Vertrieb, 2022, 2. Auflage, Haufe.

Die bildhafte Beschreibung:

Lager	System/Datenbank
Stellen Sie sich ein Lager oder einen Logistik-Hub vor. Je nach Verwendungszweck gibt es mehrere Zonen in diesem Lager. Eine Zone für Elektrogeräte, eine für Schüttgut, eine für Ware, die gekühlt werden muss, und vielleicht eine weitere Zone für besonders gefährliche Waren.	So wie in einem Lager die Eigenschaften oder Anforderungen der einzulagernden Waren die Bereiche definieren, verhält es sich auch bei Datenbanken. Sie sind in Tabellen, Bereichen oder Entitäten unterteilt. Im CRM-System gibt es zum Beispiel die Entitäten: • Leads • Unternehmen/Accounts • Ansprechpartner/Contacts • Verkaufschancen/Opportunities
Um Waren ein- und auszulagern, benötigt man einen Zugang. In der Regel ist das eine Rampe mit einem Rolltor. Je nach Größe und Struktur des Lagers gibt es eine oder mehrere Rampen.	Eine API stellt für jede Entität API-Endpunkte zur Verfügung. Die Summe der API-Endpunkte ergibt die gesamte API eines Systems.
Die Waren in unserem oben beschriebenen Logistik Hub sind sehr unterschiedlich und um sie außerhalb des Lagers sicher und effizient zu transportieren, ist es sinnvoll, standardisierte Verpackungs- und Transportformate zu nutzen. In der Auslieferung sind das Big Packs, Paletten und Kartons in verschiedenen Größen. Diese einheitlichen Formate sorgen dafür, dass der Paketdienst die Waren effizient abholen, transportieren und ausliefern kann.	Manchmal wird ein API-Endpunkt pro Entität realisiert, manche API-Endpunkte fassen mehrere Entitäten zusammen. Entitäten, die die gleiche Aufgabe erfüllen, z. B. Leads im CRM-System zu verwalten, können unterschiedliche Strukturen und Felder beinhalten. Auch wenn die gängigen Systeme ähnliche Felder haben, unterscheiden sich die Strukturen, spätestens wenn Kunden unternehmensspezifische Felder ergänzen. Zudem verwalten viele Systeme Auswahlfelder, wie sie beispielsweise für die Anrede oder Branchenauswahl genutzt werden, unterschiedlich. Daher kann man APIs nicht einfach direkt verbinden, sondern benötigt einen »Übersetzer«. Die iPaaS-Plattform erfüllt die Aufgabe, an den API-Endpunkten Daten abzuholen und anzuliefern – also zu synchronisieren. Die Funktion des »Übersetzers« übernehmen in der iPaaS-Plattform die Adapter. Wenn für die API eines Systems oder einer Plattform ein Adapter erstellt wurde, kann er mit den Adaptern der anderen APIs kommunizieren und Daten austauschen.

Lager	System/Datenbank
Wenn der Fahrer des Paketdienstes den Auftrag erhält, Waren im Logistik Hub abzuholen, fährt er dorthin und holt die Waren zur Auslieferung ab. Er liefert das Paket ab, ohne es zu öffnen und ohne Kenntnis über den Inhalt zu haben. Wo er Waren abholen und wohin er sie bringen soll, ist in seinem Tagesplan definiert.	Ebenso wie die Abhol- und Auslieferungspunkte des Kurierfahrers in einem Tagesplan definiert sind, arbeitet auch die iPaaS-Plattform mit Plänen. In den Plänen definieren Sie die Details der Integration. Dazu wählen Sie in der iPaaS-Plattform die beiden Adapter der Systeme, die Sie integrieren möchten. In den meisten Plattformen finden Sie Adapter für die marktüblichen Systeme (Marketing-Automation, CRM, ERP, LinkedIn, Facebook usw.). Ist Ihr System nicht vorhanden, kann ein Adapter mit wenig Aufwand erstellt werden. Manche Hersteller entwickeln Adapter für marktübliche Systeme sogar kostenlos.

Tab. 9: Darstellung der Funktionsweise einer Application Programming Interface (API)

Mit einer iPaaS-Integrationsplattform können Sie weitere Systeme einbinden, die Daten synchronisieren und Prozesse über alle Systeme hinweg steuern:

- Performance-Plattformen: Google, Facebook
- Marketing-Automation
- CRM-System
- ERP-System
- PIM-System
- Shop-System
- Tools für Online-Seminare
- BI- und Reporting Tools
- Services zur Datenbereinigung, Datenanreicherung und zum postalischen Versand im Rahmen von automatisierten Prozessen

Das Thema Integration hat naturgemäß eine große technische Komponente. Es hat aber auch einen direkten Bezug zum Marketing und Vertrieb, denn die Pläne in Ihrer Integrationsplattform (iPaaS) sind nichts anders als die in Technik gegossene Verknüpfung Ihrer Prozesse. Wie die Adapter mit einem Plan verbunden werden, ist abhängig von Ihren Prozessen für die jeweiligen Vertriebsszenarien.

Kombinierter Nurture-Prozess E-Mail / Briefpost[27] **!**

Einen Brief können Sie zum Start eines möglichen Kaufprozesses für mehrere Adressen einsetzen. Je besser Sie Ihre Adressen bzw. Ansprechpartner segmentieren und je »spitzer« Sie die Ansprache und die Inhalte gestalten, desto erfolgreicher werden Ihre Aussendungen sein. Es gilt also:

- **nicht** eine große Aussendung mit generischen Inhalten an möglichst viel Ansprechpartner,
- **sondern** mehrere Aussendungen mit spezifischer Ansprache und spezifischen Inhalten an segmentierte Empfänger.

Die passende Systemintegration an einem Beispiel:

- Sie markieren die segmentierten Empfänger im CRM-System.
- Die iPaaS-Plattform überträgt die Adressen an den Postdienst.
- Dort werden die Adressen geprüft und versendet.

Noch spannender ist es aus unserer Sicht, wenn Sie in einem automatisierten Prozess individuell versenden möchten. In dieser Konstellation generieren Sie einen Lead oder Bestandskunden, entwickeln ihn bis zu einem bestimmten Stadium, indem beispielsweise ein Produktmuster den Verkaufsprozess unterstützen kann. Diese Integration gestaltet sich dann so:

- Sie gestalten den entsprechenden Nurture-Prozess in der Marketing-Automation-Plattform.
- Den Integrationsplan in der iPaaS-Plattform stellen Sie so ein, dass bei Erreichen der entsprechenden Stufe der Lead an den Postdienst zum Versand übertragen wird. Dazu binden Sie den Service mithilfe einer iPaaS-Plattform in Ihre Systemwelt ein.
- Durchläuft der Lead den Prozess mithilfe der postalischen Aussendung bis zur finalen Stufe, wird er an das CRM-System übertragen. Der Vertrieb begleitet den Lead bis zum Abschluss.

Enterprise Data Integration – ein Gastbeitrag von Manuel Marini, Marini Systems GmbH **!**

Der Begriff Enterprise Data Integration steht für die Integration von Systemen in Unternehmen. Da die Digitalisierung die Anzahl der eingesetzten Systeme und Plattformen nochmal deutlich gesteigert hat, entstehen dort überall Daten. Enterprise Data Integration befreit diese Daten aus ihren Silos und ermöglicht die Datenbereinigung, die Anreicherung der Daten und die Steuerung von Prozessen über alle Systeme hinweg.

Die Integration von Systemen im Marketing und Vertrieb unterstützt Unternehmen dabei, ihre Effizienz und ihren Vertriebserfolg zu steigern. Sie profitieren gleich mehrfach von integrierten Systemen und synchronisierten Daten:

- Sie halten ihre Daten konsistent.
- Durch die Integration der Systeme sparen Unternehmen Zeit und senken die Fehlerquote. Das steigert die Effizienz im Marketing und Vertrieb deutlich.
- Die Reaktionszeit ist im Vertrieb erfolgsentscheidend. Der Anbieter, der am schnellsten reagiert, hat die besten Abschlusschancen.
- Konsistente Daten ermöglichen eine gezieltere Ansprache und besseren Service für Interessenten und Kunden. So steigert Enterprise Data Integration auch die Customer Experience.

27 Quelle: Schuster, Norbert: Digitalisierung in Marketing und Vertrieb, 2022, 2. Auflage, Haufe.

Die Integration aller Systeme im Marketing und Vertrieb mittels Enterprise Data Integration kann in verschiedenen Stufen erfolgen:

Integration Workflows

In einer unidirektionalen, bidirektionalen oder hybriden Integration integriert man die Systeme und verbindet so exemplarisch eine Marketing-Automation-Plattform mit einem CRM-System. So steuert man Prozesse für Leadentwicklung, Cross-/Up-Selling, Opportunity Management und weitere Prozesse im Kaufprozess.

Dezentrale Plattform

Mit der dezentralen Plattform bildet man komplexere Integrationslösungen und ETL/ELT-Prozesse (Extract – Transform – Load) ab. Alle Daten werden über die dezentrale Plattform geleitet und dort transformiert. Komplexe Transformation-Workflows – wie z. B. Relationsauflösung, Datenharmonisierung, Datenstandardisierung oder Berechnungen – werden in der dezentralen Plattform hinterlegt. So sind die Systeme lückenlos verknüpft und die richtigen Daten sind im richtigen Format und der notwendigen Qualität genau dort verfügbar, wo sie im Marketing und Vertrieb erfolgssteigernd eingesetzt werden können.

Zentrale Plattform

In der zentralen Plattform werden alle relevanten Informationen zu Interessenten, Kunden und ihren Aktivitäten zusammengezogen. Die Daten werden dort konsolidiert, validiert, verdichtet und anreichert. So sind alle wichtigen Informationen an einer zentralen Stelle verfügbar – strukturiert und sichtbar. Und Prozesse können über alle Systeme hinweg gesteuert werden.

8.2 Service Level Agreement für das Lead-Routing

Unabhängig von der Übergabemethode sollten möglichst viele Informationen über den bisherigen Weg des Interessenten, also die Lead-Historie, vom Marketing an den Vertrieb übergeben werden. Auf diese Lead-Historie baut der Vertriebsmitarbeiter sein Vorgehen und seine Verkaufsargumentation auf.

Bei einem neuen Lead sind das zunächst die Stammdaten des Interessenten. Bei einem Bestandskunden-Lead können das Änderungen oder Ergänzungen der Stammdaten sein. Über die Stammdaten hinaus sind die »Bewegungsdaten« des Interessenten überaus wertvoll, weil man eine Menge daraus lernen kann:

- Welchem Buyer-Persona-Profil entspricht der Interessent?
- An welchem Touchpoint erfolgte der Erstkontakt?
- Aus welchem Lead-Nurturing-Prozess kommt der Lead?
- Welche Fragen hat der Interessent dabei schon beantwortet?
- Welche Content-Angebote hat er bereits angenommen?
- Wie lange war er im Lead-Nurturing-Prozess (Durchlaufzeit)?

So bekommt der Vertrieb in Zukunft nicht nur bessere, sondern auch andere Leads. Der Interessent weiß bereits viel über Sie. Er hat sich mit Ihren Produkten befasst. Er kennt den Markt vielleicht sogar besser als Sie. Ein »übliches« Verkaufsgespräch ist in diesem Fall völlig fehl am Platz. Sie beginnen Ihr Verkaufsgespräch immer mit einer Standardpräsentation? Weil der Chef das so will? Das ist sowieso Nonsens. Wer selbst viel redet, erfährt nichts. Zuhören und Fragen stehen in einem Verkaufsgespräch immer an erster Stelle. Im Umgang mit qualifizierten Leads gilt diese Erfolgsregel noch sehr viel mehr.

Darüber hinaus braucht es vor, während und nach dem Routing als solchem eine funktionierende Abstimmung zwischen Sales und Marketing, denn für beide Seiten muss klar sein, was mit einem jeweiligen Lead passiert. Alle Parameter dazu werden am besten schriftlich dokumentiert. Dafür lässt sich ein Service Level Agreement (SLA) nutzen.

Ein Service Level Agreement ist eine verbindliche Vereinbarung zwischen zwei Parteien für wiederkehrende Dienstleistungen. In unserem Fall ist das sozusagen ein Vertrag zwischen Sales und Marketing mit dem Ziel der optimalen Leadbetreuung. Seinen Ursprung hat der Begriff in der IT-Welt. Die deutsche Entsprechung dafür ist Dienstgütevereinbarung. Im Service Level Agreement werden Leistungseigenschaften und Qualitätsnormen beschrieben, wie:

- einzuhaltende Service-Levels
- Umfang des Leistungsspektrums
- die Art und Weise der Erbringung
- zeitliche Komponenten (wie etwa die Reaktionszeit)

So dient das Service Level Agreement zur Dokumentation der gemeinsam beschlossenen Definitionen, Prozesse und Parameter. Hierbei werden zum Beispiel folgende Punkte geklärt:

- Welche Buyer-Personas sollen profiliert werden?
- Was ist ein »ideales« Lead?
- Wie definiert sich ein MQL (Marketing Qualified Lead)?
- Wie definiert sich ein SAL (Sales Accepted Lead)?
- Wie definiert sich ein SQL (Sales Qualified Lead)?
- Welche Bestandskunden-Segmente werden für die Marketing-Automation ausgewählt?
- Welche Daten werden vom Marketing-Automation-System an das CRM-System übertragen?
- Welche Stufen durchläuft ein Interessent im Rahmen der Buyer-Journey, also im Kaufentscheidungsprozess?
- Welche Daten werden im Lead-Nurturing-Prozess wie erfasst?
- Welche Schwellwerte werden für das Lead-Scoring definiert?
- Welche Informationen erhält der Vertrieb über den Interessenten?

- Welche Aktionen erfolgen durch den Vertrieb in welchem Zeitraum nach der Übergabe? Welche Prozesse sind dabei einzuhalten?
- Was meldet der Vertrieb in welcher Form an das Marketing zurück? Welche Prozesse sind dabei einzuhalten?

Ein Service Level Agreement sichert den reibungslosen Ablauf und ist damit ein Meilenstein auf dem Weg zu qualifizierten Abschlüssen, höheren Umsätzen und mehr Erfolg. Deshalb sollte ein solches Dokument gepflegt und regelmäßig auf den neuesten Stand gebracht werden.

8.3 Das Matching von Interessent und Mitarbeiter

Die Frage, welcher Vertriebsmitarbeiter welche Leads bearbeiten soll, ist oft gar nicht so leicht zu beantworten. Je nach Interessent benötigt der Vertriebsmitarbeiter unterschiedliches Wissen oder verschiedene Kompetenzen. Bei einem Produktionsleiter braucht es detaillierte Sachkenntnis, bei einem Einkaufsleiter ist Verhandlungsgeschick überaus wichtig. Daher kann es hilfreich sein, die Kompetenzen, die nötig sind, um einen jeweiligen Entscheider optimal zu betreuen, grundsätzlich festzulegen.

Im zweiten Schritt ist es dann sinnvoll, die Kompetenzen der Mitarbeiter und Mitarbeiterinnen aus dem Vertrieb detailliert zu listen. Danach kann man viel besser entscheiden, welcher Vertriebsmitarbeiter sowohl fachlich als auch persönlich zu einem Interessenten passt und welche Kompetenzen noch fehlen.

8.4 Die Interessenten-Bearbeitung im Vertrieb

In den vorangegangenen Kapiteln haben wir Ihnen gezeigt, wie Sie Neu-Interessenten und Bestandskunden mithilfe einer Marketing-Automation-Plattform automatisiert, aber individuell bis zur (erneuten) Kaufreife entwickeln. Nun fragen Sie sich vielleicht, warum wir den letzten Schritt des Kaufprozesses – nämlich den Abschluss – nicht auch noch automatisieren können. Im B2C-Umfeld passiert das bereits in weiten Bereichen. Der vorletzte Link führt zu einem Webshop, in dem dann (hoffentlich) der letzte Klick auf den »Jetzt kaufen«-Button erfolgt. Auch in immer mehr B2B-Bereichen führen die Anbieter ihre Kunden online bis zum Abschluss. Doch je nach Art und Umfang des Angebotes passt das oft nicht. Je teurer und komplexer ein Gut, desto wahrscheinlicher folgen Kunden dem ROPO-Prinzip: Research Online, Purchase Offline. In der Regel ist der Klärungsbedarf im B2B-Bereich dermaßen groß, dass die potenziellen Abnehmer vor dem Abschluss immer noch einmal mit einem Menschen sprechen möchten – oder dies sogar müssen. Oft sind Verständnisfragen oder Spezifikationen zu klären und Vertragsverhandlungen zu führen.

Gerade im B2B wird der Vertrieb also niemals ganz überflüssig werden. Entscheider suchen – wenn sie soweit sind – den persönlichen Kontakt vor allem dann, wenn es um eine ausführliche Beratung, um Lösungsempfehlungen, um ein Angebot oder um Preisabsprachen geht. Unausgesprochene Bedenken kann die Marketing-Automation oder der Webshop nicht erkennen und dann auch nicht darauf reagieren. Ein guter Vertriebler kann das sehr wohl. Er kann ...

- eines der wichtigsten Talente eines guten Verkäufers zum Einsatz bringen: das Zuhören. So findet er heraus, was der Kunde wirklich will und benötigt. Wenn der Bedarf noch unklar ist, kann er durch intelligente Fragen Aspekte und Facetten beleuchten, die der Interessent bisher noch gar nicht beachtet hatte.
- erspüren, wenn es beim Interessenten noch emotionale Blockaden gibt und welcher Art diese womöglich sind. Mit Feingefühl kann er darauf reagieren und so die Dinge zum Besten wenden.
- Vertrauen beim Interessenten aufbauen und dem Interessenten das gute Gefühl geben, sich für den richtigen Anbieter zu entscheiden.
- erkennen, wenn der Interessent innerlich schon gekauft hat und dann gezielt den Abschluss einleiten.

Fachliches wie auch verkäuferisches Profiwissen und umfängliche Entscheidungskompetenzen sind hierbei elementar. Nichts ist schlimmer als ein Mitarbeiter, der in einer Verkaufssituation keinerlei Befugnisse hat. Vorinformierte Kunden erwarten heutzutage ganz einfach, dass ein Verkäufer besser ist als das Web. Und sie wollen mit »Schmitt«, nicht mit »Schmittchen« reden. Wer wegen kleinster Zusagen immer erst bei der Vertriebsleitung nachfragen muss, ist als Verhandlungspartner einfach inakzeptabel.

Doch auch im B2B-Umfeld gilt es zu prüfen, wie man Interessenten und Kunden, wenn es etwa um Ersatzteile oder Verbrauchsmaterialien geht, via Automatisierung im eigenen Webshop direkt zum Abschluss führen kann. Das steigert nicht nur den Komfort für die Nutzer, sondern auch die Effizienz im Vertrieb. Dabei können die Leads ohne Übergabe an den Vertrieb per Lead-Nurturing-Prozess direkt an einen »Online-Point-of-Sales« übergeben werden. Je nach Branche verschieden, beschreiten immer mehr B2B-Unternehmen parallel zum klassischen Vertrieb bereits diesen Weg. Denn wenn ein Hersteller das nicht selbst machen will oder kann, wird ein pfiffiges Start-up kommen und es kundenfokussiert tun.

8.5 Digital Selling: Digitalisierung im Vertrieb

Die eingangs beschriebenen Veränderungen am Markt, das neue Kaufverhalten potenzieller Kunden und die zunehmende Digitalisierung beeinflussen nicht nur das Marketing, sondern natürlich auch den Vertrieb. Mit mehr von den früher üblichen Vorgehensweisen, also noch mehr Anrufe, noch mehr Druckverkauf, noch mehr »Tschaka«-Trainings und so fort kommt man bei dieser Lage nicht weiter. Viel hilft nicht immer viel. Und mehr vom Falschen ist wohl das Schlechteste, was man machen kann. Zudem ist manches schon rein rechtlich nicht mehr erlaubt. *Sabine Heukrodt-Bauer* hat dazu in ihrem Beitrag *»Marketing-Automation und Leadmanagement – die rechtlichen Aspekte«* (Kapitel 12) die wesentlichen derzeit gültigen Hinweise (Stand Anfang 2022) zusammengestellt.

Schauen wir uns im Kontext von »Digital Selling« zunächst einige Begrifflichkeiten an. Wir erkennen insgesamt vier Kategorien:

- **Kategorie 1: Digitale Tools**
  Ja, ein Tablet ist ein digitales Medium. Keine Diskussion, dass ein Tablet auch hervorragend dazu geeignet ist, beim Kundentermin alle verfügbaren Dokumente dabei zu haben, und, im Gegensatz zum Notebook, keine »Mauer« zum Kunden aufbaut. *Twitter* oder *YouTube* oder *Facebook* sind digitale Medien. Und es ist schön, wenn der Vertriebler vor seinem Kontakt zum Kunden das Internet oder die sozialen Netzwerke nutzt, um sich schlau zu machen. Das Schreiben von E-Mails ist ein digitaler Prozess. Aber mal ehrlich, soll das schon die ganze Digitalisierung im Vertrieb gewesen sein?
- **Kategorie 2: Marketingaufgaben**
  Haben Sie schon mal nach »Digital Selling« oder »Digitalisierung im Vertrieb« gegoogelt? Viele der Artikel oder Bücher, die Sie dazu finden, beschäftigen sich mit der Macht des Internets. Klar, in Websites und Suchmaschinen steckt großes Potenzial für die Vermarktung. Die passende Strategie und die erfolgreiche Umsetzung sind aber Aufgaben des Marketings. Der Vertrieb kann zwar mit Informationen von der Kundenseite helfen, um gute Buyer-Personas und passendes Content-Material zu kreieren. Die Umsetzung ist dann aber ein Marketing-Job. Auch die Erstellung eines B2B-Webshops ist keine Aufgabe des Vertriebs. All das und vieles mehr zahlt natürlich auf die Anzahl und Qualität der Leads ein, passiert aber operativ zunächst im Marketing.
- **Kategorie 3: Social-Business-Plattformen**
  Der Vertrieb nutzt hier *Xing* und/oder *LinkedIn*, um neue Interessenten zu erreichen, seine Bestandskunden zu pflegen und diese für Up- und Cross-Selling-Maßnahmen zu erwärmen. Am Sekretariat vorbei kann man direkt mit dem Entscheider kommunizieren. Solch ein Gebrauch der Social-Business-Plattformen, oft »Social Selling« genannt, lässt sich noch am ehesten als Ansatz zur Digitalisierung im Vertrieb bezeichnen.

Social Selling allein reicht aber noch nicht, um das volle Potenzial von Digital Selling auszuschöpfen. Denn der Vertrieb ersetzt hierbei hauptsächlich die alten Kommunikationskanäle durch neue digitale Kanäle. Der eigentliche Vertriebsprozess wird dabei kaum verändert. Die entscheidende Frage zur »Digitalisierung im Vertrieb« hingegen ist die, welche Hebelwirkung die Digitalisierung denn tatsächlich für den Vertrieb haben kann. Details dazu lesen Sie in *Norbert Schusters* Buch *Digitalisierung in Marketing und Vertrieb.*

Quelle: https://www.strike2.de/angebote/buecher-hoerbuecher/digitalisierung-im-marketing-und-vertrieb/

Das, was in den Kategorien 1 bis 3 passiert, ist allenfalls ein erster Schritt. Modernes Leadmanagement und Marketing-Automation hingegen können ein wesentlich größeres Momentum bewirken.

- **Kategorie 4: Modernes Leadmanagement**
  Marketing und Vertrieb arbeiten eng zusammen. Sie definieren gemeinsam die Wunschkunden in Form von Buyer-Personas sowie die Content-Angebote und die Lead-Nurturing-Prozesse. Das Marketing nutzt die Möglichkeiten der Kategorie 2 und der Vertrieb die der Kategorien 1 und 3. Zusätzlich wird mithilfe von Marketing-Automation – für jeden Interessenten automatisiert und individuell entwickelt – ein umfangreiches Profil aufgebaut. Der Vertrieb bekommt so hoch qualifizierte Interessenten und kann auf deren Profil aufbauend seine Vertriebsstrategie und Argumentation entwickeln. Bei unmittelbar Interessierten kann die »Sales Fast Lane« genutzt werden. So profitiert der Vertrieb von verkürzten Akquisitionsphasen und größerem Vertriebserfolg.

Nur mithilfe des Leadmanagements ist es zudem möglich, erhaltene Empfehlungsadressen und verlorene Kunden rechtskonform anzusprechen, sie also nach deren Opt-in weiter mit Informationen zu versorgen.

8.6 Klassisches und modernes Leadmanagement im Vergleich

Klassisches Leadmanagement
Im klassischen Vermarktungsprozess hat sich das Marketing vor allem um Werbung gekümmert und die Marke des Unternehmens gepflegt. Zudem wurden Mailings verschickt, Events veranstaltet und Messen organisiert. Wenn aus diesen Aktivitäten Leads entstanden, wurden diese (meist irgendwann später) an die Vertriebsorganisation übergeben (wo sie oft erst mal liegenblieben). Zudem hat sich die Vertriebsorganisation via telefonischer und/oder persönlicher Kaltakquise (Cold Calls) selbst um Leads bemüht.

Diese Leads wurden/werden durch einen vordefinierten oder aus dem Bauch heraus betriebenen Vertriebsprozess entwickelt. Die Stufen eines klassischen Vertriebsprozesses können sich im B2B zum Beispiel so darstellen:

- Erstkontakt
- Bedarfsanalyse
- Präsentation
- Engineering/Pflichtenheft
- Angebotserstellung/Forecast
- Wiedervorlage
- Abschluss
- Nachbereitung
- Up-/Cross-Selling
- Empfehlung

In mehr oder weniger Schritten durchläuft jeder potenzielle Kunde in der Vertriebsbetreuung diesen Prozess. Um diesen Ablauf zu unterstützen, wurden verschiedene Qualifizierungsmethoden entwickelt. All diesen Methoden ist gemeinsam, dass der Vertrieb auf teilweise recht mühevolle Weise selbst die notwendigen Informationen über das jeweilige Unternehmen und die Ansprechpartner im Buying-Center in Erfahrung bringen muss, um seine Vertriebsstrategie darauf abzustimmen.

Im klassischen Modell begann der Vertriebsmitarbeiter also quasi immer bei null: Listen abtelefonieren, abgewimmelt werden, nachhaken, hartnäckig sein. Er musste herausfinden, welches Budget es gab, ob Angebot und Nachfrage überhaupt zusammenpassten und ob gerade eine Anschaffung anstand. Fast immer war er zu früh oder zu spät dran. Insgesamt musste er einen hohen Aufwand betreiben, bevor er mit dem eigentlichen Verkaufen beginnen konnte. Kostbare Zeit und viel Motivation wurde dabei vertan.

Nach dem Erstabschluss sind viele Projekte an ihm vorbeigegangen: Anschlussaufträge, weil es einen neuen Entscheider gab, Erstausstattungen in einem anderen Unternehmensbereich, weil die Abteilungen nicht miteinander kommunizierten, Folgeausstattungen, weil man in dem Moment nicht an ihn dachte. Im neuen Leadmanagement kann man viele von diesen unglücklichen Situationen vergessen. Immer öfter sind Sie zum richtigen Zeitpunkt an der richtigen Stelle präsent.

Modernes Leadmanagement

Im modernen Leadmanagement wird der Traum eines jeden Vertriebsprofis endlich wahr: qualifizierte Leads, denen er seine ganze Expertise angedeihen lassen kann. Unqualifizierte Adressen landen erst gar nicht auf seinem Tisch. Erst nach einer präzisen Identifikation des Interessenten und dessen grundsätzlicher Kaufwilligkeit steigt er in den Prozess ein. So wird der Vertrieb maximal entlastet und kann sich zeitnah um die wirklich erfolgversprechenden Leads kümmern. Er vergeudet seine Kraft nicht an die hoffnungslosen Fälle, sondern konzentriert seine Energie voll und ganz darauf, aus potenziellen Käufern tatsächliche Käufer zu machen.

Zwar investiert das Vertriebsteam zunächst Zeit in die Abstimmung mit dem Marketing über Buyer-Personas, Profilierungsmaßnahmen und die Content-Konzeption. Als Lohn dafür erhält es herausgefilterte vorqualifizierte Leads mit einer detaillierten Leadhistorie. In dieser Leadhistorie stecken viele der Informationen schon drin, die im klassischen Vermarktungsmodell für jeden einzelnen Interessenten manuell in Erfahrung gebracht werden müssen. Man braucht zum Beispiel nicht selbst herauszufinden, …

- wer überhaupt der richtige Ansprechpartner ist,
- wie das »Strickmuster« einer Buyer-Persona sich darstellt,
- welche Rolle sein Ansprechpartner im Kaufprozess spielt,
- um welches Unternehmen (Branche, Größe usw.) es sich dreht,
- ob das Unternehmen überhaupt Bedarf hat,
- in welcher Phase des Kaufprozesses das Unternehmen gerade steckt,
- welche Themen für den Interessenten von Belang sind,
- wie konkret ein Kaufwunsch bereits ist,
- ob die BANT-Kriterien erfüllt sind.

All das und vielleicht sogar noch viel mehr ist bekannt, wenn ein Interessent an den Vertriebsmitarbeiter übergeben wird. Der verliert keine Zeit mehr mit Personen, die überhaupt keine Entscheider sind. Er wird sich wahrscheinlich auch nie mehr Dinge wie diese anhören müssen: »Ach ja, wissen Sie, ich wollte mich nur mal »allgemein« informieren. Wir brauchen eigentlich nichts.« Das Aussortieren solcher Interessenten ist erledigt, bevor der Vertrieb überhaupt zum Einsatz kommt.

Natürlich kann er sich zusätzlich in die digitalen Kanäle wie *Xing*, *LinkedIn*, *Twitter*, *Instagram* und *Facebook* begeben, um sich weiter schlau zu machen und etwa in Erfahrung zu bringen,

- was das Unternehmen auf diesen Kanälen so postet,
- in welcher Weise ein Interessent persönlich kommuniziert,
- auf welche Art sich das Unternehmen positioniert,
- wie sich das Unternehmen im Marktumfeld bewegt,
- was die Kunden des Unternehmens so sagen,
- wie der Wettbewerb des Unternehmens agiert und
- welche Informationen sich für den Vertriebsprozess nutzen lassen.

Wenn es sich um einen Bestandskunden handelt, kann der zuständige Mitarbeiter prüfen, welche weiteren Kontakte aus dem Unternehmen er schon kennt und welche davon ihm nützlich sein können. Er kann sich informieren, wer im Unternehmen welche Position innehat. Auf diese Weise kann er auch die bisher noch unbekannten Mitglieder eines Buying-Centers recherchieren. Findet er bisher unbekannte Kontakte, erkennt er, welcher seiner Kontakte diesen Ansprechpartner schon kennt. Sind das beispielsweise Kollegen aus der eigenen Firma, kann er sie konsultieren, um weitere Details in Erfahrung zu bringen.

Im eigenen CRM-System kann der Vertriebler zudem die Historie des Unternehmens sichten und zum Beispiel in Erfahrung bringen:

- Wie wurde der Kunde ursprünglich generiert?
- Was hat er bisher gekauft oder gebucht?
- Welche Probleme gab es in der Kundenbeziehung?
- Wer war bisher im Buying-Center des Kunden?
- Wie wurde bisher verhandelt? Rabatte & Co.?
- Wer aus dem Unternehmen hatte schon Kontakt …
  - zum Interessenten selbst?
  - zu anderen Ansprechpartnern, die er schon kennt?
  - zu anderen Ansprechpartnern, die er noch nicht kennt?

Insgesamt steigert das neue Leadmanagement die Effizienz, verkürzt die Akquisitionszeit und erhöht die Abschlusswahrscheinlichkeit. Keinesfalls wird der Vertrieb durch die Automatisierung überflüssig. Ganz im Gegenteil: Die Automatisierung generiert mehr Situationen, in denen Interessenten und Vertriebsmitarbeiter aufeinander treffen können, und zwar exakt in dem Stadium, das für den Interessenten sinnvoll und für den Vertriebsmitarbeiter zielführend ist. Und das ist noch lange nicht alles.

8.7 Sales-Automation kann noch viel mehr

Um eine mögliche Begriffsverwirrung gleich auszuräumen: Die meisten Automatisierungsplattformen für das Leadmanagement werden als »Marketing-Automation«-Plattformen bezeichnet. Mit diesen Plattformen können Sie aber natürlich auch eine ganze Reihe automatisierter Prozesse definieren und betreiben, die für den Vertrieb überaus nützlich sind.

So gibt es Phasen im Kaufprozess, in denen der Vertrieb einfach ausharren muss. Solch ein Anlass ist, wie schon erwähnt, zum Beispiel die Erstellung eines Anforderungskatalogs oder die Ausformulierung eines Pflichtenheftes. Das kann dauern. Eine direkte Unterstützung durch den Vertrieb ist in dieser Situation selten erwünscht. Auch Anrufen und Nachhaken bringt meistens nix, kann höchstens verärgern. Geduld ist angesagt. Manchmal wirklich sehr viel Geduld. Im alten Leadmanagement musste man ohnmächtig warten, bis auf der anderen Seite etwas passierte. Man war immer ein wenig unruhig und hatte keinerlei Einfluss darauf, ob es der Konkurrenz nicht zwischenzeitlich gelang, sich in die noch ganz zarte Beziehung einzuschleichen.

Im neuen Leadmanagement brauchen uns solche Sorgen nicht zu plagen.

Wir bieten Content-Bausteine an, die dem Interessenten die Arbeit erleichtern. Solche indirekte Hilfe wird meist sehr gerne angenommen. Für diesen Zweck lohnt sich beispielsweise der Aufbau eines Pflichtenheft-Nurtures. Dabei können Sie dem Interessenten in kleinen Happen Hilfestellung für den Aufbau eines Pflichtenheftes anbieten. Der Vertriebler braucht nur zu fragen, ob der potenzielle Kunde an diesen Informationen interessiert ist und startet nach der Freigabe den Nurture.

Solche Nurtures wurden natürlich vorher mit dem Marketing besprochen. Die Inhalte werden entsprechend aufbereitet und der Lead-Nurture-Prozess wird in der Automation-Plattform hinterlegt. Die Ausspielung an einen Interessenten kann aber nur durch den Vertriebler ausgelöst werden. Er hat in dieser Phase die »Interessenten-Hoheit«. Auf diese Weise unterstützt der Vertrieb den potenziellen Kunden optimal und verkürzt die Wartezeit bis zum nächsten Schritt im Vertriebsprozess.

Wenn es in Ihrem Vertriebsprozess ähnliche Phasen gibt, in denen kein direkter Kontakt sinnvoll ist, können Sie dafür passende Nurturing-Prozesse aufbauen und dem Interessenten die zugehörigen Informationen offerieren.

Hat der Kaufprozess zu einem Abschluss geführt, ist es nun wichtig, das Ergebnis zu dokumentieren. Dies passiert in aller Regel im CRM-System. Die hinterlegten Informationen können Ausgangspunkt eines erneuten Nurturing-Prozesses sein. Denn Kunden dürfen niemals vergessen werden. Am besten starten sie sogleich mit Wertschätzungs-Nurtures, die online und offline aufeinander abgestimmt wurden. Zudem generieren Sie durch kontinuierliches »Weiterfüttern« Interesse an Wieder- und Mehrkäufen. All das wird durch die Automatisierungsplattform unterstützt.

Es kann allerdings auch passieren, dass Sie den Abschluss – aus welchen Gründen auch immer – nicht realisieren konnten. Das heißt aber noch nicht, dass der »Fast-Kunde« nun für immer verloren ist. Je nachdem, was in Ihrer Angebotspalette steckt und wie sich diese weiterentwickelt, treten Sie mit ihm, wenn er dann noch immer ein Wunschkunde ist, nach einer Weile wieder in Kontakt. Ein Anruf würde an dieser Stelle vielleicht schaden. Doch mit einem nützlichen Content-Stück bekommen Sie den Fuß wieder in die Tür. Auch hier leistet Ihre Automation-Plattform sehr gute Dienste. Dazu wird ein »Auftrag (vorübergehend) verloren«-Nurturing-Prozess definiert. Hierbei übergibt der Vertrieb den »ehemaligen« Interessenten zurück in die Betreuung durch das Marketing. Auf diese Weise bricht der Kontakt nicht ab. Und Sie steigern die Chance, den Kunden doch noch gewinnen zu können.

Nurturing-Prozesse bieten sich auch für eine Reihe besonders heikler Situationen in der Kundenbeziehung an: Das vorläufige Ende eines Projekts, das zur Neige gehende Produkt, Lieferengpässe, fällige Jahresgespräche, Konditionen-Anpassungen, das Ablaufdatum eines Vertrags, eine gravierende Reklamation, all das sind gefährliche Momente, die schnell zu einem Bruch führen können. Man weiß eben nicht, ob der Kunde nicht schon längst den Markt gecheckt hat und zum Beispiel nur noch auf den Kündigungstermin wartet, um sich dann jemand anderem zuzuwenden. »Sich-kümmern«-Nurtures können hier helfen, solch unsichere Phasen gut zu umschiffen.

Und dann wären da noch all die Kunden, die man irgendwann früher verloren hat. In den meisten Vertriebsorganisationen fristen sie ein trauriges Dasein, manchmal sogar in alten Schuhkartons. Solche Ex-Kunden können, sofern Sie sie zurückhaben wollen, durch sehr elegante Nurturing-Maßnahmen wiedergewonnen werden. Zumindest können sie telefonische und/oder persönliche Wiederkontaktgespräche einleiten, flankieren und unterstützen.

8.8 Unterstützung im Messegeschäft durch Marketing-Automation

Messen und auch Kongress-Messen können wichtige Orte für den Kontakt zu potenziellen Neukunden und der Pflege von Bestandskunden sein. Viele Unternehmen nutzen sie aber vorwiegend fürs Ego-Posting: Man präsentiert dem Markt das Beste, das man derzeit zu bieten hat. Dialogische Follow-up-Maßnahmen hingegen versanden. Das ist suboptimal, besonders weil Messen per se sehr teuer sind. Sie investieren in

- den Messestand,
- den Messebau,
- die Reisekosten,
- die Übernachtungskosten,
- die Arbeitszeit Ihrer Mitarbeiter,
- die Bewerbung und das Marketingmaterial für die Messe.

Da ist es doch schade, wenn Sie nicht das Optimum aus Ihrem Messeauftritt herausholen. Lead-Nurturing-Prozesse können Ihnen helfen, erstens mehr Besucher auf Ihren Messestand zu locken und zweitens die Nachbereitung zu optimieren.

Fünf Tipps, wie Sie mehr aus Ihrem Messeauftritt herausholen können:

Tipp 1: Definition Ihrer idealen Messebesucher
Sie wollen nicht Jeden! Definieren Sie Ihre idealen Interessenten, die Sie im Kontext einer Messe generieren möchten. Mit Buyer-Persona-Profilen beschreiben Sie diese Interessenten im Detail. Neben den demografischen Daten (Position, Branche, Fir-

mengröße usw.) und dem »Strickmuster« (Typisierung) sind die Schmerzpunkte und Herausforderungen der Personas entscheidend für die weiteren Schritte.

Tipp 2: Interessenten, die Sie auf den Messestand einladen
Basierend auf den Persona-Profilen bauen Sie Ihr Konzept und die Ansprache für die Messeeinladungen auf. Sprechen Sie die Schmerzpunkte und Herausforderungen der jeweiligen Buyer-Persona an und stellen Sie relevante Inhalte und Mehrwerte beim Messebesuch in Aussicht. Diese Inhalte können Sie auf Ihren Präsenzen (Website, Blog, Social Media usw.) bewerben, um von potenziellen Interessenten/Messebesuchern gefunden zu werden. Für die aktive Ansprache und Einladung nutzen Sie am besten:

- Ihre Bestandsinteressenten
- Fachforen
- Xing/LinkedIn
- Stand-alone-Newsletter
- Pressearbeit

Tipp 3: Interessenten, die »zufällig« Ihren Messestand passieren
Überdenken Sie Ihr Standkonzept und wechseln Sie vom »Ego-Posting« (»Unser Angebot ...«, »Unsere Produkte ...«) hin zu einer Buyer-Persona-konformen Ausgestaltung. Platzieren Sie dazu Poster, Stelen oder Displays, die die Painpoints der Personas ansprechen und relevante »Schmerzmittel« in Form von Content-Bausteinen (Business-Cases, Erfolgsstorys, Szenario-Papiere usw.) offerieren. So ziehen Sie passende Messebesucher vom Gang auf Ihren Messestand und machen aus diesem ein »Interessenten-Wasserloch«.

Tipp 4: Vorbereitung der Messenachbereitung
Ist geklärt, wen Sie als Messebesucher auf Ihrem Stand begrüßen möchten, dann definieren Sie nun, welche für sie relevanten Inhalte Sie während des Besuches präsentieren oder überreichen wollen und zudem, welche Inhalte Sie nach der Messe in Stufen (Lead-Nurturing) anbieten können. So offerieren Sie Ihren Messebesuchern für jede Stufe im Ablaufprozess, also vor, während und nach einer Messe, die relevanten Informationen und führen sie bis zur Vertriebs- bzw. Kaufreife.

Tipp 5: Lead-Erfassung auf dem Messestand
Mit einem Tablet und Ihrer Marketing-Automation-Lösung können Sie Messeleads direkt online erfassen und sogleich einer Buyer-Persona-Typisierung und einer passenden Content-Strecke zuordnen. Zum Beispiel versenden Sie schon während des Messebesuchs die ersten Informationen und in vorher definierter Frequenz, etwa nach fünf Tagen, nach 15 Tagen und nach 30 Tagen, automatisiert und individuell weitere passende Informationen. So nutzen Sie die Messe zielführend für Ihre Leadgenerierung und Ihr Bestandskunden-Leadmanagement, bereiten die Interessenten optimal für die Betreuung durch Ihren Vertrieb vor und optimieren Ihr Umsatzwachstum.

Apropos Messen und Kongresse: Ein Branchentreffpunkt für Marketing-Automation und Leadmanagement ist der *Lead Management Summit* in Würzburg. Dort treffen Sie Menschen aus dem Marketing und Vertrieb, die sich intensiv mit dem Einsatz von Marketing-Automation und Leadmanagement befassen, ihre Erfahrungen präsentieren und austauschen.

8.9 Was ans Marketing zurückfließen muss

Egal, wie das Verkaufsgespräch ausging und ob es zu einem Abschluss gekommen ist oder nicht: Das Ergebnis und die Erkenntnisse aus der Vertriebsbetreuung müssen an das Marketing zurückfließen. Und das aus vielerlei Gründen: Interessenten, die abgeschlossen haben, werden in einen abgestimmten Bestandskunden-Nurture-Prozess überführt, um mit ihnen in Verbindung zu bleiben und sie auf passende Up- oder Cross-Selling-Kampagnen vorzubereiten. Interessenten, die einen Kauf zurückgestellt oder inzwischen anderweitig getätigt haben, können nach einer gewissen Zeit wieder mit passenden Nurtures bespielt werden, um womöglich im zweiten Anlauf zum Zuge zu kommen. Und Interessenten, die erst einmal nichts mehr von Ihnen wissen wollen oder vom Vertrieb als unpassend disqualifiziert wurden, müssen komplett aus Nurturing-Aktivitäten herausgenommen werden, damit sie sich nicht weiter belästigt fühlen.

Keinesfalls geht es darum, den Vertrieb zu kontrollieren. Vielmehr sollen seine Erfahrungen auch dazu dienen, die Marketing-Automation-Prozesse zu optimieren. Dabei geht es insbesondere um Erkenntnisse in Bezug auf:

- die Buyer-Personas
- die Buyer-Journeys
- die Touchpoints
- die Content-Angebote
- die Nurturing-Prozesse
- das Lead-Scoring
- das Lead-Routing

Weitere wichtige Informationen haben mit dem Verkaufsprozess als solchem, der Stimmung im Markt und dem Verhalten der Mitbewerber zu tun. In Bezug auf den Abschluss sind folgende Erkenntnisse wertvoll:

Wenn der Auftrag gewonnen wurde …

- Was war entscheidend für den erfolgreichen Abschluss?
- Hat das Leadmanagement Sie unterstützt, und wenn ja, wie?
- Was können wir daraus lernen? Was müssen wir verbessern?
- Gegen welchen Marktbegleiter konnten Sie sich behaupten?

- Gibt uns der Kunde eine Referenz und/oder einen Anwenderbericht?

Wenn der Auftrag nicht gewonnen werden konnte ...

- Aus welchen Gründen konnten Sie den Kunden nicht gewinnen?
- Welche BANT-Kriterien haben nicht gepasst?
  - **B:** Budget war nicht vorhanden oder unser Preis war zu hoch?
  - **A:** Mit dem falschen Ansprechpartner gesprochen? Oder gab es einen »Gegner«/»Wächter« im Buying-Center? Wenn ja, wer, in welcher Position und warum? Können wir durch geeignete Nurturing-Prozesse gegensteuern?
  - **N:** Die angebotene Lösung hat den Bedarf des Interessenten nicht optimal getroffen oder nicht komplett abdecken können?
  - **T:** Der Interessent hat den Kauf verschoben? Dann sollte er zurück in die Marketingbetreuung übergeben werden. Mit einem passenden Lead-Nurturing-Prozess kann der Kontakt gehalten werden und man bleibt auf dem »Radar« des Interessenten.
- In welcher Entscheidungsphase wurde der Kunde verloren?
- Hat der Kunde anderswo abgeschlossen?
  - Nein: Dann können Sie, wie bereits beschrieben, mit einem entsprechenden Nurturing-Prozess den Kontakt halten.
  - Bei einem Marktbegleiter: Dann nutzen Sie den oben beschriebenen »Auftrag (vorübergehend) verloren«-Nurturing-Prozess.

Alles in allem können Sales und Marketing ganz sicher eine Einsicht aus dem Einsatz einer Marketing-Automation-Plattform ziehen: Die Digitalisierung bietet großes Potenzial für das Neukunden- und Bestandskundenmanagement. Wenn beide Seiten eng zusammenarbeiten und einen gemeinsamen Leadprozess mit den hier beschriebenen Aspekten definieren, kann der Vertrieb erheblich profitieren und den Vertriebserfolg nachhaltig steigern.

9 Monitoren, Messen und Optimieren

So, nun ist er da: der Tag, auf den wir so lange hingearbeitet haben. Wir haben uns eine Strategie zurechtgelegt, haben Personas kreiert, Buyer-Journeys skizziert, erstes Content-Material entworfen, passende Touchpoints definiert, uns mit dem Sales-Team abgestimmt und alles Notwendige in die Automation-Plattform eingespeist. Die Landingpage läuft, der Double-Opt-in funktioniert, die Downloadfunktionen klappen. Alle Tests waren erfolgreich. Gestern wurde an eine ausgewählte Kundengruppe das erste Content-Stück ausgespielt.

Auf dem Weg ins Büro: Hoffen und Bangen. Schnurstracks geht es an den Arbeitsplatz, halt, einen Kaffee nehmen wir schnell noch mit. Die Anspannung ist groß. Wir fahren den Computer hoch. Hat sich überhaupt jemand angemeldet? Wie oft wurde das gute Stück, ein Whitepaper, heruntergeladen? Und gibt es schon Reaktionen? Eine erste konkrete Anfrage vielleicht, die wir den Vertriebskollegen stolz als MQL übergeben können? Das Automation-Programm wird geöffnet, das Kampagnen-Fenster springt auf. Wow! Wir jubeln, könnten die Welt umarmen. 102 Leads am ersten Tag, 25 % über Plan. Ein Happy End. Zunächst. Denn nun geht die Arbeit ja erst richtig los. Das Monitoren, Messen und Bessermachen beginnt.

9.1 Daten sind noch kein Wissen

Machbar ist in der Marketing-Automation vieles, doch die Machbarkeit sollte niemals über der Menschlichkeit stehen. Die Goldgräberstimmung rund um die Digitalökonomie darf nicht dazu verleiten, dass Big Data zu einem rein technokratischen Thema verkommt.

> »Das digitale Zeitalter totalisiert das Additive, das Zählen und das Zählbare. Sogar Zuneigungen werden in Form von Gefällt-mir gezählt«, mahnt der deutschkoreanische Philosoph *Byung-Chul Han* in seinem Büchlein *Im Schwarm*.
> Auch Trendforscher *Peter Wippermann* warnt:
> »Big Data ist nicht nur eine technologische, sondern auch eine kulturelle Herausforderung. Denn Daten sind noch kein Wissen. Erst wenn die richtigen Fragen gestellt und die richtigen Verknüpfungen installiert werden, entstehen aus Daten vorteilhafte Erkenntnisse.«

Datenkompetenz impliziert immer auch eine moralische Komponente. Und Big Data, also die Echtzeitverarbeitung großer Datenmengen für analytische Zwecke, erfordert nicht nur ein Heer von Servern, sondern vor allem Big Brain, also eine intelligente Herangehensweise. Und sie darf nicht zu einer Totalüberwachung des Users führen. »Neben den rechtlichen Grenzen sind es vor allem die Grenzen von Anstand und Feingefühl, die Unternehmen in der Verwendung ihrer Datenschätze leiten müssen«, ergänzt *Andreas Steinle* vom *Zukunftsinstitut*.[28] Und, ja, natürlich können die Erkenntnisse, die man aus sinnvollen Kennzahlenanalysen generiert, erhebliche Mehrwerte bringen. Aufpassen sollte allerdings jeder, dass der Hype rund um Dashboards, Daten und Cockpits nicht zu einer »digitalen Besoffenheit« (Christof Baron) führt.

Auch im Lead- und Bestandskunden-Management ist entscheidend, was man aus all den Daten, die Marketing-Automation-Plattformen liefern, am Ende macht. Niemals dürfen die internen Abläufe an die gekaufte Software angepasst werden, genau umgekehrt muss es sein. Nicht, was das System kann, sondern was der Kundengewinnung dient, ist entscheidend. Das System muss die strategischen Ziele stützen. Deshalb wird es ja auch erst dann angeschafft, wenn die Strategie steht. Die Kunden, um die es dabei eigentlich geht, und die Mitarbeiter, die mithilfe der Automation-Plattform ihre Ziele besser erreichen, rücken dabei in den Vordergrund.

Die bis hierher beschriebenen Methoden und Vorgehensweisen helfen Ihnen ganz klar, mehr qualifizierte Interessenten zu gewinnen, Leads schneller zum Abschluss zu führen und Ihr Bestandskunden-Potenzial besser zu nutzen. Für die konkrete Umsetzung von Leadmanagement und Marketing-Automation gibt es allerdings kein Schema F, das man jedem Unternehmen gleichermaßen überstülpen könnte. Denn es ist immer überall anders.

9.2 Monitoren: Am Anfang lieber weniger als mehr

Die Automation-Plattformen können sehr viel, und im Überschwang solcher Möglichkeiten hat sich schon so mancher verfangen. Die große Gefahr besteht vor allem darin, gleich am Anfang zu viel auf einmal zu wollen. Deshalb unser Appell: Bloß nicht verzetteln: Halten Sie Maß! Eine ausufernde Berichtsbürokratie bindet Ressourcen an der falschen Stelle.

»Die 77 wichtigsten Steuerungsgrößen im Lead- und Bestandskunden-Management« – das ist nichts als ein aufwendiges Selbstverteidigungsprogramm beim Rapport im obersten Stock. Solche Berichte werden sowieso kaum gelesen. Verwenden Sie Ihre wertvolle Zeit lieber für Kundenbelange – und nicht für interne Bürokratie. Darüber hinaus: Je komplexer das Zahlenwerk, desto mehr Fehlinterpretationen sind möglich, die zu falschen Schlüssen und schließlich zu schlimmen Fehlentscheidungen führen können.

Natürlich muss man wissen, ob die eingeleiteten Maßnahmen die gewünschte Wirkung entfalten – und ob sie rentabel sind. Außerdem will man dazulernen und seine

28 Die Kraft der Vernetzung, Medianet, 14.05.2013.

Maßnahmen kontinuierlich verbessern. Wer vergleichbare Messdaten hat, der beugt falschen subjektiven Eindrücken vor, wie etwa diesem: »Mir scheint, wir bekommen jetzt mehr Leads als früher.« Oder dem: »Also ich meine, so schlecht ist die Konvertierung gar nicht.« Datengestützte Analysen hingegen liefern hieb- und stichfeste Fakten in Echtzeit, auf die man sofort reagieren kann.

Die Frage ist demnach die: Wie viel Messen ist sinnvoll? Und was ist unbedingt nötig? Niemand sollte den Anspruch haben, das Ganze auf Anhieb optimal umzusetzen. Es wird in jedem Fall eine Lernkurve geben. Ein sehr positiver Aspekt ist jedenfalls der, dass Sie alles ständig testen und dann korrigieren können. Haben Sie bloß keine Angst vor dem Fehlermachen. Fehler sind die besten Lernchancen, um besser zu werden. Umwege erhöhen die Ortskenntnisse, heißt es so schön. Und wer sich nie verirrt, findet auch keine neuen Wege.

Die Entwicklung einer Nurturing-Kampagne lässt sich anhand konkreter Kennzahlen nachverfolgen und fortlaufend überprüfen. In jeder Prozessphase gibt es viele Möglichkeiten, die Auswirkungen Ihrer Arbeit zu messen. Sehr schnell kann sich also zeigen, wo es noch hakt.

Dabei geht es vor allem darum, die Wirkung der einzelnen Elemente festzustellen und zudem zu prüfen, ob diese Wirkung optimiert werden kann. Solche Elemente können zum Beispiel folgende sein:

- Content-Bausteine
- Überschriften
- E-Mail-Texte
- Teasertexte
- Bilder
- Handlungsaufforderungen
- bespielte Touchpoints
- ...

Sie können in jeder Stufe des Kaufprozesses messen und Ihre Aktivitäten und Inhalte optimieren. Dazu gilt es, eine Metrik der für Sie relevanten Messpunkte aufzubauen. Denn es ist eben nicht sinnvoll – gerade zu Beginn Ihrer Marketing-Automation-Aktivitäten – alles zu messen, was messbar ist.

9.3 So entwickeln Sie eine sinnvolle Mess-Metrik

Zunächst: Denken Sie genau darüber nach, welche Ziele Sie setzen. Vor allem dann, wenn Ziele incentiviert sind, tun die Leute in Unternehmen nur noch das, was hilft, die Planzahlen zu erreichen – selbst dann, wenn das der größte Unsinn ist. Von den Manipulationen rund um die Punktlandung auf Monats-, Quartals- oder Jahresergebnisse kennt man das auch. Zudem ist gerade in unserem Kontext Qualität wichtiger als Quantität. Zum Beispiel ist nicht die Anzahl der Leads, sondern ihre Güte am Ende entscheidend.

Sind Ihre Ziele klug und richtig gewählt, dann bauen Sie am besten für jedes dieser Ziele eine eigene Metrik auf. So wird sich Ihre Metrik für das Bestandskundenmanagement von der Metrik für die Neukundengewinnung unterscheiden. Bevor Sie mit Ihren Aktivitäten beginnen, sollten Sie aber auf jeden Fall den Ausgangszustand festhalten, um die Veränderungen durch die Einführung von Marketing-Automation messen und beurteilen zu können.

Hier finden Sie eine Auswahl von Aspekten, die Sie messen können:

- Anzahl Website-Besucher
- Besuche auf Webunterseiten
- externe Verlinkungen auf Ihre Inhalte (Landingpage, Blogartikel usw.)
- Anzahl Besucher auf den Landingpages
- Konvertierungsquote Website-Besucher zu Besuchern der Landingpage
- Anzahl Leads durch die Landingpage
- Konvertierungsquote Landingpage-Besucher zu Lead
- Anzahl Blogartikel-Leser
- Klicks auf E-Mail-Inhalte
- Anforderungen von Content-Bausteinen in den Lead-Nurturing-Stufen
- Anzahl Leads in den jeweiligen Stufen des Nurture-Prozesses
- Anzahl gewonnene Neukunden
- Anzahl Folgeabschlüsse bei Bestandskunden
- Mehrumsatz pro Kunde
- Kosten pro generiertem Lead
- Kosten pro Kunde

Die Liste könnte noch sehr viel länger werden. Aber der Erfolg hängt nicht von der Menge der Messpunkte, sondern von der Auswahl der richtigen Messpunkte ab.

Zum Start können sechs Kennzahlen reichen:

- Zahl der Besucher/Zeitverlauf
- Zahl der Besucher/Quelle
- Öffnungsrate je Nurture-E-Mail
- Download je Nurture
- Gesamtzahl der Downloads/Zahl der Besucher
- Download-Zahl pro Element/Download-Zahl aller Elemente

Wichtig ist auch, nicht alles Mögliche gleichzeitig zu ändern, wenn die Ergebnisse suboptimal sind. Analysieren Sie zunächst, woran es gelegen haben könnte. Dann ändern

Sie immer nur einen Aspekt, niemals alles gleichzeitig. So lernen Sie schnell, wo es noch hakt, und können an den passenden Verbesserungsschrauben drehen.

Wenn Sie zum Beispiel mit den Downloadzahlen eines Content-Stücks unzufrieden sind, kann das mehrere Gründe haben:

- **Relevanz:** Der adressierte Personenkreis sucht nicht nach Ihrem Content-Thema. → Prüfen Sie, ob Sie die Problemstellungen Ihrer Wunschkunden richtig erfasst haben und ob Ihr Content darauf nutzwertige Antworten bietet.
- **Touchpoints:** Sie haben Ihre Content-Stücke an Stellen platziert, wo Ihre Wunschkunden gar nicht suchen → Prüfen Sie, ob Ihre Wunschkunden wirklich die Kanäle nutzen, die Sie derzeit bespielen.
- **Überschriften:** Ihre Wunschkunden finden zwar Ihren Content, folgen Ihrer Handlungsaufforderung aber nicht und konsumieren Ihren Inhalt nicht. → Seien Sie mutiger, nutzen Sie provokante Überschriften, arbeiten Sie mit Listen, etwa so: »5 Fehler, die Sie sich bei ... niemals leisten dürfen«.

All das muss natürlich für jede Kampagne individuell überprüft werden.

An welchen Stellschrauben Sie drehen können

Unmittelbare Steuerungsmöglichkeiten ergeben sich vor allem

- bei der Landingpage und/oder den Calls-to-action,
- beim E-Mail-Versandzeitpunkt und/oder E-Mail-Betreff,
- bei der Art des Content-Angebots und/oder der Frequenz.

Die Ergebnisse der Messung können Sie zudem nach diversen Parametern aufschlüsseln:

- Zeitraum
- Bestandskundensegment
- Keywords
- Buyer-Persona
- Produktbereich
- Region/Land
- Branche
- Vertriebsmitarbeiter
- Quellen/Kanäle
- ...

Hilfreich ist es auch, die Messbereiche in Phasen einzuteilen. Bewährt hat sich beispielsweise diese Dreiteilung:

- **ToFU – Top of the funnel:** Generierung des Interesses bei neuen Interessenten und Bestandskunden-Interessenten
- **MoFU – Middle of the funnel:** Entwicklung der Interessenten bis zur Vertriebsreife
- **BoFU – Bottom of the funnel:** Entwicklung der Interessenten bis zum Abschluss

In jeder dieser Phasen kommen andere Aktivitäten, Inhalte und Beteiligte zum Einsatz und jede Phase birgt andere Herausforderungen. Wenn Sie die Ergebnisse segmentiert nach den drei Phasen erfassen, werden Sie feststellen, wo Ihre speziellen Stärken und Optimierungspotenziale liegen.

9.4 Woher Sie die nötigen Messwerte bekommen

Die Messwerte kommen aus unterschiedlichen Quellen. Die Werte, die sich auf Ihre Website beziehen, kommen schwerpunktmäßig aus Ihrem Website-Analysetool. Das sind Tools wie *Google Analytics oder econda*. Nutzen Sie ein separates E-Mail-Marketing-System für Ihren Regelnewsletter, bekommen Sie die entsprechenden Ergebnisse aus diesem Tool.

Wichtige Messergebnisse erhalten Sie aber natürlich auch von Ihrer Marketing-Automation-Plattform. Damit Sie alle wichtigen Ergebnisse auf einen Blick sehen können, empfehlen wir den Einsatz einer Dashboard-Lösung. In diesen Lösungen können Sie tagesaktuell für die einzelnen Unternehmensbereiche oder Verkaufsgebiete Auswertungsgrafiken für die unterschiedlichsten Ergebniszahlen anlegen, etwa Dashboards für:
- die Geschäftsleitung
- das Marketing
- den Vertrieb
- die Neukundengewinnung
- das Bestandskundengeschäft
- den After-Sales-Service

Zum Beispiel kann für den Vertrieb von großem Belang sein, welche seiner Kunden sich am Vortag auf der Unternehmenswebsite getummelt haben und wofür sie sich speziell interessierten. Zu einem sehr frühen Zeitpunkt lässt dies womöglich auf Pläne für Anschlussaufträge schließen. Wurde ein E-Mail-Newsletter verschickt, ist ersichtlich, welche Passagen der Kunde gelesen und welche Links er angeklickt hat. Hat sich der Kunde eine Checkliste heruntergeladen, wird erkennbar, welche Lösung als Nächstes gebraucht wird. In allen drei Fällen kann der Betreuer sofort und punktgenau reagieren.

Mithilfe von übergreifenden Dashboards können die unterschiedlichsten Echtzeit-Analysen bis auf Profilebene durchgeführt werden. Sie zeigen zum Beispiel die Öffnungsraten, die Downloadraten, den Erfolg auf den einzelnen Nurturing-Stufen und das Kampagnenergebnis insgesamt. Sie zeigen sowohl Verläufe als auch Trends.

In diesen Dashboards fassen Sie die relevanten Messwerte aus mehreren Datenquellen (Website-Analyse-Tool, ERP, CRM, Excel usw.) für die jeweilige Anwendung zusammen und aggregieren dementsprechend die Messergebnisse. In einigen Dashboard-Tools können Sie auch Alarme einstellen, das heißt, man kann sich bei Erreichen bestimmter Schwellwerte alarmieren lassen. Das können zum Beispiel erreichte Scoring-Werte, die Anzahl der Leads insgesamt oder die Anzahl Leads in einer bestimmten Prozessphase sein.

Bei einigen Dashboard-Lösungen verschwimmt die Grenze zwischen Dashboard und CRM-System. Wie oben beschrieben, fassen sie Ergebnisse von mehreren Quellen zusammen und lösen einen Alarm bei der Erreichung von Schwellwerten aus. Sie fungieren aber auch als »Middleware« für die Übergabe der Interessenten von der Marketing-Automation-Plattform an das CRM-System. *Manuel Marini*, Gründer und Geschäftsführer von *Marini Systems*, beschreibt das so:

> »In vielen Unternehmen werden Daten in verschiedenen Silos und Softwarelösungen verwaltet. Um die gewünschte Transparenz und Ergebniskontrolle im Marketing-Automation-Prozess zu erreichen, müssen diese Silos und Softwaresysteme verbunden werden. Eine Erstellung von individuellen Schnittstellen ist viel zu aufwendig und unflexibel. Eine leistungsfähige Middleware verbindet diese Datensilos und ermöglicht einen reibungslosen Datenaustausch in Echtzeit. So können die Daten aggregiert werden und als Basis für den Aufbau von Dashboards für die internen Buyer-Personas (Marketingleitung, Vertriebsleitung, Geschäftsleitung usw.) dienen. Für die einzelnen Bereiche und die vorgegebenen Ziele können realistische Leistungskennzahlen (KPIs) festgelegt werden. Die Entwicklung der Zahlen kann kontinuierlich gemessen und in regelmäßigen Abständen ausgewertet werden. Management, Marketing und Vertrieb können so aus den gewonnenen Erkenntnissen gezielt Anpassungen und Erweiterungen ableiten.«

9.5 Optimieren: Der Beginn einer Erfolgsspirale

Sie haben gemonitored, gemessen und adjustiert. Nun haben Sie einen Status quo. In manchen Punkten sind Sie auf dem richtigen Weg. Doch ganz sicher werden Sie sehen: Das geht noch besser! Das Optimieren in einem größeren Rahmen ist dran. Je nach Ergebnis gibt es die unterschiedlichsten Ansatzpunkte:

Niemand interessiert sich für Ihren Content?	→ Schärfen Sie Ihre Positionierung. Alles für Jeden ist nicht interessant.
Ihr Content zieht unpassende Interessenten an?	→ Verbessern Sie die Passung von Inhalten und Persona-Profilen.
Ihr Content ist gut, wird aber von (fast) niemandem angefordert?	→ Überprüfen und ändern Sie die Auswahl der Touchpoints.
Ihr Content erhält Kritik oder stößt auf zu wenig Folgeinteresse?	→ Arbeiten Sie an Aufmachung, Inhalt und Aufbereitung Ihres Contents.

Ihre Website und der dortige Content sind auf Trefferlisten zu weit hinten?	→ Befassen Sie sich mit der Suchmaschinen-Optimierung.
Die Kunden zeigen zwar Interesse, aber sie konvertieren nicht?	→ Optimieren Sie die Landingpage und die Calls-to-Action.
Die Leads sind aus Vertriebssicht zu wenig qualifiziert?	→ Arbeiten Sie am Lead-Nurturing und verfeinern Sie das Lead-Scoring.
Die Leads sind qualifiziert, bringen aber zu wenige Abschlüsse ein?	→ Frischen Sie die verkäuferische Kompetenz Ihres Vertriebsteams auf.
Die Kunden kaufen zwar, aber die meisten kaufen nicht wieder?	→ Kultivieren Sie die Kundenpflege, verbessern Sie Produkte und Services.
Sie haben Ihre Planungsziele nicht erreicht?	→ Vielleicht waren Ihre Anfangsziele zu hoch. Sie brauchen mehr Vorlauf.
Sie können keine Fehler finden?	→ Fragen Sie Ihre Kunden! Kunden sind die besten Unternehmensberater.

Tab. 10: Ansatzpunkte zur Optimierung

Stimmt die grobe Richtung, dann gehen Sie weiter ins Detail. Die Feinjustierung beginnt, am besten immer gemeinsam im Sales- und Marketingteam. So nutzen Sie die »Weisheit der Vielen« – und das Sündenbock-Syndrom wird ausgehebelt. Arbeiten Sie sich in immer neuen Verbesserungsschleifen weiter vor, das Optimieren darf niemals enden.

Wenn die Wirksamkeit stimmt, alles läuft und die gewonnenen Kunden rundum begeistert sind, können Sie mit der Professionalisierung Ihres Empfehlungsmarketings starten. Wenn es hingegen weniger läuft und Ihnen Kunden verloren gehen? Dann kann eine systematische Kundenrückgewinnung Sie retten. Mit beiden Themen wollen wir uns jetzt ausführlich befassen.

Und am Ende gilt:

Verbreiten Sie die erzielten Ergebnisse im Unternehmen und bei allen Beteiligten. Die Dokumentation Ihrer Erfolge hilft allen Seiten enorm, ein gutes, belegbares Gefühl für die gelungene Einführung Ihrer Marketing-Automation-Strategie zu bekommen. Zudem stellt sich bei der Geschäftsleitung die Sicherheit ein, in puncto Leadmanagement genau die richtigen Entscheidungen getroffen zu haben.

10 Das (automatisierte) Empfehlungsgeschäft

Alle paar Jahre ermittelt das internationale Marktforschungsinstitut *Nielsen* das Vertrauen der Konsumenten in die verschiedensten Werbeformen. Und immer das gleiche Bild: An oberster Stelle stehen die Empfehler aus dem persönlichen Umfeld. An zweiter Stelle stehen die Online-Empfehler. Erst mit deutlichem Abstand folgt die Anbieter-Werbung.[29] Selbstverständlich verlagern sich, wie schon gesehen, Mundpropaganda und Weiterempfehlungen zunehmend ins Web. Doch gerade im B2B findet immer noch eine Menge »Gerede« offline statt. Man trifft sich in Unternehmerkreisen und spricht übers Geschäft. Und worüber noch? Über die besten und die schlechtesten Dienstleister, Zulieferer, Partner ... Mit welchem Anbieter man welche Erfahrungen gemacht hat ... Was man unbedingt einmal ausprobieren muss ... Und wen man meiden sollte wie die Pest.

»Sei wirklich gut und bring die Leute dazu, dies engagiert weiterzutragen!«

So lautet das neue Business-Mantra. Wer heute nicht empfehlenswert ist, ist morgen nicht mehr kaufenswert – und übermorgen Schnee von gestern. Ein Unternehmen kann gar nicht genug aktive Empfehler haben, weil diese über dessen Zukunft mitentscheiden. Sie rekrutieren sich vor allem aus dem Kreis der loyalen Stammklientel. Wer sich voll und ganz mit »seinem« Anbieter identifiziert und sich ihm hochgradig verbunden fühlt, der ist immun gegen den Wettbewerb. Der wird ihn als Fan vor Angreifern schützen und seinem Umfeld wärmstens weiterempfehlen.

Bevor wir das Thema vertiefen, hier zunächst eine Begriffsunterscheidung:

Empfehlungsmarketing !

Eine Empfehlung impliziert über die reine Kommunikation hinaus einen einflussnehmenden Handlungshinweis, sei er positiver oder negativer Natur, dem in den meisten Fällen eine eigene Erfahrung vorausgeht (»Kann ich dir empfehlen!« oder: »Kauf das bloß nicht!«). Dabei wird in aller Regel ein *nicht* kommerzielles Interesse des Empfehlers unterstellt. Empfehlungsmarketing will demzufolge mithilfe einer geeigneten Wahl der Mittel eine möglichst große Anzahl von positiven Empfehlungen stimulieren, um auf diese Weise Neukundengeschäft und dauerhaft steigende Umsätze zu generieren. Dies ist nicht nur die Sache einer bestimmten Abteilung wie etwa Sales und Marketing, sondern letztlich die Verpflichtung des gesamten Unternehmens. Insofern ist Empfehlungsmarketing eher langfristiger Natur und geht mehr in die Tiefe. Empfehlungsmarketing ist sowohl für B2C- als auch für B2B-Märkte gut geeignet, vor allem bei hochwertigen Produkten und im Dienstleistungsbereich.

29 http://www.nielsen.com/de/de/insights/reports/2015/Trust-in-Advertising.html (aufgerufen am 14.02.2022).

! **Mundpropaganda-Marketing**

Bei der Mundpropaganda geht es vorrangig um das mehr oder weniger meinungsbildende »Gerede« über ein Unternehmen und seine Angebote (»Ich hab da was gesehen!« oder: »Hast du das schon gehört?«). Dies kann persönlich, telefonisch oder schriftlich sowohl verbal als auch bildlich in der realen und/oder virtuellen Welt geschehen. Mundpropaganda-Marketing will demzufolge Aktivitäten auf solche Weise steuern, dass in den passenden Zielgruppen möglichst positiv über einen Anbieter bzw. über seine Marken, Produkte und Services kommuniziert wird. Dies soll Aufmerksamkeit und Interesse wecken, den Bekanntheitsgrad, die Reputation und in der Folge auch die Abverkäufe steigern. Die Aktionen gehen mehr in die Breite und sind von kurzfristiger Natur. Mundpropaganda-Marketing ist insbesondere in den relativ schnelldrehenden Consumer-Märkten (B2C) ein Mittel der Wahl.

Im Kontext dieses Buchs favorisieren wir das Empfehlungsmarketing. Aus dem Strauß von Möglichkeiten werden wir uns vor allem mit Methoden befassen, die im B2B Früchte tragen und durch Marketing-Automation gut unterstützt werden können. Wer tiefer in das Thema einsteigen will, dem sei *Anne M. Schüllers* Buch *Das neue Empfehlungsmarketing* ans Herz gelegt (siehe Literaturverzeichnis).

10.1 Die Bedeutung des Empfehlungsmarketings

Mehr als jemals zuvor ist ein gut gemachtes Empfehlungsmarketing der beste Weg zu neuen Kunden. Und dies aus drei Gründen:

- **Vertrauensbonus:** Fake News, gekaufte Testergebnisse, getürkte Qualitätskontrollen, gefälschte Bewertungen, Mogelpackungen, der zweifelhafte Umgang mit Daten: Das Vertrauen der Konsumenten in das, was die Anbieter sagen und tun, ist weitestgehend zerstört. Empfehlungen aus dem persönlichen Umfeld hingegen wirken glaubwürdig, wohlwollend, vorteilhaft. Wer mit Referenzen agiert, lobt zudem nicht sich selbst, sondern wird von seinen Kunden gelobt. Als Empfehler agierende Kunden haben einen Vertrauensbonus. Denn Empfehlungen basieren auf Erfahrungswissen. Sie machen neugierig und verbreiten Kauflaune. Sie sind für den Empfänger relevant, sonst würden sie ja nicht ausgesprochen. Hierdurch verringern sich Kaufwiderstände erheblich – und das Ja sagen fällt leicht.
- **Datenschutz:** Im Zuge der fortschreitenden Digitalisierung werden sich die Verbraucherschutzgesetze weiter verschärfen. Gleichzeitig steigen die technologischen Möglichkeiten, sich vor unerwünschter Werbung zu schützen. So wird es für Unternehmen immer schwieriger, Interessenten »kalt« anzusprechen. Eine unpassende Kontaktaufnahme kann heute nicht nur zu Fehlinvestitionen und rechtlichen Konsequenzen, sondern auch zu schwerwiegenden Reputationsschäden führen. Ein Empfehler hingegen schafft nicht nur Wärme, sondern auch ein perfektes Entrée.

- **Komplexitätsreduktion:** Verlässliche Empfehlungen geben uns Orientierung im Dschungel der Möglichkeiten. Sie erlösen uns aus Entscheidungskonflikten. Sie verringern das Risiko fataler Fehler. Sie ersparen uns Zeit und reduzieren Enttäuschungsgefahr. So schaffen sie Sicherheit in einer zunehmend komplexen Welt. Sie sorgen für etwas, das unser Gehirn besonders goutiert: die Weitergabe von Informationspaketen, die sich bewährt haben. Unser Oberstübchen mag »Brain-Convenience« und »Peace of Mind«, also Einfachheit, Klarheit, Ruhe und Frieden. Genau deshalb folgen wir wohlmeinenden Empfehlern oft nahezu blind.

Wer sein Empfehlungsmarketing aktiv betreibt, wartet nicht in aller Bescheidenheit darauf, rein zufällig empfohlen zu werden. Er treibt vielmehr den Prozess systematisch voran. Dazu gehört das Suchen und Finden von Menschen, die weiterempfehlen können und wollen. Dazu gehört die Hege und Pflege der Menschen, die Sie bereits empfehlen – und das Hätscheln der Empfehlungsempfänger. Dazu gehört vor allem auch diese Erkenntnis: Nur wer empfehlenswert ist, wird weiterempfohlen. Das klingt vielleicht banal, ist aber hohe Kunst. Anhaltendes Empfehlungsgeschäft stützt sich auf Spitzenleister, die Spitzenleistungen erbringen, auf Vertrauen, Sympathie und Begeisterung. Zudem braucht es Wissen, Tools und einen Plan.

Selbst enthusiastische Kunden denken leider nicht zwangsläufig und vollautomatisch daran, sich mit großartiger Mundpropaganda zu bedanken. Aus zufälligen Empfehlungsgesprächen müssen also absichtliche werden. Das Schaffen und Gestalten von guten Empfehlungsgründen muss sich zur Daueraufgabe des gesamten Unternehmens entwickeln. Dies kann Ihre Vertriebs- und Marketingaktivitäten kräftig unterstützen, Sie vor Preisattacken bewahren, die mühsame Neukundenakquise maßgeblich erleichtern und eine Menge Werbekosten sparen. Die entscheidende Frage:

Wie mache ich meine Kunden zu Top-Verkäufern meiner Angebote?

Aktive Empfehler sind die wahren Treiber einer positiven Unternehmensentwicklung. Denn das Weiterempfehlen bringt nicht nur gutes Neugeschäft, es stärkt auch die Loyalität. So konnte nachgewiesen werden, dass sich Kunden nach Abgabe einer Empfehlung dem Unternehmen in stärkerem Maße verbunden fühlen. Ebenso hat sich gezeigt, dass das Aussprechen einer Empfehlung eine positive Wirkung auf die eigene Wiederkaufabsicht hat. Die, die ein Unternehmen mit Inbrunst und Leidenschaft weiterempfehlen, werden dieses also kaum mehr verlassen. So kommt man schließlich zu Kunden mit quasi eingebauter Bleibe-Garantie.

Wer hat Sie denn bisher schon empfohlen?

Jedes Unternehmen, das gut am Markt unterwegs ist, hat bereits eine Menge Empfehler, meist ohne dies zu wissen. Bevor wir uns also daranmachen, neue Empfehler aufzubauen, gilt es zunächst, *die* Empfehler zu finden, die man schon hat. Dazu ist zunächst herauszufinden, wen Sie aufgrund einer Empfehlung gewonnen haben. Wie das geht? Einfach fragen! Eruieren Sie außerdem, soweit möglich, den Namen des Empfehlers und darüber hinaus, welche spezifischen Leistungen er empfohlen hat. Denn auf diese Leistungen wird der Empfänger einer Empfehlung besonders achten, deswegen ist er ja gekommen. Hier sind seine Erwartungen hoch. Eine Enttäuschung fiele nicht nur negativ auf Sie, sondern auch auf den Empfehler zurück. Und das wollen Sie nicht nur sich selbst, sondern vor allem Ihrem Fürsprecher ersparen.

Mit diesen Fragen spüren Sie Empfehlungen auf:

- »Wo haben Sie eigentlich zuallererst von uns erfahren?«
- »Wie sind Sie ursprünglich auf uns aufmerksam geworden?«
- »Wer/was hat Sie bei Ihrer Entscheidung am stärksten beeinflusst?«

Eine dieser Fragen sollte grundsätzlich jedem Erstkäufer gestellt werden, soweit es die Situation erlaubt. Wollen Sie die Erhebung zum ersten Mal machen, kann dies im Rahmen einer speziellen Telefonaktion erfolgen. Ferner können Sie Ihre Kunden auch im Zuge von Betreuungsaktivitäten beiläufig fragen. Ein kleiner Hinweis: Die Worte »ursprünglich« und »zuallererst« sind wichtig, da heutzutage die meisten Kunden auf vielfältige Art mit einem Anbieter in Berührung kommen. Auf diese Weise finden Sie schnell heraus, wie Ihre (neuen) Kunden auf Ihr Unternehmen gestoßen sind, welche Ihrer Nurtures herausragende Dienste leisten, welche Touchpoints bei der Recherche und im Entscheidungsprozess vorrangig benutzt worden sind und welche nicht.

Sofern eine Empfehlung im Spiel war, geht es dann mit folgenden Fragen weiter:

- »Was hat der Empfehler über uns/unser Produkt/unsere Lösung/unseren Service denn so gesagt?«
- »Und jetzt bin ich, wenn Sie erlauben, mal ganz neugierig: Wer war das denn, der uns empfohlen hat?«

Über die erste Frage erhalten Sie Hinweise darauf, was aus Sicht des Marktes besonders erfolgversprechend ist und in welche Richtung Sie Ihre Angebotspalette weiterentwickeln können. Über die zweite Frage bekommen Sie die Namen Ihrer Influencer, Meinungsmacher, Botschafter, Promotoren und aktiven Empfehler heraus.

Sie konnten den Namen eines Empfehlers erfahren? Fantastisch! Selbst dann, wenn die Sache schon länger zurückliegen sollte: Kontaktieren Sie ihn! Und bedanken Sie sich überschwänglich für seine gelungene Empfehlung, denn sie ist ein Geschenk: an den, der den Hinweis erhielt – und an das empfohlene Unternehmen, also an Sie.

Geben Sie Ihrem Empfehler, wenn möglich, auch eine Rückmeldung darüber, was aus seiner Empfehlung geworden ist. Und: Wertschätzen Sie die Person, die Sie durch ihn gewonnen haben. Das können Sie beispielsweise so formulieren:

»Ich muss schon sagen, Sie kennen interessante/einflussreiche/angenehme Leute.« Dazu kann sich eine kleine Belohnung gesellen.

Solch überraschende Momente sind es, die wir besonders goutieren. Zudem gilt, wie schon gesagt: Menschen verstärken Verhalten, für das sie Aufmerksamkeit und Anerkennung erhalten. Und mehr noch: Wenn wir von jemandem etwas geschenkt bekommen, fühlen wir uns ihm verpflichtet. Psychologen nennen das den Reziprozitätseffekt. So wird womöglich am Ende aus Ihrem Einmalempfehler ein Superempfehler, also jemand, der Sie ständig weiterempfiehlt.

Aus der Persönlichkeitsstruktur und dem Kaufverhalten eines Empfehlers lassen sich auch Rückschlüsse auf die voraussichtlichen Motive, Werte, Wünsche und Bedürfnisse des Interessenten ableiten. Menschen umgeben sich bevorzugt mit ihresgleichen, verbringen ihre Zeit mit denen, die ähnliche Interessen, Hobbys, Ansprüche und Erwartungen haben. Und Ihr Empfehler hätte Ihre Leistungen niemals empfohlen, würde er nicht davon ausgehen, dass sein guter Rat beim Empfänger auf Gegenliebe stößt. Also: Da niemand den Empfehlungsempfänger so gut kennt wie Ihr Kunde, kommen genau von ihm die wertvollsten Hinweise, welche Argumente zum Beispiel in einem Angebotsschreiben hervorgehoben werden können.

Legen Sie in Ihren Datensätzen ein Extrafeld für das Thema Empfehlungen an. Markieren Sie gut sichtbar jeden Kunden, den Sie durch eine Empfehlung gewonnen haben. Markieren Sie ebenfalls deutlich, wer Sie bereits wie oft empfohlen hat. Denn Empfehler sind besonders wertvolle Kunden. Und so sollten sie von *jedem* Mitarbeiter im Unternehmen dann auch behandelt werden.

10.2 Kleiner Exkurs zur Empfehler-Psychologie

Eine Empfehlung ist der beste Beweis, dass jemand vollends überzeugt und begeistert ist. Solche Kunden wollen Sie unterstützen und anderen Gutes tun. Das machen sie in selbstloser Absicht oder mit eigenen Interessen im Hintergrund. Dabei geht es meist nicht um Geld, sondern um gute Gefühle. Man will »jemand« sein oder anderen helfen. Man will sich als »wichtig« erleben. Und Sinnhaftes tun. Und Spuren hinterlassen. Und als geschätztes Mitglied einer ehrbaren Gemeinschaft gelten. Wer einem dazu verhilft, dem wird dies mit Förderung und wirksamer Fürsprache vergolten.

Aber Achtung! Ein Empfehler steht mit seinem guten Namen für jemand anderen ein. Und niemand will sich blamieren. Mit einer exzellenten Empfehlung erzielt man

Aufmerksamkeit und Anerkennung, erntet Lob und Dank. Mit einem schlechten Rat hingegen riskiert man Spott und Tadel. Nun versetzen wir uns in die Lage eines Empfehlers. Durch Sie wird er zusätzliche Wertschätzung von Dritten erfahren. Das wird seine Loyalität weiter stärken. Versagen Sie hingegen, haben Sie einen neuen Feind. Schon der römische Dichter Horaz hat einst gewarnt:

> »Wen du empfiehlst, den betrachte dir wieder und wieder, auf dass nicht bald fremde Vergehen dir zur Schande gereichen.«

Empfohlen wird also nur, was herausragend, einzigartig, aufsehenerregend, außergewöhnlich, bemerkenswert ist. Nicht solide Leistungen, sondern Superlative sorgen für den so wichtigen Erzählstoff, der Mundpropaganda auslöst und Verbreitung bewirkt. Fürsprache ist auch immer mit Emotionen verbunden. Selbst das beste Produkt nutzt nichts, wenn es letztlich an Zuneigung mangelt. Nur, wer von Ihrer Sache restlos überzeugt *und* Ihnen wohl gesonnen ist, wird sich enthusiastisch für Sie stark machen wollen.

Allerdings: Den typischen Empfehler, dem man mit einer fixen Checkliste beikommen oder nach Schema F ansprechen könnte, gibt es nicht. Konkretes Empfehlungsverhalten ist je nach Situation sehr verschieden, und das betrifft sowohl den Empfehlungsgeber als auch den Empfehlungsempfänger. Bei beiden braucht es Verständnis für die unterschiedlichen Menschentypen. Dabei geht es nicht um Schubladendenken, sondern um Handlungsoptionen. Natürlich sind Menschen vielschichtig, überraschend, individuell. Ihr Tun ist selten vorhersagbar. Typologien bieten aber immerhin Orientierungshilfen. In diesem Kontext haben wir ja bereits die Roten, die Grünen, die Blauen und die Gelben kennengelernt (vgl. Kapitel 5.4). Es kann durchaus von Belang sein, sich über deren spezielles Empfehlungsverhalten Gedanken zu machen. Ebenso kann man über das Empfehlungsverhalten der entwickelten Personas sinnieren und daraufhin empfehlungsspezifische Nurtures entwickeln.

! **Echte Empfehler sind Überzeugungstäter**

Wer mit Geldscheinen winkt, konterkariert den guten Zweck und lockt die Falschen. Betrachten wir, wie der Empfehlungsempfänger auf einen bezahlten Tipp reagiert. Erfährt der nämlich, dass Geld geflossen ist, kann darunter die Glaubwürdigkeit leiden. Dies schärft den kritischen Blick, die Sache wird intensiver geprüft und unter die Lupe genommen. Man entwickelt Vorbehalte und folgt dem nicht ganz uneigennützigen Rat am Ende dann doch lieber nicht. Die größten Vorteile des Weiterempfehlens sind somit dahin.

Bieten Sie also im Vorfeld besser kein Geld für Empfehlungen an. Revanchieren Sie sich aber im Nachhinein mit mehr als nur einem Dank. Hierzu können Sie den Empfehler compliance-konform zum Essen einladen, einen Erlebnisgutschein versenden, beim nächsten Kauf eine individuelle Überraschung bereithalten oder ihn im Online-Shop etwas aussuchen lassen. Zu aufwendig? Dann überlegen Sie, wie teuer und beschwerlich die »kalte« Neukundenakquise ist. Jede Empfehlung, die in einen Kauf mündet, ist gespartes Werbegeld, und da sollte man dann am Ende nicht knausrig sein. Aktive Empfehler sind die mit Abstand wirksamsten Werber – und die maßgeblichen Treiber einer positiven Unternehmensentwicklung.

10.3 Wie man Empfehlungen im Verkaufsgespräch generiert

Wenn ein begeisterter Kunde einen Anbieter weiterempfiehlt, wird das Verkaufen plötzlich ganz leicht. Denn empfohlenes Geschäft ist quasi schon vorverkauft. Dies führt zu einer positiveren Wahrnehmung, zu einer höheren Gesprächsbereitschaft, zu schnelleren Terminen, zu kürzeren Gesprächen, zu einer geringeren Preissensibilität, zu weniger Einwänden, zu zügigen Abschlüssen, zu höherwertigen Käufen, zu einem loyaleren Geschäftsgebaren – und schnell auch zu neuem Empfehlungsgeschäft.

Als Türöffner sind Empfehlungen im Vertrieb elementar. Sie sind jeder Form von Kaltakquise haushoch überlegen: bei den Kosten, bei den Zeitressourcen und auch beim Ergebnis. Deshalb gilt:

Am Anfang und Ende eines Kundengesprächs steht eine Empfehlung.

Ganz unabhängig davon, ob es zu einem Abschluss kommt oder nicht, ist ein Teilziel im Verkaufsgespräch also immer auch dieses: Stets so herausragend agieren, dass es am Ende Empfehlungen gibt. In Einzelfällen kommen diese von ganz allein. Doch selbst dann, wenn ein Kunde mit dem Gesprächsverlauf äußerst zufrieden war, denkt er oft nicht von selbst daran, für Sie als Fürsprecher tätig zu werden. Anstatt also tatenlos auf sein Glück zu hoffen, heißt es, ihn ein wenig zu »impfen«. Abschied vom Zufall bedeutet, das Empfehlen zu adressieren und da, wo es Sinn macht, darum zu bitten.

Im B2B-Geschäft gibt es keine Empfehlungsadressen? Ein Vorurteil! Okay, natürlich will niemand, dass die Konkurrenz etwa mithilfe des Marketing-Automation-Systems, das bei Ihnen bereits tolle Ergebnisse liefert, unnötig erstarkt. Noch bevor der Kunde also in allgemeine Ausflüchte verfällt (»Wir geben hier grundsätzlich keine Adressen weiter, das ist bei uns Vorschrift.«), sprechen Sie das Thema besser proaktiv an, und das geht so:

Verkäufer: »Natürlich, Herr/Frau ... geht es nicht darum, dass Sie jetzt Empfehlungen innerhalb Ihrer Branche aussprechen. Das macht ja auch gar keinen Sinn. Wenn wir aber einen Blick in Ihr Umfeld werfen oder zum Beispiel an ehemalige Studienkollegen denken, wer könnte davon ... ebenfalls profitieren? Wem möchten Sie einen kleinen Tipp zukommen lassen / einen Gefallen tun / helfen, noch erfolgreicher zu werden?«

Auf diese Weise bringen Sie den Kunden in eine neue Denkrichtung und erhalten möglicherweise doch noch Kontaktmaterial.

10.4 Starke und schwache Empfehlungsadressen

Wenn es um Weiterempfehlungen geht, unterscheiden wir zwischen starkem und schwachem Adressmaterial:

! **Die schwache Empfehlung**

Bei einer schwachen Empfehlung erhalten Sie zwar Namen von Personen, die Ihre Lösung vermutlich brauchen können, der Adressgeber wird jedoch nicht selbst aktiv. Zumindest hat er die Adresse aber quasi vorqualifiziert. Wenn Sie die Person nun direkt kontaktieren, begehen Sie womöglich einen Rechtsverstoß. Allerdings kann die Marketing-Automation Sie unterstützen. Sorgen Sie durch ein attraktives Content-Stück zunächst für ein Opt-in. Danach bieten Sie sowohl weiteres Material als auch die Sales Fast Lane an. Will Ihr Empfehlungsgeber *nicht*, dass sein Name ins Spiel gebracht wird, halten Sie sich unbedingt daran. Alles andere käme einem Vertrauensmissbrauch gleich. Lassen Sie auch Sätze wie diesen: »Sie sind mir von einem Kunden empfohlen worden.« Das wirkt konstruiert und macht Sie einfach nur unglaubwürdig.

! **Die starke Empfehlung**

Bei der starken Empfehlung kontaktiert der Empfehler die Zielperson von sich aus und schafft so die Brücke zu Ihnen. Diese Art der Empfehlung ist sehr ergiebig und sollte deshalb direkt angesteuert werden. So kann es beispielsweise gelingen, firmeninterne Mundpropaganda auszulösen, um damit tief in ein Kundenunternehmen einzudringen und in bislang unerreichte Abteilungen vorzustoßen. In ausschreibungsintensiven Bereichen kann eine starke Empfehlung sogar für Geschäfte sorgen, an die man sonst niemals herangekommen wäre. Darüber hinaus gilt: Qualität vor Quantität. Will heißen: Lieber zwei, drei hochwertige, starke Adressen statt einer langen Liste mit schlechtem Kontaktmaterial.

Wenn Sie also Empfehlungsadressen erhalten haben, fragen Sie den Kunden am besten, ob er womöglich gleich in Ihrem Beisein kurz anrufen kann. Oder bitten Sie ihn, wenn passend, den genannten Personen gleich eine SMS zu schicken bzw. den Kontakt über *WhatsApp* anzuvisieren. Je nach Angebot, Situation und Kundentyp können Sie auch ein Selfie von sich und ihrem Gesprächspartner machen und mit ein paar empfehlenden Worten auf die Reise schicken.

Wichtig bei all dem ist dies: Sog ist besser als Druck. Damit unser Gehirn auf Touren kommt, braucht es Entspannung. Wie der Geier mit gespitztem Bleistift auf »Beute« zu warten, bringt gar nichts. Der Kunde muss Sie und Ihr Angebot unbedingt empfehlen *wollen*. Dann gelangen Sie ganz leicht an wertvolle Adressen.

Wird hingegen zu viel Druck aufgebaut, erhalten Sie, wenn überhaupt, meist nur minderwertiges Datenmaterial – oder sogar falsches. Das Gleiche passiert, wenn Sie Ihren Kunden gewissermaßen bestechen (»Wenn Sie mir ein paar Empfehlungsadressen geben, erhalten Sie zusätzlich ...«) oder als Bittsteller agieren. Wer seinem Gesprächspartner vorjammert, dass er auf Adressen angewiesen ist und ohne fremde Hilfe bald am Hungertuch nagt, erntet höchstens Mitleid, aber keine Mundpropaganda.

10.5 Die Bitte um eine Weiterempfehlung

Auch Bestandskunden können jederzeit auf das Empfehlungsthema angesprochen werden. Für den Einstieg gibt es zwei Varianten:

- **Variante 1:** »Herr/Frau Kunde, Sie waren ja seinerzeit selbst durch eine Empfehlung zu uns gekommen ... Wie sind Sie denn mit uns / mit meiner Arbeit zufrieden, empfehlenswert zufrieden sozusagen? Ihre Zufriedenheit ist mir nämlich sehr wichtig, macht das Sinn?«
- **Variante 2:** »Bevor ich es vergesse, Herr/Frau Kunde, haben wir eigentlich schon einmal über das Thema Empfehlungen gesprochen? [Kurze Pause und Antwort abwarten] Wie sind Sie denn mit uns / mit meiner Arbeit zufrieden, empfehlenswert zufrieden sozusagen? Ihre Zufriedenheit ist mir nämlich sehr wichtig, klingt das plausibel für Sie?«

Was aber, wenn der Kunde, statt nun freudig mit Ihnen Kontaktdaten auszutauschen, Sie mit einer fetten Reklamation überrascht? Nichts besser als das. Denn dann spricht er endlich aus, was ihn schon länger bedrückt. Nun gilt es, sich nicht nur schleunigst, sondern auch professionell um die Sache zu kümmern, damit sich das Ganze nicht auch noch in dessen Umfeld verbreitet. Ist alles wieder voll im Lot, sollten Sie dann nach Empfehlungen fragen. Denn wie Sie den Vorfall gelöst haben, das hatte Klasse, das hat den Kunden beeindruckt. Dafür wird er Sie ein wenig belohnen wollen.

Ein Rat noch zum Schluss: Bauen Sie von nun an bei jeder Gelegenheit – inzwischen ganz Profi – elegant formulierte Empfehlungselemente in Ihre Gespräche ein. Wenn zum Beispiel ein Interessent bei Ihnen anruft, der noch keine Kunde ist, kann das folgendermaßen klingen: »Wie sind Sie denn auf uns aufmerksam geworden? Rufen Sie aufgrund einer Empfehlung an?« Bejaht das der Kunde, dann sagen Sie dies: »Das freut mich, Empfehlungen haben bei uns immer Vorfahrt. Was kann ich sofort für Sie tun?«

10.6 Referenzmarketing: Der Kunde als Vorverkäufer

Wer geschäftlichen Erfolg anstrebt und neue Kunden gewinnen will, kommt mit einer eindrucksvollen Referenzliste und den dazugehörigen Erfolgsstorys schnell weiter. Sie sind ein klarer Wettbewerbsvorteil. Sie sorgen für Sicherheit bei der Entscheidungsfindung, machen einen Anbieter salonfähig und stärken dessen Reputation. Vor allem im B2B, wo eine Fehlinvestition oft weitreichende Folgen hat, spielen Referenzen eine überaus wichtige Rolle. In den meisten Ausschreibungsverfahren sind sie Grundbedingung. Auch in vielen B2C-Branchen ist ein gezieltes Referenzmarketing sehr zu empfehlen.

Im Referenzmarketing nutzt man die Kraft des Beispiels und macht aus Produktversprechen nachvollziehbare Erfahrungsberichte. Dabei involviert man Bestandskunden aktiv, wodurch auch die Verbundenheit zum Anbieter steigt. Referenzstorys vermitteln Glaubwürdigkeit und sind dabei viel kostengünstiger als klassische Werbekampagnen. Sie lassen sich im Rahmen von Nurturing-Aktivitäten sehr gut nutzen und verbreiten.

Referenzen gibt es in unterschiedlichen Formen:

- Die **Referenz** an und für sich: eine gutheißende längere Beschreibung der Zusammenarbeit oder der erlebten Vorteile eines Produkts.
- Das **Testimonial**: ein Kurztext oder Zitat, das die Gesamtperformance oder ein gelungenes Detail der Zusammenarbeit lobend herausstellt.
- Die **Fallstudie**: eine Berichterstattung oder eine Reportage über ein Projekt, wobei der Kunde als Hauptdarsteller agiert.
- Das **Referenz-Video**: die audiovisuelle Aufbereitung einer Referenzstory.
- Der **Referenz-Podcast**: die Aufbereitung einer Referenzstory als Hörspiel.

Egal für welches Format Sie sich schließlich entscheiden, bei der Planung geht es vorab um diese Punkte:

- Von welchen Kunden hätten wir gern Referenzen?
- Wer spricht sie passenderweise an?
- In welcher Form spricht man sie am besten an?
- Wann ist der passende Zeitpunkt dafür?
- Wie und wo setzen wir das Referenzmaterial sinnvoll ein?
- Wer ist für das Referenzkundenprogramm verantwortlich?
- Wie dokumentieren wir die Ergebnisse?

Im Referenzmarketing sind Qualität *und* Quantität wichtig. Man kann gar nicht genug lobende Kundenaussagen haben. Je nach Branche und Kundenzahl sollten um die zwanzig Statements und Storys ein Minimum sein. Achten Sie darauf, dass in den einzelnen Ausführungen die unterschiedlichsten Facetten der Zusammenarbeit gewürdigt werden. So haben Sie für jedes Interessentenanliegen eine passende Referenz parat.

Wer sich zum Beispiel ein gut gefülltes Schatzkästchen an Testimonials zulegen will, kann in etwa so vorgehen: Bald nachdem der Kunde Ihre Leistung erhalten hat, rufen Sie ihn an oder besuchen ihn. Entwickeln Sie ein Gespräch rund um das Positive an der Zusammenarbeit. Fragen Sie so:

- Was ist es, das Ihnen an unserer Leistung *am besten* gefällt?
- Was sind für Sie *die größten* Vorteile bei uns?

- Wie viel Zeit/Geld/Nerven sparen Sie mit unserer Leistung ein?
- Was ist *der wichtigste* Grund, weshalb Sie uns die Treue halten?

Sind die Antworten positiv, fragen Sie Ihren Gesprächspartner begeistert, ob Sie das aufschreiben oder mit dem Smartphone aufnehmen dürfen. Nennen Sie eine plausible Begründung. Sagen Sie zum Beispiel, dass Sie expandieren wollen und es eben viel wertvoller ist, wenn Dritte aus dem Mund eines guten Anwenders erfahren, wie die Zusammenarbeit läuft. Senden Sie dem Referenzgeber dann den Text zur Freigabe zu. Sagen Sie ihm auch, wie und wo Sie diesen verwenden möchten. Bedanken Sie sich anschließend mit einer kleinen Aufmerksamkeit. Schließlich hilft der Text Ihnen ja beim Verkaufen. Unser Tipp:

Notieren *Sie* die Aussagen, die Sie erhalten haben. Wer es nämlich dem Kunden überlässt, das Gesagte aufzuschreiben, der wartet meist lange – und in aller Regel vergebens.

Und Achtung: Verfassen Sie Kundenzitate nicht in Eigenregie. Vorformulierte Texte, die der Kunde nur noch absegnen soll, wirken fast immer gekünstelt, werblich und steif. Nur echte O-Töne von Kunden wirken wirklich authentisch.

Eine Referenz auf dem Original-Briefpapier eines Kunden ist besonders wertvoll. Der volle Name, die Position, das Unternehmen und der Firmensitz sollten genannt werden dürfen. Ein sympathisches Foto des Referenzgebers ist ebenfalls nützlich. Bitte keine Referenzen mit Kürzeln statt Kundennamen benutzen. Absolut tabu: Referenzen zu erfinden oder zu fälschen.

Wenn Sie auf Referenzen von Konzernen und industriellen Großunternehmen erpicht sind, heißt es, geduldig zu sein. Die Genehmigungsverfahren dort sind oft lang und beschwerlich. Manches ist auch geheim – und soll es bleiben. Ansonsten stehen Kunden in aller Regel gern als Referenzpartner parat, um potenziellen Neukunden Einblick in erfolgreich abgeschlossene Projekte zu geben, weil sie damit auch Werbung für sich selbst machen können.

10.7 Wie sich Referenzen gut einsetzen lassen

Positive Kundenstimmen, die die Leistungsfähigkeit eines Unternehmens bezeugen, wirken besser als der aufwendigste Imagefilm. Dies aber nur dann, wenn man sie gezielt in Umlauf bringt. Erarbeiten Sie dafür zunächst ein internes Ranking des vorhandenen Materials nach Kriterien wie Marktposition, Aktualität, Glaubwürdigkeit usw. Interessent und Referenz müssen in jedem Fall – beispielsweise im Hinblick auf Größe, Branche und Regionalität – zueinander passen.

Achten Sie auch darauf, dass Sie einem Interessenten nicht ausgerechnet seine größte Konkurrenz als Referenz präsentieren. Ebenso kann es kontraproduktiv sein, einem regional agierenden Kleinunternehmer den internationalen Großkonzern als Referenz zu benennen. Wer fühlt sich schon gern als Lückenbüßer? Trennen Sie sich ferner von Referenzgebern, die in die Negativschlagzeilen geraten sind oder bekanntermaßen der Insolvenz entgegenschlittern. Trivial? Auf vielen Websites stehen noch Namen und Logos von Firmen, die es längst nicht mehr gibt.

Fürsprecher mit klingenden Namen können bislang verschlossene Türen öffnen. Passende Referenzen verhelfen im Offertenvergleich oft zu den nötigen Pluspunkten. Wer mit einem entsprechenden Referenzschreiben ins Rennen geht, startet bereits mit ein paar Metern Vorsprung gegenüber den Mitbewerbern – selbst wenn dies offiziell so niemals gesagt werden würde. Prestigeträchtige Referenzen dienen auch zur Absicherung, wenn eine Entscheidung nach »Oben« begründet oder gerechtfertigt werden muss.

Referenzen sorgen ferner dafür, dass aus einer austauschbaren Leistung eine einzigartige wird. Sind zum Beispiel die Angebote verschiedener Anbieter nahezu identisch, ist meist der Preis das einzige Unterscheidungsmerkmal. Gerade in solchen Fällen kann ein aussagekräftiges Kundenstatement den maßgeblichen Unterschied machen. Vor allem dann, wenn es sich auf solche Leistungen bezieht, die dem Interessenten sehr wichtig sind. Schmücken Sie Ihre Angebote also immer mit passenden Referenzen!

Referenzprojekte werden am besten als spannende Geschichten erzählt. Wie diese aufgebaut werden, darüber haben wir in Kapitel 6.9 über das Storytelling schon eine Menge gehört. Die besten Geschichten kann und sollte man, vor allem dann, wenn sie originell oder zukunftsweisend sind, der Presse kosten- und werbefrei (!) zur Verfügung stellen. Wer einschlägige Wirtschafts- und Fachzeitschriften durchforstet, wird feststellen, dass viele Beiträge mit Fallbeispielen arbeiten. Case Studys und Anwenderberichte stehen auf der Wunschliste der Leser ganz oben, weil man daraus lernen kann. Und: Erfolgsstorys, die bereits vorliegen, ersparen den Redakteuren das zeitaufwendige Recherchieren.

Nicht zuletzt fördern positive Kundenstimmen auch den Stolz der Mitarbeiter auf ihr Unternehmen. Machen Sie also alles gesammelte Referenzmaterial nicht nur dem Vertrieb, dem Marketing, dem Kundendienst und der Kommunikationsabteilung zugänglich, sondern auch Ihren Mitarbeitern. Bitten Sie diese, tolle Kundenaussagen oder gut gemachte Videos in deren Netzwerken zu teilen. So werden diese zu Corporate Influencern. Vor allem *Xing* und *LinkedIn* eignen sich für diesen Zweck gut.

Referenzmaterial lässt sich in Nurturing-Kampagnen sehr intensiv nutzen. Darüber hinaus gibt es eine Vielzahl von Einsatzmöglichkeiten:

- Veröffentlichen Sie Referenzen oder ein Anwender-Interview in internen Medien wie Intranet und Mitarbeiterzeitung.
- Zeigen Sie positive Kundenstimmen auf TV-Screens am Empfang, im Personalraum, in der Kaffeeküche usw.
- Lassen Sie unter dem Stichpunkt »Der Kunde spricht« auf Meetings regelmäßig positive Kundenkommentare vortragen.
- Bringen Sie passende Testimonials in Angeboten, Verkaufsunterlagen, Prospektmaterial und Imagebroschüren, in Werbebriefen, auf Ihrer Website, in Newslettern, als PS in E-Mails usw. unter.
- Auf Ihrer eigenen Website sollten Kundenreferenzen gleich auf der Startseite erscheinen, mit Link zu weiteren Hintergrundinformationen.
- Integrieren Sie Testimonials und Referenzen systematisch in Ihre Verkaufsgespräche, und zwar auf zweierlei Weise: Präsentieren Sie vorhandene und fragen Sie nach neuen.
- Rahmen Sie Referenzschreiben und hängen Sie diese im öffentlichen Bereich Ihres Unternehmens aus.
- Gestalten Sie Kampagnen, in denen Ihre Referenzkunden auftreten. Ersetzen Sie klassische Werbung durch Anwenderberichte.
- Stellen Sie Kundeninterviews zu interessanten Projekten als Text, Podcast oder Video auf eigenen Online-Präsenzen ein.
- Drehen Sie Vor-Ort-Videos über den erfolgreichen Ablauf von Projekten und laden Sie diese in internen und externen Medien hoch.
- Führen Sie Webinare durch, in denen auch Kunden berichten.
- Laden Sie nicht nur Interessenten, sondern auch Pressevertreter zu Vor-Ort-Events bei Referenzkunden ein.
- Lassen Sie Referenzkunden auf Veranstaltungen, Kongressen und Messen über die Zusammenarbeit mit Ihnen berichten.
- Veröffentlichen Sie Projektbeispiele und Case Studys im Rahmen von Presseberichten und Fachpublikationen und in Ihrem Geschäftsbericht.
- Ermuntern Sie Ihre Kunden, über Positives in Blogs und Foren sowie auf Meinungs- und Bewertungsportalen zu berichten.
- Schaffen Sie eine Community-Plattform, in der Kunden ihre Erfolgsstorys schildern und sich miteinander austauschen können.

Ein ergänzender Tipp: Nicht selten stellen Anwender von sich aus Belobigungen und Erfahrungsberichte in Foren und sozialen Netzwerken ein. Das nennt sich User Generated Content (UGC). Mithilfe von Social-Listening-Software lässt sich solches Material finden. Wenn passend, kann es in eigenen Content integriert, in Nurturing-Strecken aufgenommen und so weiterverbreitet werden.

10.8 Empfehlungsbereitschaft und Empfehlungsrate messen

Auch im Empfehlungsmarketing kann man eine Menge messen, um zu lernen und besser zu werden. Dabei sind folgende Fragen von großem Belang:

- Wie viele Kunden empfehlen uns weiter? Und warum genau?
- Welche Produkte und Services werden am stärksten empfohlen?
- Wer genau hat uns empfohlen? Und wie bedanken wir uns dafür?
- Wer spricht die meisten/die wirkungsvollsten Empfehlungen aus?
- Wie ist der Empfehlungsprozess im Einzelnen abgelaufen?
- Gibt es erkennbare und somit wiederholbare Muster?
- Wie viele Kunden haben infolge einer Empfehlung erstmals gekauft?

Wenn es um Kennzahlen als solche geht, interessieren vor allem zwei: die Empfehlungsbereitschaft und die Empfehlungsrate.

Messung der Empfehlungsbereitschaft

Die Frage zur Messung der Empfehlungsbereitschaft könnte so formuliert werden:

»Auf dieser Skala von null bis zehn: Wie sehr würden Sie unser Unternehmen/unser Produkt/unsere Lösung/unsere Marke/unseren Service an eine interessierte Person weiterempfehlen? – Danke. Und was sind die Hauptgründe für Ihre Bewertung? Was läuft bereits gut? Und was fehlt uns konkret, um einen (noch) höheren Wert zu erreichen?«

Idealerweise würde man dazu jeden einzelnen Kunden befragen. Dies ist allerdings nur in den Fällen möglich, in denen es eine überschaubare Kundenzahl gibt. Ansonsten muss exemplarisch eine bestimmte Anzahl von Vertretern aus der zu betrachtenden Kundengruppe ausgewählt werden. Etwa 30 wären in dem Fall ein guter Start. Die Befragung selbst kann mündlich oder schriftlich erfolgen. Durch eine Vorher-Nachher-Messung sollte festgestellt werden, ob es nach den jeweils eingeleiteten Maßnahmen zu einer Verbesserung der ursprünglichen Situation gekommen ist.

Empfehlungsbereitschaft ist schön und gut, aber allein reicht sie am Ende nicht aus. Dem müssen dann auch Taten folgen. Erst dann, wenn tatsächlich eine Empfehlung ausgesprochen wird, kann dies ja zu neuen Kunden führen. Und dabei muss das Weiterempfehlen so überzeugungsstark sein, dass die Empfänger tatsächlich kommen und kaufen.

Messung der Empfehlungsrate

Um das herauszufinden, wird die Empfehlungsrate gemessen. Sie besagt, wie viele Kunden ein Unternehmen aufgrund von Weiterempfehlungen gewonnen hat. Wie sie ermittelt wird, wurde bereits angesprochen, nämlich durch diese Frage:

»Wie sind Sie ursprünglich auf uns aufmerksam geworden?«

Mithilfe dieser Frage wird festgestellt, wie viel Prozent der neuen Kunden aufgrund einer Empfehlung kamen: Das ist Ihre Empfehlungsrate. Sie kann als die ultimative betriebswirtschaftliche Kennzahl gelten. Denn, wie wir eingangs schon sahen, entscheidet das Word-of-Mouth-Marketing (WoM) über Wohl und Wehe am Markt.

Zusätzlich zur Empfehlungsrate können und sollten Sie messen, ob die durch eine Empfehlung gewonnenen Kunden tatsächlich die wertvollsten sind. Das geht mithilfe folgender Fragen:

- Wie hoch ist, wenn Sie Verkaufstermine machen, die Terminquote bei empfohlenem Geschäft? Und bei nicht empfohlenem?
- Wie lange dauert es bis zum Abschluss bei empfohlenem Geschäft? Und bei nicht empfohlenem?
- Wie hoch ist die Abschlussquote bei empfohlenem Geschäft? Und bei nicht empfohlenem?
- Wie teuer ist ein neu gewonnener Kunde, wenn er aufgrund einer Empfehlung kommt? Und wie teuer ist er im Fall anderer Sales- und Marketingaktivitäten?
- Wie hoch sind die durchschnittlichen Umsätze bei empfohlenem Geschäft? Und wie hoch bei nicht empfohlenem Geschäft?
- Wie stark spielen Sonderkonditionen eine Rolle bei empfohlenem Geschäft? Und wie stark bei nicht empfohlenem Geschäft?
- Mit welcher Wahrscheinlichkeit werden Empfehlungsempfänger, die Kunde wurden, selbst als Empfehler aktiv?
- Welche Kundenkreise und Branchen empfehlen am ehesten weiter?
- Gibt es geschlechterspezifische, regionale oder nationale Unterschiede?

Aus solchen Analysen kann man eine Menge lernen. Zudem lässt sich anhand solcher Konversionsraten zweifelsfrei messen: Kunden, die aufgrund einer Empfehlung gewonnen wurden, sind in aller Regel die wertvollsten Kunden. Die Empfehler selbst sind Mehrumsatzmacher und Reputationsverbesserer, die weder ein Gehalt noch Provisionen verlangen. Wenn sie darüber hinaus loyal und profitabel sind, sorgen sie für jede Menge organisches Wachstum.

Quelle: https://www.anneschueller.de/zukunftstrend-empfehlungsmarketing.html

10.9 Der Net Promoter® Score (NPS)

Zu den populärsten betrieblichen Kennzahlen zählt, nicht ganz unumstritten, der NPS. Er hat einen weltweiten Siegeszug angetreten, weil er, wie man so sagt, als »vorstandstauglich« gilt. Gut und richtig umgesetzt, macht er die Unternehmen schneller, agiler und kundenorientierter. Mit seiner Hilfe lässt sich die Stabilität einer Kundenbeziehung regelmäßig überprüfen.

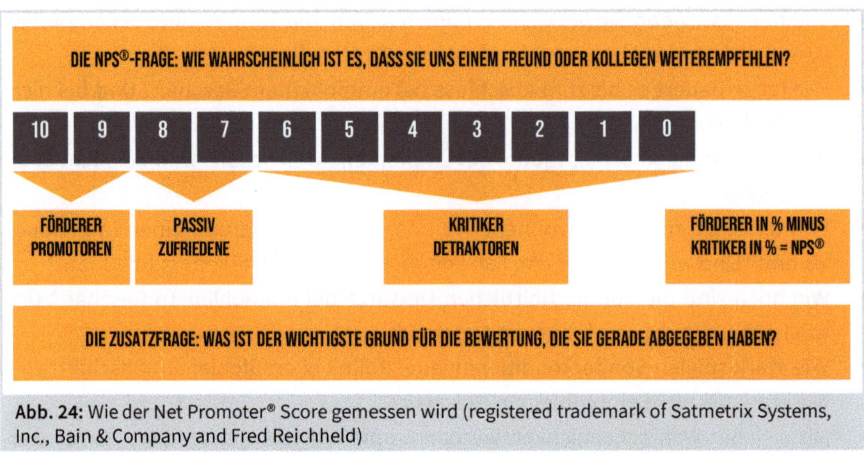

Abb. 24: Wie der Net Promoter® Score gemessen wird (registered trademark of Satmetrix Systems, Inc., Bain & Company and Fred Reichheld)

Den Net Promoter® Score haben der US-amerikanische Loyalitätsexperte *Fred Reichheld* und *Satmetrix* entwickelt. Es wird folgende Frage gestellt:

»Wie wahrscheinlich ist es, dass Sie uns einem Freund oder Kollegen weiterempfehlen?«

Die Antwort wird auf einer Skala von null (höchst unwahrscheinlich) bis zehn (höchst wahrscheinlich) eingetragen. Die Befragten lassen sich in drei Gruppen einteilen: Förderer, passiv Zufriedene und Kritiker. Als Promotoren gelten nur diejenigen, die ihre Empfehlungsbereitschaft mit 9 oder 10 einstufen. Vom prozentualen Anteil der Promotoren wird der prozentuale Anteil der Kritiker (Empfehlungsbereitschaft zwischen 0 und 6) abgezogen. Das Ergebnis ist der Net Promoter® Score. Er kann zwischen minus 100 und plus 100 liegen. Passiv Zufriedene fließen in die Berechnung nicht ein.

Zum Beispiel wurde für *Apple* ein NPS-Wert von 78 gemessen, für *Amazon* 71, für *Porsche* 68, für *Google* 63, für *Audi* 47, für die *TUI* 45, für *BMW* 42, für die *ING-DiBa* 35, für die *HUK Coburg* 34. Bisweilen werden auch Branchen-NPS erhoben. So hat *Satmetrix* in Deutschland für Banken minus 5 und für Krankenversicherungen minus 23 gemessen. In Österreich hat der *FMVÖ* (Österreichischer Finanzmarketingverband) für Banken 18, für Versicherungen 10 und für Bausparkassen 12 gemessen. *Bain & Company*-Studien zufolge, betrug der NPS für IT-Dienstleister 13, für Softwarehäuser minus 3 und für das Hotelgewerbe 33.

Solche Zahlen sind allerdings immer nur eine Momentaufnahme und schwanken ständig. Oft sind die Werte niedrig oder sogar negativ, was für die Motivation der Mitarbeiter nicht unbedingt förderlich ist. Vergleiche zwischen Branchen und Ländern sind mit allergrößter Vorsicht zu genießen, da der Befragungszeitpunkt sowie Ereignisse um diesen herum starke Schwankungen verursachen können. Auch kulturelle Unterschiede sind zu berücksichtigen. Zum Beispiel vergeben Japaner höchst selten eine Zehn, Lateinamerikaner jedoch andauernd. Wer gerade wütend auf einen Anbieter ist, gibt schnell eine Null, aus Protest. Wieder andere geben grundsätzlich nie mehr als eine Neun, weil sich immer noch etwas verbessern lässt.

Die NPS-Zahl allein ist sowieso wenig wert. Zwar ist sie leicht zu ermitteln, doch sie misst nur die »Temperatur« einer Kundenbeziehung. Um überhaupt etwas mit dem ermittelten Wert anfangen zu können, braucht es zwingend eine Ursachenanalyse. Diese wird mithilfe einer Zusatzfrage ermöglicht. Sie ist der eigentliche und einzig nützliche Startpunkt für kundenrelevante und touchpointspezifische Optimierungsmaßnahmen. Sie geht beim NPS so:

»Was ist der wichtigste Grund für die Bewertung, die Sie gerade abgegeben haben?«

Erst diese Zusatzfrage ermöglicht den Einstieg in einen fundierten Dialog. Die passiv Zufriedenen kann man fragen, was zu tun ist, damit sie höhere Werte geben. Und die Promotoren können erzählen, mit welchen Worten sie die Firmenangebote empfehlen. Kunden, die eine sehr schlechte Bewertung abgaben, sollten unverzüglich nachkontaktiert werden, um Hintergründe zu erfahren. Bei einer sehr guten Punktvergabe macht man das am besten genauso, denn in beiden Fällen gibt es viel zu studieren. Unbedingt sollten auch die Topführungskräfte solche Gespräche führen, damit sie gepfefferte Kundenkommentare einmal live miterleben können – und so ein wenig Praxisnähe spüren.

Entscheidend ist dann, in Abstimmung mit den Kunden und zusammen mit den Mitarbeitern sehr zeitnah die notwendigen Verbesserungen einzuleiten. Die O-Töne der Kunden können in Meetings verwendet und wichtige Erkenntnisse auf der internen Kollaborationsplattform veröffentlicht werden, damit nicht immer wieder die gleichen Fehler passieren. Das gemeinsame Ziel: mehr Promotoren zu erzeugen und alles, was die Kritiker stört, schnellstmöglich auszumerzen. Zum Beispiel kann ein Hersteller seine Kunden per NPS entscheiden lassen, welche Produkte überleben sollen. Solche, die niedrige NPS-Werte erhalten, werden sofort aus dem Programm genommen. Bei Mittelwerten kann die Entwicklungsabteilung nachtarieren. Und top bewertete Produkte können vorrangig beworben werden.

Unser ganz wichtiger Tipp:

NPS-Kennzahlen nicht incentivieren! Denn Manipulationen sind, wie bei jeder Befragung, auch beim NPS möglich. Rankings und Prämien können schnell dafür sorgen, dass Mitarbeiter absichtlich die falschen Dinge tun, nur um an Ehre und Geld zu gelangen. Die Aussicht auf Boni macht sehr erfinderisch. So werden Rabatte gewährt oder Produkte einfach verschenkt, um im Gegenzug eine Zehn zu erhalten. Oder es werden nur die Kunden befragt, von denen man sich gute Noten erwartet. In einer Krankenhauskette wurde einmal die Schmerzfreiheit der Patienten zum obersten Ziel erklärt, per NPS abgefragt und honoriert. Jeder bei klarem Verstand kann sich denken, was dann geschah. Am Ende hat sogar die Gesundheitsbehörde ermittelt.

11 Kundenrückgewinnung durch automatisierte Prozesse

Wenn es um die Neukundengewinnung geht, kämpfen die Anbieter einen mächtigen Kampf. Verlorene Kunden hingegen sind oftmals vergessene Kunden. Als »Karteileichen« werden sie einfach aus der Datenbank gelöscht. Oder sie werden als Bagatellschaden abgetan. Ein Computer fehlt beim Inventar: großes Trara! Ein Kunde – und damit ein Vielfaches an Wert – fehlt am Ende des Jahres: Schulterzucken! Schwamm drüber! Da kann man nichts machen, passiert halt, suchen wir uns eben neue. Dabei verlieren manche Unternehmen heute bereits 30 bis 50 % ihrer Kunden pro Jahr.

Doch über seine verlorenen Kunden redet man nicht. Sie sind die ungeliebten Kinder des Verkaufs, der offensichtliche Beweis für eine Niederlage. Wer gibt so was schon gerne zu? Lieber beschäftigt man sich mit zweifelhaften Triumphen im Neukundengeschäft – selbst wenn diese mit hohen Streuverlusten und beträchtlichem finanziellen Aufwand teuer erkauft wurden. Doch den Abtrünnigen nachzulaufen hat einen entwürdigenden Beigeschmack. Für Siegertypen ist das nichts.

So kommt es, dass der gleiche Verkäufer, der sich für einen mittelmäßig erfolgversprechenden Neukunden mächtig ins Zeug legt, völlig gleichgültig einen ehemals hochprofitablen Kunden einfach ziehen lässt, ohne auch nur einen Finger krumm zu machen. Reisende soll man nicht aufhalten, heißt es nur lapidar. Oder es werden scheinbar plausibel klingende Gründe angeführt, weshalb sich das Nachlaufen nicht lohnt: Besagter Kunde war sowieso nicht lukrativ, er war ein Ekelpaket, er hat den Innendienst tyrannisiert, kaufte nur die Verlustbringer, verlangte immer das Unmögliche, reklamierte ständig. Wie gut, dass er weg ist.

Oder, auch sehr bizarr: Die Abtrünnigen werden infolge unkluger Incentive-Programme erst dann wieder kontaktiert, wenn sie als Neukunden gelten. Dabei wäre ein schnelles Timing für den Erfolg unglaublich wichtig. Deshalb könnte und sollte man auch das Vermeiden von Kundenverlusten und die Rückgewinnung profitabler Kunden incentivieren. Denn: Die meisten abgewanderten Kunden sind es wert, zurückgeholt zu werden. Und das ist gar nicht so schwer, wenn man weiß, wie es geht.

Die Jagd nach dem verlorenen Schatz

In Ihrem Ex-Kundenkreis schlummert ein beträchtliches Ertragspotenzial. Es ist nicht nur kostengünstiger, sondern häufig auch leichter, abgesprungene Kunden zurückzuholen, als Neukunden zu gewinnen. Erstere kennen Sie, Ihre Produkte und Services ja schon. Und oft waren es nur Kleinigkeiten, die für Verärgerung und Missstimmung sorgten. Viele ehemalige Kunden wären demnach bereit, Ihnen eine zweite Chance zu geben, würde man sie nur gebührend darum bitten, etwaige Probleme aus der Welt schaffen – und ihnen das Wiederkommen ein wenig versüßen.

Demnach ergeben sich zwei Ansatzpunkte:

- das **Kündigungsmanagement** mit dem Ziel des Abwehrens bzw. der Rücknahme von Kündigungen,
- das **Revitalisierungsmanagement** mit dem Ziel der Wiederaufnahme der abgebrochenen bzw. eingeschlafenen Geschäftsbeziehung.

In Zusammenhang mit dem Vorbeugen von Kundenverlusten haben sich die Begriffe »Churn Management« und »Churn Prevention« entwickelt. Bei Churn handelt es sich um ein Kunstwort, das sich aus »change« und »turn« zusammensetzt. Es umfasst systematische Vorgehensweisen, um Kundenabwanderungen zu vermeiden. Ein zweiter gängiger Begriff ist »Customer Retention«. Damit ist das Halten bestehender Kunden gemeint.

Eine entscheidende Frage lautet dabei: Wie lässt sich ein Frühwarnsystem installieren, das rechtzeitig vor absprungbereiten Kunden warnt? Welche Prognosemodelle lassen sich erstellen? Welche Kunden sind besonders gefährdet? Lassen sich Muster und typische Profile potenzieller Abwanderer erarbeiten? Mit welcher Genauigkeit lässt sich das bevorstehende Ende eines Geschäftsverhältnisses vorhersagen? Und was kann man dagegen tun?

Das Kundenrückgewinnungsmanagement (KRM), im Englischen »Customer Recovery« genannt, beginnt erst dann, wenn alle Loyalisierungsmaßnahmen erfolglos geblieben sind, wenn also ein Kunde die Geschäftsbeziehung offiziell beendet oder das Unternehmen stillschweigend verlassen hat.

11.1 Kundenrückgewinnung in fünf Schritten

Der Prozess des Rückgewinnungsmanagements umfasst fünf Schritte:

1. Identifizierung der verlorenen oder »schlafenden« Kunden
2. Analyse der Abwanderungsgründe und Verlustursachen
3. Planung und Umsetzung von Rückgewinnungsmaßnahmen
4. Erfolgskontrolle und Maßnahmenoptimierung
5. Prävention bzw. Aufbau der »zweiten Loyalität«

Alle Erkenntnisse aus dem Prozess des Kundenrückgewinnungsmanagements (KRM) führen zu präventiven Maßnahmen, um zukünftige Kundenabwanderungen zu minimieren. Der beste Plan heißt Prophylaxe. Denn noch besser, als verlorene Kunden zu reaktivieren, ist es natürlich, erst gar keine zu verlieren. Je länger ein Unternehmen einen rentablen Kunden hält, desto mehr Gewinn kann es durch ihn erzielen. Oberstes Ziel sollte es daher sein, möglichst keinen einzigen profitablen Kunden zu verlieren, den man behalten will. Und bei den zurückgewonnenen Kunden gilt es, eine »zweite Loyalität« aufzubauen. Das heißt: Die Gründe, (diesmal) zu bleiben, sind besser als die Gründe, (wieder) zu gehen. Eine dritte Chance gibt es so gut wie nie.

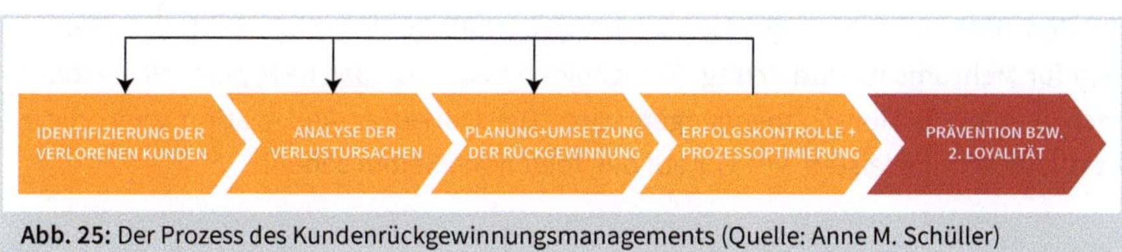

Abb. 25: Der Prozess des Kundenrückgewinnungsmanagements (Quelle: Anne M. Schüller)

Fast immer lohnt es sich, Zeit und Geld in die Kundenreaktivierung zu investieren. In vielen Punkten ist sie der Neukundenakquise deutlich überlegen. So zeigen Untersuchungen und Praxisberichte immer wieder,

- dass die Abschlussquote beim Reaktivieren ehemaliger Kunden meist höher ist als im Neugeschäft.
- dass vergleichsweise weniger Kosten anfallen, wenn verlorene Kunden zurückgewonnen werden, statt neue zu akquirieren.
- dass sowohl die Loyalität als auch die Rentabilität der reaktivierten Kunden oft höher sind als die der neuen Kunden.

Eine empirische Untersuchung bei 130 Unternehmen aus unterschiedlichen B2B- und B2C-Branchen an der *Hochschule Darmstadt* unter der Leitung von BWL-Professor *Matthias Neu* brachte zutage:[30]

- Nur 70 % der befragten Unternehmen hatten überhaupt bereits Kundenrückgewinnungsmaßnahmen durchgeführt und nur 42 % der Studienteilnehmer taten dies regelmäßig.
- 51 % gab an, dass die Kosten einer Kundenrückgewinnung unter denen einer Kundenneugewinnung liegen, 35 % sprachen von ähnlich hohen Kosten, nur 14 % sprachen von höheren Kosten.
- 48 % der Befragten bestätigten, dass die Bindungsdauer eines zurückgewonnenen Kunden höher ist als die eines Neuakquirierten. 41 % sprachen von ähnlich hohen Quoten, 11 % hatten niedrigere Quoten ausgemacht.

30 Neu, M.; Günter, J. (2015): Erfolgreiche Kundenrückgewinnung, SpringerGabler.

Auch die Umwandlungszahlen sind hoch, wie die Studie zeigt:

- 22 % der Teilnehmer gab an, dass ihre Rückgewinnungsmaßnahmen Quoten bis zu 80 % aufweisen.
- 17 % sprachen von Quoten bis zu 60 %.
- 24 % hatten Quoten von bis zu 40 %.
- 36 % konnten Quoten von bis zu 20 % verbuchen.

Vor den Unternehmen liegt also ein riesiges, größtenteils unbeackertes, ergiebiges Feld für Mehrumsatz und Ertrag. Entscheidend ist, dass das KRM planvoll, systematisch und professionell angegangen wird. Die Marketing-Automation kann hierzu wertvolle Mithilfe leisten, wie wir auf den folgenden Seiten sehen.

11.2 Vorteile eines professionellen Kundenrückgewinnungsmanagements

Hohe Fluktuationsraten haben einen verheerenden Einfluss auf die wirtschaftliche Stabilität eines Unternehmens. Die Richtigen – also profitable und rückholbare Kunden – zu reaktivieren hat eine ganze Reihe von Vorteilen:

- **Ertragsvorteile:** Das Abwandern von Kunden ist ein zweifacher ökonomischer Verlust, denn es gehen nicht nur Umsätze verloren. Wegbrechende Kunden erhöhen auch die Kosten für die Neuakquise. Weil die Kundenreaktivierung meist vergleichsweise günstiger ist, werden Vertriebsaufwendungen und Werbebudget eines Unternehmens geschont. Daneben steigt vielfach im zweiten Anlauf auch der Umsatz, und der zurückgewonnene Kunde bleibt dem Unternehmen dieses Mal länger treu. So verbessern sich insgesamt die Ertragsstruktur des Kundenstammes und damit letztlich auch der Unternehmenswert.
- **Loyalitätsvorteile:** Die »Restloyalität« aus der ersten Geschäftsbeziehung kann genutzt werden, um eine Reloyalisierung einzuleiten, also eine »zweite Loyalität« aufzubauen. Werden zurückgewonnene Kunden ausnehmend fürsorglich behandelt, lässt sich in ihrem »zweiten Leben« beim Unternehmen oftmals ein höherer Kundenwert erzielen als beim ersten Mal. Denn die emotionale Verbundenheit und damit auch die Kaufbereitschaft eines Kunden steigen vielfach, wenn sich das Unternehmen kooperativ mit seinem Fall beschäftigt, wenn es sich für Unachtsamkeiten entschuldigt und etwaige Mängel umgehend beseitigt.
- **Imagevorteile:** Wer sich um seine abgewanderten Kunden kümmert, wird negative Mundpropaganda eindämmen können. Denn wer einem Unternehmen den Rücken kehrt, redet über die ausschlaggebenden Gründe meist erbost mit vielen Menschen – und bringt diese bisweilen dazu, das Unternehmen ebenfalls zu verlassen. Zudem verhindert er, wie wir schon sahen, dass Interessenten kommen und kaufen. Andererseits beginnt der, der zurückkehrt, mit positiver Mundpropa-

ganda. Denn er muss sich selbst und der Welt ja glaubhaft erklären, weshalb er seine Meinung so offensichtlich geändert hat.

- **Konkurrenzvorteile:** Wer ein aktives Rückgewinnungsmanagement betreibt, erfährt eine Menge Interna über den Wettbewerb. Kunden, auch wenn sie nicht zurückzuholen sind, können erzählen, aus welchen Gründen es ihnen dort besser gefällt. Und Come-back-Kunden schildern, wenn man sie klug befragt, in allen Einzelheiten, wie es bei den Mitbewerbern so zuging. Diese Erkenntnisse lassen sich nicht nur in der Neukundenakquise, sondern möglicherweise auch bei der Aktualisierung der eigenen Geschäftspolitik sowie bei zukünftigen Rückgewinnungsaktionen prima nutzen.
- **Wissensvorteile:** Misserfolge sind gute Lehrmeister. Und Rückkehrer sind kostenlose Unternehmensberater. Sie sind meist gesprächsbereit und werden ihre Wechselmotive mehr oder weniger offen darlegen. Im Unterschied zu klassischen Kundenzufriedenheitsbefragungen gehen gut gemachte Rückgewinnungsinterviews stärker in die Tiefe, um den wahren Gründen für die Beendigung einer Geschäftsbeziehung auf die Spur zu kommen. Hierdurch kann man eine Menge lernen – wenn man diese mitunter schmerzlichen Lektionen lernen will. Dem Unternehmen bietet sich hierdurch die Chance, Fehlerkosten zu senken und seine Leistungen nicht nur für diesen, sondern auch für alle anderen Kunden zu optimieren. Reklamationen und Abwanderungen können auf diese Weise in Zukunft deutlich reduziert werden.

Insgesamt sind also die Vorteile enorm. Schauen wir uns nun die fünf Schritte eines systematischen KRM, wie sie in Kapitel 11.1 dargestellt worden sind, im Einzelnen an.

11.3 So identifizieren Sie verlorene und »schlafende« Kunden

Um verlorene Kunden zu orten, muss zunächst geklärt werden, wer ab wann als verloren gilt. Das hört sich trivial an, ist es aber nicht. Denn bei Weitem nicht in jeder Branche gibt es vertragliche Bindungen, die eine Kündigung verlangen. Im B2B-Bereich ist Kundenabwanderung oft auch weniger offensichtlich. B2B-Kunden greifen normalerweise auf mehrere Anbieter zurück und tendieren zunächst dazu, Einkaufsvolumina zu verlagern. Vor einem Komplettausstieg besteht also die Chance, sich zu verbessern und hierdurch den flüchtenden Kunden aufzuhalten, bevor es zu spät ist.

Grundsätzlich gibt es unter den Kunden, die verlustig gehen, leise und laute Kündiger, geräuschvolle Reklamierer und heimliche Abwanderer. Es gibt Kunden, die ihre Aktivitäten einfach auf null herunterfahren. Es gibt die, die ihre Verträge nicht verlängern. Und es gibt die vorübergehend oder dauerhaft abstinenten Kunden, die sogenannten »Schläfer«.

Doch Kunden verschwinden in den seltensten Fällen von heute auf morgen wie aus heiterem Himmel. Meist vollzieht sich die Trennung in Etappen, die Katastrophe kündigt sich an. Oft wird ein neuer Anbieter zunächst getestet, man platziert einen Kleinauftrag oder macht einen Probekauf. Sind die ersten Erlebnisse positiv, verdüstert sich gleichzeitig die Stimmung in Bezug auf den alten Geschäftspartner. Dies entpuppt sich meist als eine Mischung aus subjektiver Wahrnehmung und schlechtem Gewissen. Darin steckt eine Menge Neuropsychologie: Es muss eine vernünftig aussehende Rechtfertigung für den Seitenwechsel aufgebaut werden.

Man will – mehr oder weniger unbewusst – den zukünftigen Ex sanft auf das bevorstehende Ende vorbereiten und macht schon mal ein paar vage Andeutungen. So wird man mit diesem und jenem unzufrieden sein und jammert öfter als üblich. Es kommt zu diffusen Klagen über das Nachlassen der Qualität oder zu unüblichen und schlecht nachvollziehbaren Mängelrügen. Aus Andeutungen wird schließlich der Wink mit dem Zaunpfahl.

Werden Sie, wenn Sie solche Signale sehen, hellwach! Vielleicht ist noch was zu retten. Zeigen Sie, wie wichtig Ihnen der Kunde ist. Versichern Sie ihm, dass Sie seine Klagen ernst nehmen. Kümmern Sie sich um jede Beanstandung. Forschen Sie nach den Schwachstellen im Unternehmen. Sagen Sie besondere Sorgfalt und Ihr persönliches Engagement bei der Abwicklung des nächsten Auftrags zu. Halten Sie Ihre Versprechen ein.

Erfahrene Betreuer mit Gespür für die leisen Töne können ein drohendes Abwandern erkennen, bevor es zu spät ist. Wer die Anzeichen richtig deutet, kann gefährdete Kundenbeziehungen noch rechtzeitig stabilisieren. In jedem Fall ist es hilfreich, die in der eigenen Branche üblichen Anzeichen zu sammeln und regelmäßig mit dem Kundenverhalten abzugleichen.

Wollen Sie wissen, ob ein Kunde noch Kunde ist, helfen folgende Fragen:

- Wann hat der Kunde das letzte Mal (wieder) gekauft?
- Wurde die übliche Bestellfrequenz deutlich unterschritten?
- War das Volumen der letzten Bestellungen abnehmend?
- Ging die Zahl der Transaktionen zurück?
- Gab es Teilkündigungen?
- Gab es nicht realisierte angekündigte Umsätze?
- Gab es Störungen in der Kundenbeziehung oder eine Häufung von Problemen bei der Vertragserfüllung?
- Ging der Kunde auf Distanz? Oder war ihm plötzlich alles egal?
- Gab es eine kennzahlenermittelte, abnehmende Kundenzufriedenheit?
- Gab es verstärkte Reklamationen? In welcher Form? Wie oft?
- Ließ die Zahlungsmoral nach?
- Sprach der Kunde in letzter Zeit öfter über Wettbewerber? Hatte er sehr genaue Kenntnisse über deren Produkte?

- Gab es negative Berichte in der Presse, auf die der Kunde explizit aufmerksam gemacht hat?
- Hat er den Newsletter abbestellt und auf Nurturing-Angebote nicht mehr reagiert?

Verfeinern Sie sukzessive Ihre Beobachtungen über Transaktionsmuster und abwanderungskritische Ereignisse. Aus den unterschiedlichen Verläufen der Kundenhistorie und prototypischen Abwanderungsszenarien können Eckdaten festgelegt werden, die Hinweise darauf liefern, wann der Kunde ein Ex-Kunde ist oder droht, ein solcher zu werden. Entwickeln Sie bei Bedarf hieraus ein Kennzahlensystem, erarbeiten Sie Prognosemodelle, installieren Sie ein automatisiertes Frühwarnsystem. Zur Errechnung der Abwanderungswahrscheinlichkeit werden reale Kundenverluste analysiert und Veränderungen im beruflichen oder privaten Kontext einbezogen, wie etwa:

- Eintritt in einen neuen Lebens- oder Karriereabschnitt
- Veränderung der Lebensumstände (Jobwechsel, Umzug, Heirat usw.)
- nahender Vertragsablauf oder andere kritische Ereignisse in der Kundenbeziehung

Aus diesem Datenmaterial wird dann ein Algorithmus gebildet. Churn-Scores können den Grad der Gefährdung anzeigen, also die Wahrscheinlichkeit, dass ein beobachteter Kunde geht. Auf der Basis von Reports und Auswertungen lassen sich dann unverzüglich die notwendigen Maßnahmen ergreifen. Gute Kundeninformationssysteme stellen dazu einen vielseitig einsetzbaren Benachrichtigungs- und Aktionsdienst zu Verfügung. Je eher Sie agieren, desto besser sind Ihre Reaktivierungschancen. Am größten sind sie dann, wenn es gelingt, den Kunden zu erreichen, noch bevor er kündigen oder die Zusammenarbeit erheblich reduzieren will.

11.4 Wie man auf Kündigungen professionell reagiert

Das Ende einer vertraglichen Geschäftsbeziehung kündigt sich mit mehr oder weniger lautem Getöse an. Da gibt es die Wutkündiger, die aus einem Affekt heraus kündigen, oft mit einem Paukenschlag (»Nicht mit mir! Wisst ihr eigentlich, wen ihr vor euch habt?«). Da gibt es die Eiskalten, die einen ohne Warnschuss mit voller Absicht ins Messer laufen lassen (»Denen hab' ich's so richtig gezeigt!«). Da gibt es die Duldsamen, die eine Kette von unglücklichen Ereignissen über sich ergehen lassen, bis sie schließlich reagieren (»Meine Geduld ist zu Ende.«). Ferner gibt es die »Vorsichtskündiger«, die ihren Vertrag bereits kurz nach dem Abschluss wieder kündigen, um ja keine Fristen zu verpassen. Und schließlich gibt es die sprunghaften, experimentierfreudigen »Variety Seeker«, für die das Ausprobieren von Neuem ein Lustgewinn ist (»Neues Spiel, neues Glück.«).

Wie dem auch sei: Vor der ausgesprochenen Kündigung steht meist die innere Kündigung, die psychische Abwanderung. Die Signale, die dabei ausgesandt werden, sind vielfältig. Hinzu kommt, dass oft zunächst mit einer Kündigung gedroht wird. Dies passiert im Allgemeinen in Zusammenhang mit einer Reklamation. Die klägliche Reklamationsbearbeitung ist ein überaus häufiger Abwanderungsgrund. Wer Profi in Sachen Beschwerdemanagement ist, kann sich also manch unliebsame Kündigung ersparen.

Damit es gar nicht bis zum Äußersten kommt, ist Kündigungsprophylaxe angesagt. Das bedeutet, den Kunden vor Ablauf der Vertragslaufzeit zu kontaktieren, um sich einen Eindruck vom »Klima« zu machen. Dies kann durch ein persönliches Gespräch erfolgen – oder im Massengeschäft mithilfe eines passenden Nurtures. In Branchen mit typischerweise hohen Fluktuationsraten ist ein solches Vorgehen besonders sinnvoll.

Hat ein Kunde (dennoch) gekündigt, gibt es zwei Möglichkeiten, zu reagieren:

- **Sofort:** Verträge haben in aller Regel eine Kündigungsfrist. Zwischen Kündigung und Vertragsende liegt demnach eine angemessene Zeit, in der man reagieren kann. Nicht immer wurde bereits ein neuer Vertrag unterschrieben. Somit ergibt sich für den Kunden die Möglichkeit, seine Kündigung rückgängig zu machen.
- **Viel später:** Für den Fall, dass unser Kündiger bereits einen neuen Vertrag unterschrieben hat, lässt sich das Ende der Vertragszeit ermitteln. Durch passende Nurtures bleibt man mit dem Abtrünnigen, so er dies will, in regelmäßigem Kontakt. Rechtzeitig vor Vertragsende kann man ihn dann auf einen Neuanfang ansprechen. Vielleicht ist unser Ex ernüchtert von seiner neuen Wahl, der »Honeymoon-Effekt« ist vorbei und er weiß endlich zu schätzen, was er einst an Ihnen hatte.

Leider ist in vielen Branchen die Abwicklung einer Kündigung nicht viel mehr als ein technischer Vorgang. In Banken zum Beispiel lernt jeder Mitarbeiter, wie er einen Kündiger korrekt aus dem System ausbucht – nicht aber, wie er ihn durch ein einfühlsames Gespräch dazu bringen kann, die Kündigung zurückzunehmen. Deshalb unser Tipp: Bestätigen Sie eine Kündigung nicht postwendend. Machen Sie zunächst einen Rückholversuch. Je schneller Sie dabei reagieren, desto besser.

Natürlich muss Formales sein, doch dies lässt sich durchaus mit Freundlichkeit verbinden. Lesen Sie also einmal aufmerksam das Anschreiben durch, das Sie verwenden, um den Eingang einer Kündigung zu bestätigen. Ist es ein liebloser, mürrischer, in Amtsdeutsch gehaltener Formbrief? Viele Kündigungsbestätigungen sind, weil maschinell erstellt, nicht einmal unterschrieben. Was für ein Mangel an Wertschätzung für einen oft langjährigen Kunden! Stellen Sie sicher, dass der womöglich letzte Eindruck, den der Kunde von Ihnen erhält, ein positiver ist. Dem Kunden muss es beinahe leidtun, dass er die Entscheidung getroffen hat, Sie zu verlassen.

Sagen Sie dem Kunden auch, dass Ihre Türen jederzeit für ihn offen stehen – natürlich nur dann, wenn Sie diesen Kunden tatsächlich gerne zurück haben wollen. Ein Kunde, dessen Kündigung ohne weiteres Bemühen angenommen wird, fühlt sich schlecht, denn man signalisiert ihm, dass er nicht von Bedeutung ist. Ein Kunde hingegen, der erlebt, dass das Unternehmen mit Vehemenz und Leidenschaft einen Rückholversuch startet, fühlt sich gut, denn dies signalisiert: Lieber Kunde, Sie sind uns wirklich wichtig.

11.5 Ursachenforschung: Den wahren Gründen auf der Spur

Nicht alle Ex-Kunden sind auf immer und ewig verärgert. Und nicht immer ist ein schlechtes Produkt daran schuld. Vielleicht sorgte ein Missverständnis für das Abwandern – und das ist schnell geklärt. Oder der Kunde bekam nicht genug persönliche Aufmerksamkeit – kümmern Sie sich endlich um ihn. Oder der geliebte Ansprechpartner hatte gekündigt – suchen Sie ihm einen netten neuen. Oder ein Mitarbeiter war inkompetent und unfreundlich – und der ist inzwischen entlassen. Oder Ihr Unternehmen ist schlichtweg in Vergessenheit geraten – weil Sie sich nicht mehr gemeldet hatten. Oder man konnte dem Billigangebot des Mitbewerbers nicht widerstehen – und will nicht sagen, dass man auf die Nase gefallen ist. Wer gibt schon gerne eigene Fehler zu?

Also: Warten Sie nicht auf ein Wunder – tun Sie den ersten Schritt. Viele Kunden sind auch nach einem Wechsel noch gesprächsbereit. Oft ist ein gewisses Wohlwollen dem Ex gegenüber weiterhin vorhanden. Und mit etwas Abstand aus der Ferne betrachtet war »der Alte« gar nicht so schlecht. Häufig sind es am Ende nur Bagatellen, die zu Verärgerung und Enttäuschung und damit schließlich zum Abwandern von Kunden führten. All dies herauszufinden, ist Aufgabe der Ursachenforschung.

Natürlich gibt es in jedem Unternehmen eine natürliche Abschmelzquote. Wir können nicht alle Kunden haben und halten – und manche wollen wir auch nicht. Grundsätzlich sind die Gründe für einen Wechsel vielfältig. Manche liegen im Kunden selbst, viele haben mit dem Wettbewerberverhalten oder mit äußeren Umständen zu tun: Veränderte Lebensumstände können zum Beispiel zu Ausfällen führen. Oder die Konkurrenz ist einfach attraktiver. Die schnellen Informationszugriffe, die kostengünstigen Kaufmöglichkeiten und der Verdrängungswettbewerb im Internet mögen eine Rolle spielen. Neue Konsummärkte, die Gleichartigkeit der Angebote, das sich wandelnde Sozialverhalten, Ausschreibungsnotwendigkeiten, der Sparzwang der Unternehmen oder der Preisverfall in der Branche werden einen gewissen Einfluss haben. Die meisten Verlustursachen sind jedoch im eigenen Unternehmen zu suchen.

Die wahren Gründe für das Abwandern von Kunden liegen vielfach – gut getarnt hinter rationalen Argumenten – im emotionalen Bereich. In einer repräsentativen Umfrage unter 1.000 Personen im Internet, die von den Hamburger Marktforschern des *DPM-Teams* durchgeführt wurde, berichteten die Befragten offen und detailliert, aus welchen Gründen sie Kundenbeziehungen zu verschiedenen Unternehmen endgültig beendet hatten (Mehrfachnennungen möglich):

- Unfreundlichkeit/mangelnde Höflichkeit der Ansprechpartner (38,2 %)
- Inkompetenz, Unwissenheit oder Unkenntnis der Materie (30 4 %)
- zu lange Wartezeiten – am Telefon oder vor Ort (27,4 %)
- allgemeine Ignoranz und Desinteresse am Kunden (24,6 %)
- das Ausstrahlen von schlechter Laune und Lustlosigkeit (11,0 %)
- arrogante Behandlung von oben herab (6,7 %)

Eine von *Accenture* durchgeführte weltweite Umfrage ergab, dass binnen eines Jahres 51 % der 13.000 befragten Kunden ihren Anbieter aufgrund von schlechtem Service gewechselt haben. Im B2B-Bereich erbrachte eine Untersuchung des *VDMA* (*Verband Deutscher Maschinen- und Anlagebau*) folgende Gründe für einen Lieferantenwechsel:

- wegen Unzufriedenheit mit dem Service während der Nutzung (65 %)
- weil technisch bessere Produkte verfügbar waren (20 %)
- wegen eines günstigeren Konkurrenzangebots (15 %)

Fazit: Der Preis als Unzufriedenheitsfaktor und hauptsächlicher Abwanderungsgrund wird deutlich überbewertet. Die Soft-Skills hingegen werden von den Unternehmen allgemein drastisch unterbewertet. »Zu teuer« ist eben ein wunderbarer Vorwand für beide Seiten: Für den Kunden, damit er seine emotionale Verletztheit nicht offenlegen muss. Und für den Betreuer, um sich aus der persönlichen Verantwortung zu stehlen. Doch nur, wer den wahren Fluktuationsursachen auf die Spur kommt, findet das Türchen zur zweiten Chance beim Ex. Dazu ein Tipp:

!

Tipp

Ursachenanalysegespräche sollten immer getrennt von Rückholgesprächen geführt werden. Wird beides miteinander gekoppelt, könnte der Befragte taktisch reagieren, weil er sich hierdurch Vorteile erhofft. In diesem Fall kommen Sie den wahren Gründen kaum auf die Spur.

11.6 Maßnahmenplan zur Kundenrückgewinnung

Nachdem die abgewanderten Kunden identifiziert und die möglichen Verlustursachen eingehend analysiert sind, geht es nun darum, die lukrativen unter den verlorenen Kunden zu reaktivieren. Denn noch schlechter, als gar keine Kunden zu reaktivieren, ist es, die unrentablen zurückzubekommen. Folgende Entscheidungen sind also zu treffen:

- Mit welchen Kunden lohnt sich ein Neuanfang?
- Welche Kunden wollen überhaupt zurück?
- Wer soll die verlorenen Kunden ansprechen?
- Welche »Rückhol-Köder« wollen wir diesen anbieten?
- Wann sollen die Rückgewinnungsinitiativen erfolgen?
- Wie viel Budget steht dazu bereit?

Zur Maßnahmenplanung gehört zunächst die Vorauswahl solcher Kunden, die rentabel und rückholbar sind. Die Abwanderung wertarmer Kunden ist durchaus erwünscht. Jedes Unternehmen hat nämlich Kunden, die man der Konkurrenz viel lieber als sich selbst wünscht. Das sind vor allem:

- unrentable Kunden
- Kunden ohne Zukunft und/oder kurz vor der Insolvenz
- untragbare, hochproblematische, ernsthaft schwierige Kunden
- Schnäppchenhopper, Rosinenpicker, Konditionenhascher

So gilt es also, die Spreu vom Weizen trennen. Dabei darf man sich nicht von subjektiven Einschätzungen oder persönlichen Vorlieben leiten lassen. Vielmehr wird ein vergleichendes Bezugssystem benötigt. Basis hierfür ist eine funktionsfähige Datenbank mit gut gepflegten Kundendaten.

So dient die Scoring-Methode der Vorselektion solcher Kunden, die in die Reaktivierungsaktion einbezogen werden sollen. Hierbei werden zunächst die quantitativen und qualitativen Kundenwert-Kriterien definiert, die Ex-Kunden reaktivierungsattraktiv machen. Das dürften in etwa diejenigen sein, die wir in Kapitel 3.9 bereits besprochen haben. Für die einzelnen Merkmale können Gewichtungen vorgenommen werden. Das Ganze geht schließlich in eine Matrix mit folgenden Achsen ein:

- die Attraktivität der Kunden aus unternehmerischer Sicht
- die prognostizierte Wahrscheinlichkeit der Rückgewinnung

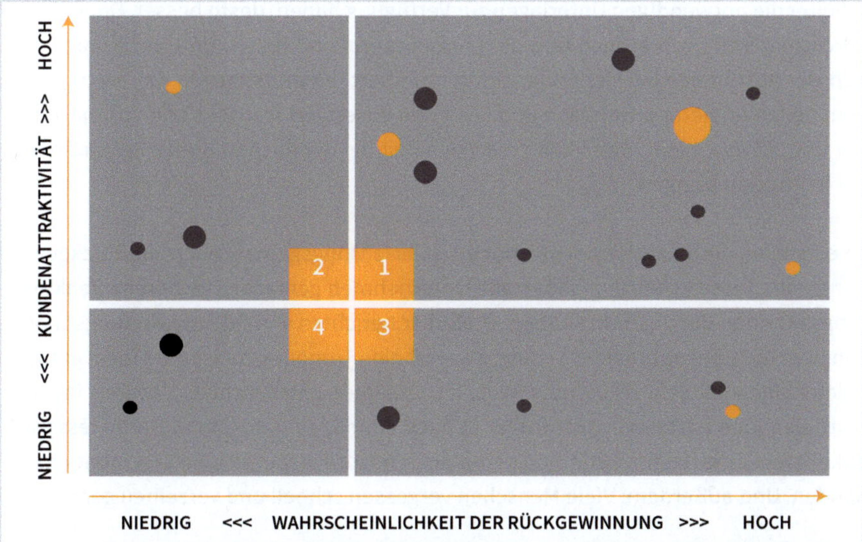

Abb. 26: Die Kundenrückgewinnungsmatrix. Die Ex-Kunden in Feld 1 sollen unbedingt zurück gewonnen werden, die Ex-Kunden in Feld 2 und 3 unter gewissen Umständen, die Ex-Kunden in Feld 4 in keinem Fall. Über die Größe und Farbe der Kreise können weitere Dimensionen angezeigt werden. (Quelle: Anne M. Schüller)

So sehen Sie auf einen Blick, wer die intensivsten Rückgewinnungsinitiativen verdient. Auch hier ein Tipp: Wenn Rückgewinnungsgespräche für Sie und Ihre Vertriebsmannschaft neu sind, beginnen Sie besser *nicht* mit dem attraktivsten aller Kunden. Denn man muss üben, um zu brillieren.

Grundsätzlich ist die Reaktivierung absprungwilliger bzw. verlorener Kunden etwas für Kommunikationsprofis. Und egal, ob telefonisch oder persönlich: Sie sollte nie von externen Dienstleistern, sondern ausschließlich von eigenen Mitarbeitern durchgeführt werden. Viel Wissen über Internes und eine Menge Verkaufspsychologie sind nämlich vonnöten, um sich auf diese spezielle Gesprächssituation optimal einzustellen. Man braucht dazu nicht nur besondere fachliche und kommunikative Fähigkeiten, sondern auch beträchtliche Entscheidungskompetenzen. Denn die für den jeweiligen Fall passende Reaktion muss flexibel und schnell erfolgen. Langwierige bürokratische Prozesse verärgern den Kunden nur noch mehr. Schließlich muss der Mitarbeiter Kosten und Nutzen seiner Zugeständnisse betriebswirtschaftlich abwägen können. Blockt er zu stark, werden die Erfolge mager ausfallen. Sensibles Entgegenkommen ist vielmehr gefragt.

11.7 Das richtige Timing ist erfolgsentscheidend

Egal, ob das Abwandern still und leise erfolgt oder mit einer Kündigung verbunden ist: Reagieren Sie auf Warnhinweise sofort. Je eher die mit der Aktion betrauten Mitarbeiter die notwendigen Unterlagen zur Verfügung haben, desto besser. Dann ist das Adressmaterial noch aktuell und die Erinnerungen sind frisch. Und nicht immer hat sich der Abtrünnige bereits anderweitig orientiert. Wenn hingegen die Verträge mit dem neuen Anbieter unter Dach und Fach und die ersten Transaktionen prima gelaufen sind, ist es zu spät. Dann kann man sich erst bei der nächsten Vertragsrunde wieder in Position bringen.

Je schneller die Reaktion, desto höher ist erfahrungsgemäß auch die Rückgewinnungsrate. Diese Erfahrung haben alle Unternehmen gemacht, die bereits Reaktivierungsaktionen durchgeführt haben. Praktiker berichten von Rückgewinnungsquoten von über 60 % bei optimalem Timing. Zwar ist eine Trennung meist mit einem emotionalen Aufgewühltsein verbunden: Wut, Trauer, Ärger, Enttäuschung, Rache – je nachdem. Dennoch hatte man sich früher ja auch einmal gut vertragen. Daran lässt sich anknüpfen. Eine Restloyalität und damit auch Gesprächsbereitschaft ist oft noch vorhanden. Und außerdem: Viele Menschen vergessen schnell und verzeihen gern.

Sind hingegen die emotionalen Verbindungslinien gekappt, wird das Zurückgewinnen schwieriger. Man hat sich nun einem neuen Partner zugewandt, hofft auf das Beste und rückt die positiven Seiten der neuen Beziehung in den Vordergrund. Zudem ändern sich in den Unternehmen die Ansprechpartner andauernd. Wartet man zu lange, weiß niemand mehr von der früheren Zusammenarbeit und man ist gezwungen, noch mal ganz von vorne anzufangen. Allerdings ist das in manchen Fällen wohl auch besser.

Ein wichtiger Hinweis an dieser Stelle: Die Ansprache verlorengegangener Kunden muss rechtskonform sein. Bei denen, die gerade erst abgewandert sind, ist das meist kein Problem. Die Opt-ins sind, sofern vorhanden, noch gültig, so dass Sie mit einem entsprechenden Nurture den Rückholversuch einleiten können. Dies kann zum Beispiel ein Come-back-Mailing sein. Über die Sales Fast Lane können Sie Interessierte dann sofort an den Vertrieb übergeben. Oder, wenn vorhanden, können Sie Rückkehrwillige geradewegs über den unternehmenseigenen Online-Shop zu einem ersten Wiederkauf führen.

Mit Ex-Kunden, die inzwischen anderweitig gebunden sind, hält man am besten locker Kontakt. Automatisiert sollten diese zumindest ab und an mit Neuigkeiten aus Ihrem Haus versorgt werden. Das ist einfach, solange es rechtskonforme Opt-ins gibt. So bleibt der Fuß in der Tür. Und mit etwas Glück sind Sie genau dann zur Stelle, wenn der Zeitpunkt für die Wiederaufnahme von Gesprächen günstig ist. Bringen Sie sich hingegen erst nach Monaten oder Jahren wieder ins Spiel, müssen Sie zunächst für einen erneuten Opt-in des Kunden sorgen.

11.8 Waren wir gut? Erfolgskontrolle und Optimierung

Kundenrückgewinnungsaktionen müssen sich rechnen und einen Beitrag zur ökonomischen wie auch zur ideellen Wertschöpfung leisten. Es kommt also nicht nur darauf an, dass am Ende ein Mehrertrag in der Kasse ist, sondern auch, dass das Unternehmen seinen Ruf am Markt weiter verbessern konnte. Ein Kennzahlensystem hilft, dies zu realisieren.

Kontrolle ist also notwendig, aber übertreiben Sie nicht! Kundenrückgewinnung ist eine Sache für Menschenversteher – und nicht für Controlling-Freaks. Überbordende Bürokratie züchtet nur uninspirierte, angepasste, stromlinienförmige Mitarbeiter, die wie Aufziehpuppen Dienst nach Vorschrift tun. Und dann fehlt es hinten und vorne an neuen, frischen Ideen, die gerade bei der Kundenrückgewinnung so dringend gebraucht werden.

Die folgenden Kennzahlen helfen, die Rentabilität der durchgeführten Rückgewinnungsprogramme zu bewerten.

- **Die Ursachenübersicht:** Hierzu lassen sich Berichte erstellen, die die Abwanderungs- bzw. Kündigungsgründe mengenmäßig erfassen und optisch aufbereiten.

Den einzelnen Gründen kann der entgangene Umsatz bzw. Deckungsbeitrag zugeordnet werden. Auch die Kosten, die für die jeweilige Fehlerbehebung, Nachbesserung, Ersatzlieferung, Wiedergutmachung usw. anfielen, können entsprechend zugeordnet werden. So entsteht eine Prioritätenliste für die anschließenden Präventivmaßnahmen.

- **Die Rückgewinnungsrate:** Das ist die Anzahl der wieder gewonnenen Kunden geteilt durch die Anzahl der kontaktierten Kunden. Wer die Eingabe in Datenbanken scheut: Hier reicht bereits eine einfache Excel-Tabelle. Optisch ansprechend aufbereitete Unterlagen machen allerdings mehr her, vor allem dann, wenn es gilt, die Geschäftsleitung vom unternehmerischen Nutzen des KRM zu überzeugen.
- **Die Veränderung der Verweildauer:** Das ist die frühere durchschnittliche Verweildauer der Kunden im Verhältnis zur neuen durchschnittlichen Verweildauer. Dies lässt sich nach verschiedenen Kriterien (Branche, Alter, Geschlecht, Berufsgruppe o. Ä.) weiter spezifizieren. Jede Verbesserung wirkt sich positiv auf die Erträge aus. Denn Kunden werden in vielen Branchen ja erst im Laufe der Zeit immer wertvoller. Bei Versicherungen zum Beispiel übersteigen die Kunden-Gewinnungskosten die Erträge der ersten zwei bis drei Jahre.
- **Die Veränderung der Kundenfluktuation:** Das ist die Fluktuationsrate 1 (vor Beginn der Aktivitäten) verglichen mit der Fluktuationsrate 2 (danach, zu einem festgelegten Zeitpunkt errechnet). Wenn beispielsweise eine Firma pro Jahr im Durchschnitt 25 % ihrer Kunden verliert, heißt das, dass die Kunden im Durchschnitt vier Jahre bleiben, sich also der komplette Kundenstamm alle vier Jahre erneuert. Diese Zahlen lassen sich für einzelne Kundengruppen, für den Gesamtbetrieb, für einzelne Bereiche oder bei Filialisten für die einzelnen Niederlassungen ermitteln und vergleichen.
- **Die Veränderung des Kundenwerts:** Das ist der frühere Kundenwert im Vergleich zum zukünftigen Kundenwert. Dieser setzt sich aus dem »Lifetime Value« und dem »Recommendation Value« zusammen. Der »Lifetime Value« ist, vereinfacht ausgedrückt, der kumulierte zukünftige Ertrag (abgezinst) plus Kosteneinsparungen. Hinzugerechnet werden sollte der Referenzwert oder »Recommendation Value« eines Kunden. Dieser besagt, in welchem Maße es gelingt, durch seine Empfehlungen neue Kunden zu gewinnen.
- **Der Rückgewinnungsgewinn:** Das sind die Rückgewinnungskosten im Verhältnis zum Rückgewinnungsertrag. Dabei muss der Anteil der erfolgreichen Rückgewinnung die Fehlschläge mitfinanzieren. Im Rückgewinnungsertrag soll nicht nur der zurückgewonnene Umsatz berücksichtigt werden, vielmehr sollen auch ideelle Werte wie Imagezugewinn, positive Mundpropaganda, Lerngewinne usw. miteinbezogen sein.
- **Die Nachkalkulation der Rückgewinnungskosten:** Das sind budgetierte Kosten zu tatsächlichen Kosten. Was hierbei manchmal vergessen wird: Das entscheidende Ziel ist nicht, sein Budget einzuhalten, sondern die maximal möglichen Ergebnisse zu erzielen. Sollten die budgetierten Gelder dafür nicht reichen, muss eben

nachbudgetiert werden. Und wenn sich herausstellt, dass die Ergebnisse aus der Rückgewinnung deutlich besser sind als die aus der Neukundenakquise, sind die Budgets logischerweise umzuschichten.

- **Die Abwanderungsbewegungen:** Hierbei wird aufgezeichnet, zu welchen Wettbewerbern die Kündiger abgewandert sind und welche jeweiligen Wechselgründe dazu angegeben wurden. Ebenso kann erfasst werden, welche Kunden man weshalb von der Konkurrenz (zurück)gewonnen hat. So lassen sich Umverteilungsströme darstellen und nützliche Erkenntnisse gewinnen. Gerade Mitarbeiter im Rückgewinnungsmanagement verfügen aufgrund ihrer tiefgehenden Kundengespräche über exzellente Wettbewerbskenntnisse. Dies kann für die interne Marktforschung, für das Quality-Management und die Entwicklungsabteilung sehr hilfreich sein.

Die Beschäftigung mit diesen Kennzahlen bringt Unternehmen mächtig voran. So können verschiedene Aktionen miteinander verglichen werden. Die Wirksamkeit unterschiedlicher Rückgewinnungsangebote lässt sich überprüfen. Es kann erfasst werden, bei welchen Kundengruppen welche Rückholmaßnahmen anschlagen. Ferner sehen Sie, wie ein mehr oder weniger gutes Timing die Ergebnisse beeinflusst. Und Sie erkennen, welche Betreuer ein besonderes Talent in Sachen Reaktivierung haben.

Die Verlustursachen können immer besser spezifiziert und (hoffentlich) nahezu völlig eliminiert werden. Und die Tools zur Identifikation der gefährdeten Kunden lassen sich zunehmend verfeinern. So führt der Managementprozess der Kundenrückgewinnung dazu, dass das gesamte Unternehmen zu einer lernenden Organisation in Sachen Prävention von Kundenschwund wird.

Bonustipp: Wie Sie einen »Beautiful Exit« gestalten !

»Auf Kunden wie Sie können wir gerne verzichten.« Mit solchen Sprüchen kommt man nicht weit. Selbst dann, wenn ein Kundenweggang frustriert: Reagieren Sie nicht angesäuert! Bleiben Sie vielmehr in guter Erinnerung. Bereiten Sie solchen Kunden einen schönen Abschied. Die Amerikaner nennen das einen »Beautiful Exit«. Lassen Sie eine Brücke stehen! Es ist schon vorgekommen, dass solch rührendes Bemühen noch Kunden zurückgelockt hat, die zunächst nicht rückkehrbereit waren.

Wie man einen Abschied versüßt? Schnüren Sie ein angemessenes, individuelles Auf-Wiedersehen-Paket. Zudem können Sie fragen, ob Ihr Ex-Kunde auch weiterhin Ihren Newsletter bzw. Ihre Kundenzeitschrift beziehen möchte und zum nächsten Firmenevent eingeladen werden darf. Oder Sie senden ihm ein kleines Erinnerungsgeschenk. Hierbei schlagen Sie zwei Fliegen mit einer Klappe:

1. Der Ex hat allen Grund, positiv über Sie zu sprechen. Vielleicht hatte Ihre Leistung ja Mängel, aber die Art und Weise, wie Sie sich verabschiedet haben, die hatte Stil.
2. Sie bleiben in guter Erinnerung und in Kontakt, und Sie halten alle Türen offen für eine spätere Rückkehr bzw. einen zweiten Wiedergewinnungsversuch.

Behandeln Sie Ihre abwandernden Kunden selbst dann fair, wenn *deren* Fairness zu wünschen übrig ließ. Was demnach absolut tabu sein sollte: angeblich verschlampte Kündigungsschreiben, absichtlich nicht bearbeitete Reklamationen, minderwertige letzte Lieferungen, Beschimpfungen und Beleidigungen, üble Nachrede. Bedanken Sie sich vielmehr für die zurückliegende Geschäftsbeziehung und wünschen Sie dem Kunden für die Zukunft Erfolg. Vielleicht wollen Sie genau diesen Kunden ja irgendwann wiederhaben. Denn auch bei ehemaligen Kunden kann sich, etwa bedingt durch einen Managementwechsel, einiges ändern.

Wenn Sie einen Kunden vorläufig nicht zurückgewinnen wollen:

Machen Sie einen entsprechenden Vermerk in der Kundendatei, damit der Kunde nicht versehentlich doch noch einmal angesprochen wird – oder gar postwendend ein Neukunden-Mailing bekommt (ist alles schon vorgekommen). Prüfen Sie zu einem späteren Zeitpunkt, ob sich ein Zurückgewinnen wieder lohnt.

Auch endgültig verlorene Kunden haben Ihren Dank verdient. Wenn Sie, wie hier beschrieben, vorgegangen sind, haben Sie ja einige Informationen darüber erhalten, was Sie in Zukunft optimieren können. Sie haben erfahren, was den Wettbewerber so anziehend macht, weshalb Ihr Ex-Kunde ihn so faszinierend findet, was der besser kann als Sie. Und Sie wissen nun mehr darüber, was im Reaktivierungsmanagement funktioniert und was nicht. Sie sind mithilfe des Ex-Kunden besser geworden.

12 Marketing-Automation und Leadmanagement – die rechtlichen Aspekte

von Sabine Heukrodt-Bauer, RESMEDIA – Anwälte für IT-IP-Medien

Die Kommunikationswege in der Marketing-Automation und im Leadmanagement können vielfältig sein, denn die Kontaktaufnahme läuft meistens per E-Mail, SMS, per Post oder über Telefon. Aus rechtlicher Sicht sind dabei die verschiedensten gesetzlichen Anforderungen aus dem Datenschutzrecht und dem Wettbewerbsrecht bzw. dem Bürgerlichen Gesetzbuch zu beachten, will man nicht Gefahr laufen, ein Bußgeld von der Datenschutzbehörde zu bekommen oder von Kunden, Mitbewerbern oder der Wettbewerbszentrale abgemahnt zu werden.

Die Frage, welche Daten ich zu welchem Zweck erheben, speichern und nutzen darf, ist rechtlich zu unterscheiden von der Frage, wen ich unter welcher Voraussetzung anschreiben, wem ich eine E-Mail senden oder wen ich anrufen darf. Hier ergänzen sich die datenschutzrechtlichen Anforderungen auf der einen und die wettbewerbsrechtlichen bzw. zivilrechtlichen Anforderungen auf der anderen Seite. Mit Inkrafttreten der Datenschutz-Grundverordnung (DSGVO) ist Marketing nicht einfacher geworden.

12.1 Was ist Werbung?

Sämtliche gesetzlichen Regelungen stellen besondere Anforderungen an die Datennutzung zu Werbezwecken. »Werbung« ist dabei alles, was letztlich auch nur mittelbar der Umsatzsteigerung eines Unternehmens dient. Es geht also nicht nur um »platte« Werbemails, sondern um jegliche Kommunikation mit dem Kunden, die der Kundenbindung dient und am Ende – wenn auch über Umwege – zu einem Auftrag führen soll. »Werbung« ist aus juristischer Sicht daher jeder Content-Baustein, sei er auch noch so relevant und hilfreich für Ihre Buyer-Persona. Zudem müssen Sie alle rechtlichen Anforderungen an die Kontaktaufnahme einhalten.

12.2 Welche gesetzlichen Regelungen gelten für die Kontaktaufnahme zu Interessenten und Bestandskunden?

Das Datenschutzrecht macht keine Unterschiede zwischen der Behandlung von personenbezogenen Daten von Interessenten und von Bestandskunden. Allerdings gibt es wettbewerbsrechtlich etwas zu beachten:

Grundsätzlich erfordert jegliche Werbung in fast allen Fällen die ausdrückliche, vorherige Einwilligung des Betroffenen.

Lediglich für Bestandskunden gibt es eine Ausnahmeregelung in §7 Abs. 3 des Gesetzes gegen den unlauteren Wettbewerb (UWG), die allerdings für Interessenten und sonstige Kontakte nicht gilt. Danach ist eine unzumutbare Belästigung bei einer Werbung unter Verwendung elektronischer Post dann nicht anzunehmen, wenn diese vier Voraussetzungen zusammen erfüllt sind:

1. Sie müssen die E-Mail-Adresse im Zusammenhang mit dem Verkauf einer Ware oder Dienstleistung vom Kunden selbst erhalten haben. Das ist der Fall, wenn der Kunde Ihnen seine E-Mail-Adresse zur Abwicklung einer Bestellung zur Verfügung gestellt hat.
2. Sie verwenden die E-Mail-Adresse konkret nur zur Direktwerbung für eigene ähnliche Waren oder Dienstleistungen. Beispiel: Der Kunde hatte bereits Bekleidung bei Ihnen bestellt. Dann dürfen Sie ihm Angebote zu Bekleidung zusenden, aber nicht zu Gartenzubehör.
3. Der Kunde darf der Verwendung seiner E-Mail-Adresse zu Werbezwecken bislang nicht widersprochen haben. Das wäre der Fall, wenn der Kunde sich über einen Abmeldelink von Ihrem Verteiler abgemeldet hat oder Ihnen eine entsprechende E-Mail zugeschickt hätte, wonach er keine weiteren E-Mails mehr erhalten möchte.
4. Der Kunde muss bei Erhebung der Adresse – wenn er beispielsweise das Bestellformular ausfüllt und seine E-Mail-Adresse einträgt – und bei jeder Verwendung klar und deutlich darauf hingewiesen werden, dass er der Verwendung jederzeit widersprechen kann, ohne dass hierfür andere als die Übermittlungskosten nach den Basistarifen entstehen.

In der Praxis scheitern Unternehmen in der Regel an der vierten Voraussetzung, da die meisten Online-Formulare nicht den erforderlichen Hinweis auf die Nutzung der E-Mail-Adresse zu Werbezwecken enthalten. Sind die Anforderungen der Ausnahmeregelung daher bei Ihnen nicht erfüllt, bleibt es bei dem Grundsatz, dass immer das vorherige ausdrückliche Einverständnis des Betroffenen einzuholen ist, wenn Sie mit ihm kommunizieren wollen.

Wenn Sie in Online-Formularen darauf hinweisen wollen, dass Sie E-Mail-Adressen auch zu Werbezwecken nutzen möchten, können Sie zum Beispiel folgende Formulierung neben das Formularfeld »E-Mail-Adresse« setzen:

Wir verwenden Ihre E-Mail-Adresse auch, um Ihnen aktuelle Angebote rund um [Beispielartikel] zuzusenden. Sie können dem jederzeit per E-Mail an [Ihre E-Mail-Adresse] widersprechen. Sie können dem auch widersprechen, indem Sie diese Checkbox aktivieren:
□ Nein, ich möchte keine Angebote erhalten.

12.3 Gibt es unterschiedliche Anforderungen für die Kommunikation im Bereich B2C oder B2B?

Immer wieder kommt die Frage auf, ob man nicht »laufende Geschäftskontakte« oder überhaupt andere Gewerbetreibende kontaktieren dürfe. Das ist jedoch grundsätzlich nicht der Fall. Es gibt lediglich eine Ausnahme für das Telefonmarketing.

Das Gesetz unterscheidet in § 7 Abs. 2 Nr. 2 UWG bei »Werbung mit einem Telefonanruf»« zwischen Business-to-Business (B2B) und Business-to-Consumer (B2C):

Verbraucher dürfen in keinem Fall ohne vorheriges ausdrückliches Einverständnis angerufen werden, sonstige Marktteilnehmer wie andere Unternehmer dagegen schon, wenn man von deren zumindest mutmaßlicher Einwilligung ausgehen darf. Es muss also zu erwarten sein, dass das angerufene Unternehmen Interesse an Ihrem Angebot hat. Und Sie dürfen keine »automatische Anrufmaschine« nutzen. Unter diesen Voraussetzungen ist es daher im B2B-Bereich zulässig, auch direkte Anrufe in die Nurture-Strecke zu integrieren.

Für Werbung mittels »elektronischer Post« gilt dagegen § 7 Abs. 2 Nr. 3 UWG, der keine Unterscheidung zwischen Verbrauchern und Unternehmern trifft. Hierher gehören E-Mails, SMS, MMS, Direktnachrichten über soziale Netzwerke usw. Im Marketing-Automation-Prozess fallen daher alle Arten von gestaffelten E-Mail-Folgen – wie automatisierte Lead-Nurturing-Mails, Follow-ups, Trigger-, Intervall- oder Transaktions-Mailings – ebenfalls unter den Begriff der Werbe-E-Mail. Jede werbliche Kontaktaufnahme über diese Kanäle – auch im gewerblichen Bereich – erfordert somit das vorherige ausdrückliche Einverständnis des Adressaten. Sie können Ihre Bestandskunden also nicht einfach per E-Mail auf einen Content-Baustein hinweisen, der vielleicht sogar einen Lead-Nurturing-Prozess auslöst, wenn Sie dazu zuvor keine ausdrückliche Einwilligung eingeholt haben.

12.4 Ist die Kontaktaufnahme per Brief erlaubt?

Solange ein Empfänger von Briefwerbung nicht widersprochen hat (Opt-out), ist die Werbung per Briefpost wettbewerbsrechtlich stets zulässig. Eine vorherige Einwilligung des Adressaten ist daher für Post-Mailings nicht erforderlich. Haben Sie viele Bestandskundenadressen ohne gültiges Opt-in, können Sie diese zum Beispiel per Postkarte auf einen relevanten Content-Baustein hinweisen. Nutzen Sie dazu auf der Postkarte eine Kurz-URL (z. B. www.Leadmanagement-eBook.de), die auf eine Landingpage verweist, auf der der Interessent den Content-Baustein anfordern kann. Wenn Sie dort ein entsprechendes Online-Formular platzieren, mit dem Sie die Werbe-Einwilligung einholen, haben Sie nicht nur die Offline- mit der Online-Welt verbunden, sondern auch die Berechtigung eingeholt, Ihren Bestandskunden E-Mails zuzusenden und weitere Content-Bausteine per Lead-Nurturing-Prozess anzubieten.

12.5 Opt-in und Opt-out – Was ist rechtlich bei der Einwilligung erforderlich?

Im Wettbewerbsrecht ist nur von der »ausdrücklichen vorherigen Einwilligung« die Rede. Damit ist nur klar, dass ein Opt-out nicht ausreicht und Werbe-Einwilligungen immer im Opt-in eingeholt werden müssen. Aber auch datenschutzrechtlich müssen sich Unternehmen auf das Opt-in einstellen. Der Verantwortliche muss die Einwilligung nachweisen können (Art. 7 DSGVO). Werden Einwilligungen elektronisch eingeholt, soll das über ein aktives Anklicken von Checkboxen erfolgen, wobei Stillschweigen, bereits angekreuzte Checkboxen oder Untätigkeit keine wirksame Einwilligung darstellen (Erwägungsgrund 32). Daher ist das Double-Opt-in das einzig rechtssichere Verfahren für die Einholung von nachweisbaren elektronischen Einwilligungen.

12.6 Wie ist die Einwilligung genau einzuholen?

Werbe-Einwilligungen können mündlich, schriftlich oder elektronisch eingeholt werden. In jedem Fall muss der Kunde auf sein jederzeitiges Widerrufsrecht hingewiesen werden.

Zu mündlichen Werbe-Einwilligungen kommt es in der Praxis meist im Rahmen von persönlichen Kontakten bei Kundenbesuchen, bei Messebesuchen oder auch bei Telefonaten. Damit das Vorliegen einer Einwilligung im Nachgang auch nachgewiesen werden kann, sollte sie von Mitarbeitern in entsprechenden Formularen mit Namenskürzel und Datum dokumentiert werden. Diese Formulare müssen – gegebenenfalls mit der vom Kunden überreichten Visitenkarte – archiviert werden.

Soll der Kunde seine Einwilligung selbst schriftlich »auf Papier»« erteilen, ist dazu ein Einwilligungstext mit einem Kästchen zum Ankreuzen und einem Feld für die Unterschrift durch den Kunden vorzusehen. Soll die Einwilligung zusammen mit einer Bestellung oder Ähnlichem eingeholt werden, ist die Einwilligung deutlich hervorgehoben vom restlichen Vorgang abzugrenzen.

Bei der elektronischen Einwilligung ist die Einwilligungserklärung mit einer nicht vorab aktivierten Checkbox im Online-Formular zu integrieren. Der Einwilligungsprozess muss als Double-Opt-in gestaltet sein, so dass der Kunde zunächst einen

Bestätigungslink in einer E-Mail aktivieren muss, bevor er in den Werbeverteiler aufgenommen wird. Damit die Einwilligung nachweisbar ist, muss jeder Schritt des Double-Opt-in-Prozesses im System protokolliert werden.

Hier ein Formulierungsbeispiel für einen Einwilligungstext:

> [...] Ich willige ein, aktuelle Angebote und Infos rund um [Beispielartikel] per E-Mail zu erhalten. Widerruf jederzeit möglich.

Für die mit Marketing-Automation immer einhergehende Profilbildung und für Tracking und Targeting ist aufgrund des Cookie-Urteils des Bundesgerichtshofs[31] eine zusätzliche, datenschutzrechtliche Einwilligung für das Speichern der personenbezogenen Daten zu diesem Zweck erforderlich.

> **Formulierungsbeispiel**
>
> [...] Ich bin damit einverstanden, dass auf Basis meiner Daten ein persönliches Nutzungsprofil erstellt und mir so auf meine Interessen zugeschnittene, personalisierte Werbung zugesandt wird. Ich kann die Einwilligung jederzeit widerrufen.

12.7 Gibt es ein Verfallsdatum für Einwilligungen?

Zu der Frage gibt es keine gesetzliche Regelung und wenig Rechtsprechung. Das Amtsgericht Bonn ging in einem Fall davon aus, dass eine Frist von vier Jahren zwischen Einholung der Werbe-Einwilligung und der erstmaligen Versendung von Werbung zu lang sei und die früher erteilte Einwilligung ihre Aktualität und damit Wirksamkeit verloren habe.[32] Das Landgericht München entschied in einem Fall, dass eine Einwilligung nach eineinhalb Jahren ihre Wirksamkeit verliert, wenn in dem Zeitraum keine Mailings versendet werden.[33]

12.8 Dürfen wir auch ohne Einwilligung einen Werbeverteiler anlegen?

Unabhängig von der wettbewerbsrechtlichen Frage, wen Sie wie über welchen Kanal mit Werbung kontaktieren dürfen, gibt es auch die datenschutzrechtliche Frage zu beachten, welche Daten Sie überhaupt zu welchem Zweck verarbeiten dürfen. Praxis-

31 Vgl. Urteil vom 28.05.2020, Az. I ZR 7/16.
32 Vgl. Urteil vom 10.05.2016, Az. 104 C 227/15.
33 Vgl. Urteil vom 08.04.2010, Az. 17 HKO 138/10.

beispiel: Es soll ein Verteiler für Postwerbung als Einstieg in eine Nurturing-Strecke angelegt werden. Die Versendung von Post ist wettbewerbsrechtlich ohne Einwilligung des Empfängers zulässig, so lange dieser nicht widerspricht (Opt-out). Ob und wie der dafür erforderliche Verteiler aufgebaut werden darf, ist jedoch datenschutzrechtlich zu beantworten. Dabei sollen hier gleich die neuen Regelungen der DSGVO zugrunde gelegt werden. Danach ist eine Datenverarbeitung rechtmäßig, wenn einer der nachfolgenden Erlaubnistatbestände erfüllt ist:

- Es liegt die **Einwilligung** der betroffenen Person vor.
- Es liegt ein **berechtigtes Interesse** an der Datenverarbeitung vor und schutzwürdige Interessen des Betroffenen (insbesondere von Kindern) stehen dem nicht entgegen.
- Die Datenverarbeitung ist **erforderlich**
  - zur Erfüllung eines Vertrags,
  - für vorvertragliche Maßnahmen auf eine Anfrage hin,
  - zur Erfüllung einer rechtlichen Verpflichtung des Verantwortlichen,
  - zum Schutz lebenswichtiger Interessen der betroffenen Person oder einer anderen natürlichen Person,
  - im öffentlichen Interesse oder in Ausübung öffentlicher Gewalt.

Von diesen Erlaubnistatbeständen werden vor allem die Einwilligung, das berechtigte Interesse, die Vertragserfüllung und die vorvertraglichen Maßnahmen aufgrund einer Anfrage in der Praxis relevant sein. Aufgrund einer neu geschaffenen »Online-Marketing-Klausel»« in Art. 6 Abs. 1f. DSGVO wird in vielen Fällen eine Datenverarbeitung ohne Einwilligung des Betroffenen zulässig sein, nämlich bei einem »berechtigten Interesse»« des Werbetreibenden, wenn dieses nicht offensichtlich hinter dem Interesse des Betroffenen zurückzustehen hat.

Dass es sich bei den Werbeinteressen der Onlinebranche um »berechtigte Interessen« im Sinne der DSGVO handeln kann, ergibt sich aus dem Erwägungsgrund 47. Dieser stellt ausdrücklich klar, dass die Durchführung von Direktmarketing als berechtigtes Interesse betrachtet werden kann. Gerade im Online-Marketing wird man also abwarten müssen, welche Werbemaßnahmen schließlich als »berechtigtes Interesse« anzusehen sein werden und welche nicht. Das Aufbauen eines Adressverteilers zu Zwecken der Postwerbung sollte datenschutzrechtlich auf der Grundlage des berechtigten Interesses zulässig sein, da auch wettbewerbsrechtlich für die Versendung keine Einwilligung des Adressaten erforderlich ist. Gleiches gilt für Daten, die zu Zwecken der zulässigen B2B-Telefonwerbung gesammelt werden. Der Aufbau des klassischen Adressverteilers zu Zwecken des E-Mail-Marketings, insbesondere mit Profilbildung, erfordert ausnahmslos die Einwilligung des Adressaten.

12.9 Wie viele Daten dürfen im Nurturing-Prozess gesammelt werden?

Unabhängig davon, ob die datenschutzrechtliche Einwilligung des Kunden oder ein berechtigtes Interesse des Werbetreibenden für das Anlegen eines Werbeverteilers vorliegt, sind parallel dazu unter anderem auch die Grundsätze der Transparenz, Zweckbindung, Datensparsamkeit und der begrenzten Speicherung aus Art. 5 DSGVO zu beachten. Bereits Verstöße gegen diese Grundsätze sind bußgeldbewehrt (Art. 83 Abs. 5a DSGVO).

Datenverarbeitungen müssen also für einen konkreten Marketingzweck notwendig sein. So dürfen etwa in mehrstufigen Lead-Generierungs-Kampagnen nicht einfach alle möglichen Daten beim Betroffenen abgefragt werden. Es muss zu jeder Stufe der »Strecke« vielmehr genau definiert werden, welchem Zweck die Datenabfrage an diesem Punkt dient. Dabei ist insbesondere der **Grundsatz der Datensparsamkeit** zu beachten. Wichtig:

> Auch wenn ein berechtigtes Interesse vorliegt oder die Einwilligung des Betroffenen korrekt eingeholt wurde, können nicht wahllos Daten abgefragt werden. Der Grundsatz der Datensparsamkeit muss trotzdem beachtet werden und es könnte bei einem Verstoß trotz Vorliegen einer Einwilligung wegen Verstoßes gegen den Grundsatz der Datensparsamkeit ein Bußgeld verhängt werden.

Definieren Sie daher in Ihren Lead-Nurturing-Prozessen, warum welche Informationen im Rahmen des Progressive Profiling abgefragt werden sollen, und dokumentieren Sie den jeweiligen Zweck. Ein Zweck kann zum Beispiel sein, dass Sie dem Interessenten die passenden folgenden Content-Bausteine anbieten möchten.

12.10 Gibt es Möglichkeiten, verlorene Kunden zu kontaktieren?

Berücksichtigt man die geschilderten, rechtlichen Rahmenbedingungen, gilt für ehemalige Kunden, die vor einiger Zeit einmal einen Vertrag geschlossen, eine Bestellung getätigt, eine Dienstleistung in Auftrag gegeben hatten: Nur dann, wenn sämtliche Ausnahmevoraussetzungen des § 7 Abs. 2 UWG erfüllt sind (vgl. Kapitel 12.2), dürfen ehemaligen Kunden als »Bestandskunden« per E-Mail zu Werbezwecken kontaktiert werden.

Im Übrigen dürfen ehemalige Kunden oder auch sonstige Kontakte nur dann per E-Mail angeschrieben werden, wenn zuvor eine ausdrückliche Einwilligung eingeholt wurde. Es wäre daher auch nicht zulässig, per E-Mail anzufragen, ob der Kontakt zukünftig E-Mails wünscht oder ob er den Newsletter abonnieren möchte. Es bleibt daher allein die Option, dem Kontakt per Post, z. B. durch Übersendung von Gutscheinen o.Ä., dazu zu veranlassen, sich für zukünftige digitale Kontaktaufnahmen auf einer entsprechenden Landingpage zu registrieren.

Checkliste: Marketing-Automation per E-Mail	
1. Online-Formulare auf jeder Stufe des Nurturing-Prozesses mit ...	
• der Abfrage nur der notwendigen Daten, die zur Zweckerreichung erforderlich sind (Grundsatz der Datensparsamkeit im Datenschutz), • einem Einwilligungstext (ggf. auch bezogen auf die Profilbildung) inklusive eines Hinweises auf den jederzeit möglichen Widerruf, • einer Checkbox zum Anklicken, nicht vorab aktiviert/angekreuzt.	
2. Gestaltung des Anmeldeprozesses ...	
• im Double-Opt-in-Verfahren, • mit Versendung einer Bestätigungsmail mit Bestätigungslink, die neutral und sachlich, d. h. ohne jegliche Werbung gestaltet ist, • mit Protokollierung des Anmeldeprozesses in allen Stufen des Double-Opt-ins mit Zeitstempel.	
3. Website mit Einrichtung jeweils einer Seite ...	
• »**Datenschutz**« mit alle datenschutzrelevanten Informationen zum E-Mail-Marketing einschließlich der Wiederholung der Einverständniserklärung zur jederzeitigen Abrufbarkeit für den Empfänger, • »**Impressum**« mit den inhaltlichen Angaben gemäß § 5 Telemediengesetz (TMG) und der zusätzlichen Angabe eines Verantwortlichen nach § 18 Medienstaatsvertrag (MStV) mit Vornamen und Nachnamen.	
4. Versendung der einzelnen E-Mails mit ...	
• der Angabe des Versenders als Absender der E-Mail, • der Angabe des Versendungszwecks als Betreffzeile, • der Aufnahme des Impressums in der E-Mail-Signatur, • der Integration eines Abmeldelinks in die E-Mail-Signatur, über den ohne Weiteres direkt die Abmeldung erfolgen kann (d. h. ohne vorheriges Login usw.).	

Tab. 11: Marketing-Automation per E-Mail (Checkliste)

Glossar

A/B-Test

Mit einem A/B-Test testen Sie verschiedene Varianten von Modulen Ihres Contents. Zum Beispiel: Überschrift, Bild, Text usw.

AdWords

Der Begriff »AdWords« ist eine Kombination aus den Begriffen »Adverts« (Anzeige) und »Words« (Wörter). »AdWords« sind das Werbesystem von Suchmaschinen, mit denen Werbetreibende Anzeigen schalten können. Die Anzeigen werden angezeigt, wenn Suchende nach bestimmten Begriffen (Keywords) suchen.

Blog (Weblog)

Der Begriff Blog ist die Kurzform der Begriffskombination aus Web (Internet) und Log (Logbuch). Ein Blog ist ein Internettagebuch, das von einer Person oder einem Unternehmen über ein bestimmtes Thema geführt wird.

Buyer-Persona

Mit einem Buyer-Persona-Profil beschreibt man »ideale Interessenten« bzw. Wunschkunden. Die korrekte Pluralform von Buyer-Persona lautet »Buyer-Personae«. In diesem Buch wird allerdings der geläufige Plural »Buyer-Personas« verwendet.

Content-Marketing

Mit Content-Marketing im Leadmanagement-Kontext erstellt und platziert ein Anbieter relevante und attraktive Inhalte, um von potenziellen Kunden gefunden zu werden und sie bis zur Vertriebs- bzw. Kaufreife zu entwickeln.

Copytext

Mit Copytext bezeichnet man den Fließtext in einem Werbemedium wie zum Beispiel einer Anzeige.

Cross Channel

Siehe → Multichannel-Marketing

Customer Journey

Der Begriff »Customer Journey« (»Kundenreise«) beschreibt die einzelnen Phasen bzw. Touchpoints (Kunden-Kontaktpunkte), die ein Interessent im Entscheidungs- und Kaufprozess durchläuft.

Direktmarketing
Mit dem Begriff »Direktmarketing« bezeichnet man Aktivitäten im Marketing, die Kunden bzw. potenzielle Kunden direkt ansprechen und zu einer Antwort (z. B. Faxformular oder Landingpage) auffordern.

E-Book
E-Books sind Bücher in digitaler Form. Es können in der einfachsten Form PDF-Dateien oder Dateien im speziellen Format für E-Book-Reader sein.

Ego-Posting
Der Begriff »Ego-Posting« bezeichnet das Kommunikationsverhalten von Unternehmen, das überwiegend auf dem Postings aus der Ego-Perspektive basiert und das eigene Unternehmen, die eigenen Produkte bzw. Dienstleistungen und Aktionen in den Vordergrund stellt.

Empfehlungsmarketing
Empfehlungsmarketing ist ein Instrument der Neukundengewinnung. Es basiert darauf, dass zufriedene Kunden das Unternehmen, die Produkte und/oder Dienstleistungen offline und/oder online weiterempfehlen.

Inbound-Marketing
Inbound-Marketing ist eine Marketingmethode, die darauf abzielt, von potenziellen Kunden gefunden zu werden, diese zu Leads zu konvertieren und sie zum Abschluss zu entwickeln.

Landingpage
Eine Landingpage ist eine speziell eingerichtete Website, die zielgruppenoptimiert anspricht und auf eine Aktion, zum Beispiel den Download eines Whitepapers, hinführt.

Lead
Mit dem Begriff »Lead« bezeichnet man einen Kontakt, der Interesse an Ihrem Angebot bekundet hat. Das Interesse kann sich auf ein Produkt, eine Dienstleistung oder ein Content-Angebot wie einen Ratgeber oder einen Leitfaden beziehen.

Leadgenerierung
Leadgenerierung bezeichnet den Vorgang der Interessenten-Generierung bzw. Neukundengewinnung.

Leadmanagement
Leadmanagement umfasst alle Maßnahmen von der Strategie und Zielsetzung, über die Leadgenerierung bis zur Entwicklung der Interessenten zum Kauf bzw.

Abschluss. Wurde ein Interessent zum Kunden entwickelt, kann der Prozess auch wieder von Neuem beginnen. Hat der Kunde Potenzial für ein hochwertigeres (Up-Selling-) oder anderes (Cross-Selling-) Angebot, wird er wieder zum Lead für einen neuen Kaufprozess.

Lead-Nurturing
Mit Lead-Nurturing-Prozessen bietet man Interessenten die zum Stadium im Kaufprozess passenden, relevanten Inhalte automatisiert an und entwickelt sie so bis zur Vertriebs- bzw. Kaufreife.

Lead-Routing
Der Begriff »Lead-Routing« beschreibt den Prozess der Übergabe von Leads vom Marketing an den Vertrieb.

Lead-Scoring
Mit Lead-Scoring werden Interessenten qualifiziert und der Reifegrad gemessen.

Marketing-Automation
Marketing-Automation-Plattformen helfen dabei, Workflows und Kampagnen zu definieren und die Prozesse automatisiert und auswertbar zu betreiben.

Multichannel-Marketing
Das Multichannel-Marketing spricht potenzielle Kunden auf mehreren verschiedenen Kanälen (Online/Offline, Website/Social Media, Anzeigen, Banner usw.) an.

Online-Marketing
Mit »Online-Marketing« bezeichnet man alle Marketingmaßnahmen, die auf allen Online-Plattformen wie Internetseiten, Suchmaschinen, Internetforen usw. stattfinden.

Opt-in
Der Begriff »Opt-in« beschreibt ein Zustimmungsverfahren, mit dem ein Interessent seine Zustimmung gibt, dass ein Anbieter ihm Informationen oder einen Newsletter (meist per E-Mail) senden darf. Beim Double-Opt-in-Verfahren muss der Empfänger in einem zweiten Schritt seinen Eintrag bestätigen.

PR / Public Relations
In der Praxis wird »Public Relations« häufig mit Pressearbeit gleichgesetzt. Die passendere Übersetzung ist aber »Öffentlichkeitsarbeit« und beschreibt neben der Pflege der Beziehungen zu Journalisten und Redaktionen auch die Berührungspunkte zur gesamten Öffentlichkeit rund um das Unternehmen.

Pseudo-Lead
»Pseudo-Leads« sind Leads, die auf den ersten Blick als Lead erscheinen. Im Laufe des Lead-Nurturing- und Qualifizierungsprozesses stellt sich jedoch heraus, dass sie keine Kaufabsicht haben. In der Regel sind das Marktbegleiter, potenzielle Bewerber, Analysten, Journalisten oder Studierende, die eine Arbeit über Ihr Thema schreiben. Diese Leads sollten erkannt werden und in entsprechenden Prozessen übergeben werden.

QR-Code
Mit einem QR-Code kann man die Adresse einer Internetseite grafisch darstellen und einen Interessenten durch Scannen der Grafik zu dieser Internetseite führen. QR-Codes können zum Beispiel genutzt werden, um Interessenten von einer Anzeige in einem Fachmagazin oder mithilfe einer Postkarte auf eine Seite zu lotsen, auf der der Interessent dann das gewünschte (Whitepaper, Leitfaden usw.) anfordern kann.

Sales Fast Lane
Um »vertriebsreife« Interessenten in Lead-Nurturing-Prozessen zu identifizieren, nutzt man eine »Sales Fast Lane«. Dabei werden Interessenten Angebote unterbreitet, die auf Vertriebsreife schließen lassen. Reagiert der Interessent auf die »Sales Fast Lane«, wird der Nurturing-Prozess gestoppt und der Lead wird direkt an den Vertrieb übergeben.

SEA (Search Engine Advertising)
Suchmaschinen-Marketing

SEO (Search Engine Optimization)
Suchmaschinen-Optimierung

Social Media
Social Media (in Deutschland auch als »soziale Medien« bezeichnet) sind Plattformen, in denen die Anwender Informationen, Meinungen und Erfahrungen austauschen.

Stand-alone-Newsletter
Ein Stand-alone-Newsletter ist eine besondere Form des E-Mail-Marketings. Abweichend vom normalen Newsletter, der in der Regel mehrere Artikel zu unterschiedlichen Themen beinhaltet, enthält der Stand-alone-Newsletter nur ein Thema. Spezialisierte Anbieter bieten den Versand von Stand-alone-Newslettern gegen Gebühr an ihren Abonnentenkreis an.

Touchpoints
Touchpoints sind die Kontaktpunkte, an denen ein Kontakt zwischen Interessent bzw. Kunden und einem Anbieter zustande kommen kann.

Whitepaper

Ursprünglich waren Whitepaper Positionspapiere in der Politik, in denen Zahlen, Daten und Hintergründe zusammengefasst wurden. Im Kontext von Leadmanagement sind es Papiere (in der Regel 5 bis 6 Seiten), die meist technische Zusammenhänge überzeugend und möglichst ohne werbende Attitüde beschreiben, um den Interessenten von der Kompetenz und Vertrauenswürdigkeit des Anbieters zu überzeugen.

Literaturverzeichnis

Anderson, C. (2009): The Long Tail: Nischenprodukte statt Massenmarkt Das Geschäft der Zukunft. dtv.

Bacon, A. (2021): Strategic Account-Based Marketing: How to Tame This Beast. In: Seebacher U.G. (eds) B2B Marketing. Management for Professionals. Springer, Cham., siehe: https://doi.org/10.1007/978-3-030-54292-4_17

Bauer, F.; Koth, H. (2014): Der unvernünftige Kunde, Redline.

Bodnar, Kipp; Cohen, Jeffrey L. (2012): The B2B Social Media Book: Become a Marketing Superstar by Generating Leads with Blogging, LinkedIn, Twitter, Facebook, Email, and More, John Wiley & Sons.

Borgmann, G. (2013): Business-Texte, Linde.

Buhr, A. (2011): Vertrieb geht heute anders, Gabal.

Cialdini, R. B., u. a. (2009): Yes! Andere überzeugen, Huber.

Disselkamp, Marcus (2019): Digitale Megatrends: Die Zukunft von Unternehmen (German Edition). Kindle-Version, independently published.

Eck, K.; Eichmeier, D. (2014): Die Content-Revolution in Unternehmen, Haufe-Lexware.

Fuchs, W. T. (2017): Crashkurs Storytelling – Grundlagen und Umsetzungen, Haufe-Lexware.

Godin, S.; Klar, C. (2001): Permission Marketing: Kunden wollen wählen können. Wie Sie aus Fremden Freunde machen und wie Freunde zu treuen Kunden werden, FinanzBuch.

Glattes, K. (2016): Der Konkurrenz ein Kundenerlebnis voraus, Springer Gabler.

Grabs, A.; Sudhoff, J. (2014): Empfehlungsmarketing im Social Web, Galileo Press.

Güpner A., Seebacher U. (2021): Marketing Resource Management: Guidebook for organizational development with many examples, explanations and instructions for action. AQPS, Graz.

Häusel, H. G. (2015): Top Seller: Was Spitzenverkäufer von der Hirnforschung lernen können, Haufe Lexware.

Halligan, B. (2009): Inbound Marketing: Get Found Using Google, Social Media, and Blogs, John Wiley & Sons.

Handley, A. (2010): Content Rules: How to Create Killer Blogs, Podcasts, Videos, Ebooks, Webinars (and More) That Engage Customers and Ignite Your Business, Wiley.

Herbst, G. D.; Musiolik, T. H. (2016): Digital Storytelling, UVK.

Hoffmann, K. (2015): Web oder stirb!, Haufe Lexware.

Hübner, S.; Rath, C. K. (2014): Das beste Anderssein ist Bessersein, Redline.

Jäncke, L. (2015): Ist das Hirn vernünftig?, Hans Huber.

Janning, R. (2012): Kunden machen, was sie wollen: Lead Management im Spannungsfeld zwischen Marketing und Vertrieb, Books on Demand.

Kahneman, D. (15. Auflage 2015): Schnelles Denken, langsames Denken, Pantheon.

Kotler, P. et al. (2021): Marketing 5.0 . Technologie für die Menschheit, Campus.

Lecinsky, J. (2011): Winning the Zero Moment of Truth – ZMOT, Vook.

Löffler, M. (2014): Think Content! Galileo Computing.

Neu, M.; Günter, J. (2015): Erfolgreiche Kundenrückgewinnung, SpringerGabler.

Pulizzi, J. (2013): Epic Content Marketing: How to Tell a Different Story, Break through the Clutter, and Win More Customers by Marketing Less. McGraw Hill.

Sammer, P. (2014): Storytelling. Die Zukunft von PR und Marketing, O'Reilly.

Schäfer, L. (2012): Vertrauen im Verkauf. In 5 Schritten zum glaubwürdigen Verkäufer, Gabal.

Schüller, A. M. (2022): Bahn frei für Übermorgengestalter, Gabal.

Schüller, A. M., Steffen, A. T. (3. Aufl. 2019): Die Orbit-Organisation. In 9 Schritten zum Unternehmensmodell für die digitale Zukunft, Gabal.

Schüller, A. M.; Steffen, A. T. (2017): Fit für die Next Economy. Zukunftsfähig mit den Digital Natives, Wiley.

Schüller, A. M. (2. Auflage 2016): Touch.Point.Sieg. Kommunikation in Zeiten der digitalen Transformation, Gabal.

Schüller, A. M. (3. Auflage 2016): Das Touchpoint-Unternehmen. Mitarbeiterführung in unserer neuen Businesswelt, Gabal.

Schüller, A. M. (7. Auflage 2020): Touchpoints. Auf Tuchfühlung mit den Kunden von heute, Managementstrategien für unsere neue Businesswelt, Gabal.

Schüller, A. M. (2. Auflage 2015): Das neue Empfehlungsmarketing, Business Village.

Schüller, A. M. (2009): Erfolgreich verhandeln – erfolgreich verkaufen. Wie Sie Menschen und Märkte gewinnen, Business Village.

Schuster, N. (2020): Digitalisierung in Marketing und Vertrieb inkl. Arbeitshilfen online: Richtige Strategien entwickeln und Potentiale der Digitalisierung für mehr Umsatz nutzen, Haufe.

Schuster, N. (2022): Digitalisierung in Marketing und Vertrieb inkl. Arbeitshilfen online: Richtige Strategien entwickeln und Potentiale der Digitalisierung für mehr Umsatz nutzen, 2. überarbeitete und erweiterte Auflage, Haufe.

Schuster, N. (2017): Lead Management / Marketing Automation Hörbuch: Modernes Lead Management nach der Wasserloch-Strategie®, strike2.

Schuster, N. (2014): Leadmanagement – Mit modernem Leadmanagement mehr qualifizierte Interessenten generieren und sie bis zum Abschluss entwickeln, Vogel/Marconomy.

Schuster, N. (2012): Die Inbound-Marketing-Methode – So werden Sie von potenziellen Kunden im Internet gefunden und generieren mehr und bessere Interessenten, Books on Demand.

Schuster, N. (2010): Twittern für Manager: So setzen Sie Twitter erfolgreich im Business ein, Books on Demand.

Schwarz, T. (Hrsg.) (2021): Marketing Automation – Grundlagen, Strategien, Methoden und Praxisbeispiele, marketing-BÖRSE.

Schwarz, T.; Schüller, A. M. (Hrsg.) (2010): Leitfaden WOM-Marketing: Online & offline neue Kunden gewinnen durch Empfehlungsmarketing, marketing-BÖRSE.

Scott, D. (2013): The New Rules of Lead Generation: Proven Strategies to Maximize Marketing ROI, Amacom.

Seebacher, U. (2020): B2B-Marketing: Wie Sie die Marketing-Abteilung vom Kostenfaktor zum Umsatzfaktor machen (essentials), Springer Gabler.

Seebacher, U. (2021): Datengetriebenes Management: Wie Sie die richtigen Grundlagen legen, bevor Sie mit Business Intelligence durchstarten können (essentials), Springer Gabler.

Seebacher, U. (2021b): Praxishandbuch B2B-Marketing: Neueste Konzepte, Strategien und Technologien sowie praxiserprobte Vorgehensmodelle – mit 11 Fallstudien. Springer Gabler.

Seebacher, U. (2021): Predictive Intelligence für Manager: Der einfache Weg zur datengetriebenen Unternehmensführung – mit Self-Assessment, Vorgehensmodell und Fallstudien. Springer Gabler.

Trefler, A. (2015): Der Bauplan für den digitalen Wandel, Wiley.

Weller, R.;, Firnkes, M. (2015): Blogboosting. Content. Marketing. Design. SEO, mitp.

Winters, P. (2014): Customer Strategy, Haufe-Lexware.

Stichwortverzeichnis

Die Autoren

Norbert Schuster, produkt- und herstellerunabhängiger Strategieberater für die Digitalisierung im Marketing und Vertrieb, hilft Unternehmen, mit ihrer Technologie und ihrem Angebot von potenziellen Kunden wahrgenommen zu werden. Er berät und unterstützt sie produktunabhängig bei der Strategieentwicklung und Umsetzung von Leadmanagement, der Wasserloch-Strategie®, Content-Marketing, Inbound-Marketing und Marketing-Automation. Seine Lieblingsthemen sind Buyer-Persona-Profilierung, Content-Konzeption, Nurturing-Prozesse und Vertriebsoptimierung nach dem Schuster-Modell®.

Seit 2004 beschäftigt er sich mit der Digitalisierung im Marketing und Vertrieb. Er hat mehr als 25 Jahre Erfahrung als Marketing- und Vertriebsleiter in der Vermarktung erklärungsbedürftiger Angebote (Produkte, Lösungen und Dienstleistungen).

Er ist Speaker und Autor der Bücher:

- Digitalisierung in Marketing und Vertrieb
- Marketing-Automation
- Leadmanagement
- Die Inbound-Marketing-Methode

In mehreren Akademien ist er Referent/Dozent für:

- Digitalisierung im Vertrieb
- Digitale Vertriebsstrategie
- Marketing-Automation
- Leadmanagement

Kontakt

Web: www.strike2.de
Blog: https://fromcoldtoclose.de/
Xing: www.xing.com/profile/Norbert_Schuster
LinkedIn: https://www.linkedin.com/in/norbertschuster/
Facebook: https://www.facebook.com/norbert.schuster
Twitter: https://twitter.com/strike2_DE
YouTube: https://www.youtube.com/c/NorbertSchuster
Siehe: https://www.strike2.de/unternehmen/strike2-kontakt/

Anne M. Schüller kennt die klassischen Unternehmensstrukturen aus dem Effeff. Weit über zwanzig Jahre lang und in zehn verschiedenen Ländern war sie in leitenden Positionen internationaler Dienstleistungsunternehmen tätig. 2002 hat sie sich aus der Konzernwelt verabschiedet. Seitdem arbeitet sie als Keynote Speaker, Managementdenker und Business Coach. Zu ihrem Kundenkreis zählt die Elite der Wirtschaft im deutschsprachigen Raum. Ferner hat sie eine Reihe von Büchern geschrieben, in denen es, aus verschiedenen Blickwinkeln betrachtet, immer um das Zusammenspiel zwischen Kunde, Mitarbeiter:innen und Organisation geht.

Kundenzentrierte Unternehmensführung ist der Oberbegriff, den sie dafür geprägt hat. Ihre Bücher sind nicht nur Bestseller, sondern auch preisgekrönt: *Kundennähe in der Chefetage* erhielt 2008 den Schweizer Wirtschaftsbuchpreis. *Touchpoints* ist Mittelstandsbuch des Jahres 2012. *Das Touchpoint-Unternehmen* wurde zum Managementbuch des Jahres 2014 gekürt. *Touch.Point.Sieg.* ist Trainerbuch des Jahres 2016. *Die Orbit-Organisation* wurde Finalist beim International Book Award 2019.

Für ihre Arbeit hat sie viele weitere Auszeichnungen erhalten. So wurde sie 2015 für ihr Lebenswerk in die Hall of Fame der German Speakers Association aufgenommen. Vom Business-Netzwerk LinkedIn wurde sie zur TOP Voice 2017 und 2018 sowie von Xing zum Spitzenwriter 2018 und zum Top Mind 2020 gekürt. Von GABAL erhielt sie den BestBusinessBook Award 2019.

Ihre Vorträge rund um das Übermorgengestalten, eine zeitgemäße Unternehmensführung und beispielhafte Kundenorientierung sind Kult: zugleich hochinformativ, praxisnah und unterhaltsam. Sie führt auch Management-Transformationsseminare und Mitarbeiter-Großgruppenworkshops durch. Zudem bildet sie zertifizierte Touchpoint-Manager und zertifizierte Orbit-Organisationsentwickler aus.

Auf Kongressen, Kundenveranstaltungen, Vertriebstagungen, Management-Meetings und Mitarbeiteranlässen hält sie Keynotes zu folgenden Themen:

- Fit für die Next Economy: in 7 Schritten zum Zukunftserfolg
- Die Kommunikation der Zukunft: digital, menschlich, emotional
- Touchpoint-Management: Auf Tuchfühlung mit dem Kunden von heute
- Mit treuen Kunden und aktiven Empfehlern zum Unternehmenserfolg

Sie führt Power- und Großgruppen-Workshops zu folgenden Themen durch:

- Touchpoint-Management und Customer Journey
- Die Orbit-Organisation: Leadership in unserer neuen Businesswelt

Kontakt

Web: www.anneschueller.de
Blog: http://blog.anneschueller.de
Xing: https://www.xing.com/profile/AnneM_Schueller
Facebook: http://facebook.touchpoint-management.de
Facebook: http://facebook.loyalitaetsmarketing.com
Twitter: http://twitter.com/anneschueller
LinkedIn: http://linkedin.anneschueller.de
Siehe: https://www.anneschueller.de/managementdenker-anne-m-schueller.html

PI13661846
9762927